U0366558

编审委员会

主 任 委 员　周立雪

副主任委员　李倦生　王世娟　季剑波　刘建秋

委　　　员　（按姓名笔画排序）

王世娟　王晓玲　王　雨　刘建秋　孙　蕾

李　庄　李倦生　李留格　吴国旭　张　雷

张　欣　张小广　张玉健　张慧俐　陈　忠

钟　飞　邹明亮　林桂炽　季剑波　周立雪

郝　屏　袁秋生　黄从国　龚　野　蒙桂娥

高职高专规划教材

大气污染控制技术

黄从国　主编

王宗舞　翟　建　副主编

化学工业出版社

·北京·

本书内容共六章。第1章，以一个大气污染源调查案例引入有关大气污染源调查所需的理论知识，主要包括大气污染物的种类、污染物的性能及排放量的测定方法和大气污染防治的措施。第2章，以电厂脱硫案例为引子，重点介绍了燃料的种类、燃烧的设备、燃烧污染物的形成机理及其降低的方法。第3章，主要介绍烟气扩散的影响因素、扩散的高斯模型及其他计算烟囱高度和扩散浓度的方法。第4章，介绍了颗粒污染物的物理特性及各种除尘器的工作原理、设备结构、设计选型和计算。第5章，主要介绍了气态污染物的种类及其净化的方法，以及这些方法在一些常见气态污染物净化中的应用。第6章，介绍了工业通风系统的分类及组成，集气罩、风口、管道系统和风机的设计，系统的防护等。

本书为高职高专环境类专业的教材，也可供工业企业从事大气环境保护的工作人员使用，还可供环境管理干部及技术人员参考。

图书在版编目（CIP）数据

大气污染控制技术/黄从国主编. —北京：化学工业
出版社，2013.2（2024.7重印）
高职高专规划教材
ISBN 978-7-122-16133-8

Ⅰ.①大…　Ⅱ.①黄…　Ⅲ.①空气污染控制-高等职
业教育-教材　Ⅳ.X510.6

中国版本图书馆 CIP 数据核字（2012）第 304340 号

责任编辑：王文峡　　　　　　　　　　　文字编辑：刘莉珺
责任校对：徐贞珍　　　　　　　　　　　装帧设计：尹琳琳

出版发行：化学工业出版社（北京市东城区青年湖南街 13 号　邮政编码 100011）
印　　装：北京科印技术咨询服务有限公司数码印刷分部
787mm×1092mm　1/16　印张 14　字数 342 千字　2024 年 7 月北京第 1 版第 9 次印刷

购书咨询：010-64518888　　　　　　　　售后服务：010-64518899
网　　址：http://www.cip.com.cn
凡购买本书，如有缺损质量问题，本社销售中心负责调换。

定　　价：39.00 元
版权所有　违者必究

前　言

环境科学是一门新兴的边缘学科，学科的产生源于人们对于环境与人的关系的认识深化。从环境问题进行深入思考，人们提出了可持续发展的科学的发展模式。在此思想指导下，我国越来越重视环境的保护，国家环保部的"十二五"发展规划，为接下来的环境保护工作制定了明确的目标。其中，大气污染物的减排和大气污染物的综合防治措施成为主要内容。为完成这些目标，国家大力发展职业教育，培养环境类技术应用型人才成为必然。我国的职业教育起步较晚，仍然处于起步阶段。各个院校都在积极探索职业教育的规律，特别是环境类专业作为新兴专业，开展时间较短，经验较少。

从 2010 年开始，在全国石油和化工行业教学指导委员会的支持下，组建了由全国十多所高职院校教师组成的新一届环境类教材的编审委员会。经过各个学校的教学文件和教学方法的交流和研讨，逐渐达成了职业教育教学方法和教材编写思路的共识。项目化教学是适合高职教育的教学方法，而环境类专业项目教学的教材却很少。化工出版社高度关注高职教育环境类专业的教学改革，积极支持新一轮的教材编写工作。本教材即是其中一本。

本书的编排思路充分考虑了职业教育的特点，以学生为主体，注重理论知识系统性的同时，强化了专业素质和知识应用能力及专业技能的培养。

本书的理论部分内容完整，保留了大气污染控制技术的理论框架。第 1 章讲述了大气污染的基础理论，第 2 章到第 5 章介绍了大气污染的四大类技术，包括高烟囱排放技术、洁净燃烧技术、除尘技术和气态污染物的控制技术。第 6 章介绍了以四大类净化技术为核心的工业通风净化系统的分类、组成、设计和维护。原理性的知识讲述以高职学生够用为原则，注重技术的应用，包括工艺流程、设备的设计和运行管理等。

在理论知识讲述之前，以案例引入本章内容，旨在增加学生的兴趣；以任务为驱动，旨在训练学生的知识应用能力和习惯；学生带着任务去进行理论知识的系统学习，并完成任务；通过课后题，复习理论知识的同时，通过拓展任务反复训练，强化知识应用能力。该编写思路和教育部倡导的项目教学法是吻合的。

本书由黄从国任主编，王宗舞、翟建任副主编。其中，第 1 章、第 5 章的 5.1 到 5.7 节由黄河水利职业技术学院的王宗舞编写，第 2 章由河北工业职业技术学院的武智佳编写，第 3 章由常州工程职业技术学院的田丽娟编写，第 4 章由徐州工业职业技术学院的黄从国编写，第 5 章的 5.1 到 5.4 节由南京化工职业技术学院的翟建编写，第 6 章由天津渤海职业技术学院的邢竹编写。河北工业职业技术学院刘建秋教授主审。在编写过程中徐州工业职业技术学院季剑波教授提出了建设性的建议，并给予大力支持，化学工业出版社对于本教材的编审工作也给予了大力支持，在此一并表示万分的感谢。

由于编者水平有限，再加上时间仓促，不妥之处在所难免，敬请广大师生、读者、专家批评并给予指正。

编　者
2013 年 1 月

目　录

第1章 大气污染基础知识

【案例一】 某大气污染源调查与分析报告

20世纪80年代中期，我国北方某省会城市郊区某火电厂有两台360MW发电机组，该火电厂是该城市的主要电力来源之一。观察发现：每天大量滚滚浓烟经简单的初步处理就从火电厂烟囱排往空中；在该电厂的周边及下风向地面上分布着一层厚度约1～10cm不等的灰色粉尘，空气中也弥漫着大量粉尘致使空气能见度很小；电厂周边及下风向的植物也常常发生大面积落叶甚至枯死现象。上述现象严重影响电厂周边及下风向环境质量，给居民生活带来诸多不便，同时统计数据也显示：生活在该区域居民的以呼吸系统疾病为代表的多种疾病患病率也明显高于该城市其他地方。

根据该城市环境监测部门的监测结果：该电厂的周边及下风向空气中主要污染物有颗粒物、SO_2、NO_x、CO_2等，且浓度远大于当时的《环境空气质量标准》（GB 3095—1982）中规定的相应污染物浓度限值。根据对该地区主要大气污染物的分类统计分析，其主要污染源可概括为三大类：①燃料燃烧，②工业生产过程，③交通运输；且以上三方面产生的大气污染物所占的比例依次为70%、20%和10%；在燃料燃烧中，又以煤燃烧为主，占92%以上。所以，以煤为燃料的火电厂是该火电厂周边地区主要的大气污染源。

【案例分析】

（1）火电厂发电原理

火电厂是利用煤、石油、天然气作为燃料生产电能的工厂，它的基本生产过程是：燃料在锅炉中燃烧加热水使其成为蒸汽，将燃料的化学能转变成热能，蒸汽压力推动汽轮机旋转，热能转换成机械能，然后汽轮机带动发电机旋转，将机械能转变成电能。其类型按燃料分，有燃煤发电厂，燃油发电厂，燃气发电厂，余热发电厂，以垃圾及工业废料为燃料的发电厂等。火电厂具有技术成熟、布局灵活、建造工期短及燃料易得等特点，在我国得到广泛应用；我国以煤为主的能源结构决定了我国的火电厂主要是燃煤火电厂。但是燃煤火电厂对环境造成了严重污染，尤其是对大气环境的污染。因此，燃煤火电厂是该地区主要的大气污染源。

（2）煤的主要组成及其燃烧过程

煤炭是古代植物埋藏在地下经历了复杂的生物化学和物理化学变化逐渐形成的固体可燃性矿物。中国是世界煤炭第一生产大国，约1/3以上的煤用来发电，目前平均发电耗煤为标准煤370g/(kW·h)左右。

在国家标准［《中国煤炭分类》（GB/T 5751—2009）］中，煤的工业分析是指包括煤的水分、灰分、挥发分和固定碳四个分析项目指标的测定的总称。煤的工业分析是了解煤质特性的主要指标，也是评价煤质的基本依据。广义上讲，煤的工业分析还包括煤的全硫分和发热量的测定，又称煤的全工业分析。根据分析结果，可以大致了解煤中有机质的含量及发热量的高低，从而初步判断煤的种类、加工利用效果及工业用途。其中，灰分是由煤中所含的碳酸盐、黏土矿以及微量的稀土元素所组成，我国煤炭的平均灰分含量为25%。煤中的灰分不能燃烧，妨碍可燃物质与氧接触，增加燃烧着火和燃尽的困难，使燃烧不稳定，增加燃烧热损失，降低煤的热值，增加了烟尘污染和出渣量，造成大气环境污染。所以，煤的灰分含量是评价动力煤的重要指标之一。

构成煤炭有机质的元素主要有碳、氢、氧、氮和硫等，此外，还有极少量的磷、氟、氯和砷等元素。碳、氢、氧是煤炭有机质的主体，占95%以上，煤化程度越深，碳的含量越高，氢和氧的含量越低。碳和氢是煤炭燃烧过程中产生热量的元素，氧是助燃元素。煤炭燃烧时，氮不产生热量，在高温下转变成氮氧化合物和氨，以游离状态析出。硫、磷、氟、氯和砷等是煤炭中的有害成分，其中以硫最为重要。硫以有机硫和无机硫形态存在。有机硫和黄铁矿硫都能参与燃烧反应，因而总称为可燃硫；硫酸盐硫主要以钙、铁和锰的硫酸盐存在，不参与燃烧反应，称为非可燃硫。煤中的可燃性硫是极为有害的，燃烧后可生成 SO_2 和 SO_3 等有害气体，随烟气排放，污染大气，危害动、植物生长及人类健康，腐蚀金属设备等，中国的酸雨主要是由燃煤引起的。所以，硫分含量是评价煤质的重要指标之一。

煤燃烧是指煤中的可燃性组分在空气中发生急剧氧化的过程。如果燃烧过程中空气充足，碳和可燃氢生成 CO_2 和 H_2O，则称为完全燃烧；反之，若燃烧生成游离碳、CO、H_2 和 CH_4，称为不完全燃烧。

实际燃料燃烧过程中，为使燃料能够完全燃烧，必须提供过量的空气。超出理论空气量的空气称为过剩空气。实际供给的空气量（A）与理论空气量（A_0）的比值称为空气过剩系数。

$$\alpha = \frac{A}{A_0}$$

空气过剩系数 α 的大小决定于燃料的种类、燃烧设备及燃烧条件等；α 的大小直接反映出过剩空气量的多少，一般取 1.05～1.25。空气过剩系数过大，表示过剩空气量太多，将使烟气量增大，这不仅使引风机的耗电量增加，而且会降低燃烧室温度，对燃烧不利。若空气过剩系数过小，将造成燃料燃烧不完全，使燃料的消耗量增大。

在选择燃烧条件时，基本原则是：保证燃料完全燃烧的前提下，尽可能减小污染物的产生量。

（3）主要污染物排放量估算

以案例 1 为例，该火电厂煤炭用量在 4000t/d 左右，假设煤炭可燃硫含量为 0.9%，灰分含量为 25%，且煤炭是完全燃烧的。则每年该火电厂 SO_2 产生量约 8.6 万吨，烟尘的产生量约 17 万吨，NO_x 的产生量约 0.5 万吨，CO_2 烟尘的产生量约 264 万吨。如果该火电厂没有采取相应的污染治理措施，则这些污染物全部排放到大气中，就会对当地的大气环境造成非常严重的污染。

（4）污染防治措施分析

针对该地区污染现状，以 SO_2 污染防治为例，可以采取的主要防治措施如下。首先应优化该地区能源结构，根据情况逐步开发新能源，如光伏发电、太阳能发电及核电，逐步减小火力发电在整个电源结构中的比例，从源头上解决这个问题。其次，要做好燃烧前脱硫技术，通过物理或物理化学方法将煤中的含硫矿物和矸石等杂质除去，以提高煤质量，并加工成满足不同需要的商品煤的工艺过程，是降低煤中硫含量的主要手段。再次，采用先进的锅炉技术降低单位发电煤耗量，或者采用切实可行的燃烧中固硫技术，如循环流化床燃烧、煤炭转化等，减少燃烧过程中的 SO_2 产生量。

如果受实际情况制约，采取上述措施不现实或处理效果不好，可以采取末端治理的方法，也就是采用锅炉烟气脱硫技术，在不减少污染物产生量的情况下，采用技术措施以减少 SO_2 排放量。对于火电厂而言，由于锅炉烟气量比较大，一般采用湿法脱硫技术，例如石灰石－石膏湿法脱硫技术，通过碱性吸收液吸收固硫，从而有效降低火电厂排放烟气中的 SO_2 排放量，实现保护大气环境目标。关于具体的脱硫技术及其他污染物的综合防治措施等问题，本书后续内容会有详细介绍。

【任务一】　大气污染源调查与分析

针对当地大气污染现状，进行大气污染源及污染物的调查与分析，并根据实际情况提出切实可行的防治措施，写一篇关于当地大气污染成因及大气污染防治对策的报告。

1.1　大气污染的基本常识

1.1.1　常用的专业术语

（1）大气组成

自然状态下的大气由干燥清洁的混合气体、水蒸气和悬浮颗粒组成。去掉水蒸气和悬浮颗粒的大气称为干洁大气。地球大气的总质量约为 5.3×10^{15} t，占地球质量的百万分之一，其中 98.2% 集中在 30km 以下的大气层中，约有 50% 聚集在距地球表面 5～6km 以下的对流层中。

干洁空气主要由氮（N_2）、氧（O_2）和氩（Ar）组成，共占干洁大气总体积的 99.96%。其他气体所占体积不到 0.04%，包括二氧化碳（CO_2）、氖（Ne）、氦（He）、氪（Kr）、氢（H_2）、臭氧（O_3）等。干洁大气的组成等见表 1-1。O_2 和 N_2 是大气中的恒定气体成分。其中 O_2 是人类和动植物维持生命极为重要的气体，在大气中发生化学反应时起着极其重要的作用。N 是地球上有机体的重要组成元素，在有机物中它主要以蛋白质的形式存在，N_2 也是合成氨等化工生产的基本原料。CO_2 和 O_3 是干洁大气中的可变气体成分，对大气的温度分布影响较大。CO_2 是主要的温室气体之一，其浓度变化对全球气候产生重要影响。臭氧是大气的微量成分之一，含量随时间和空间变化很大，能大量吸收太阳辐射中的紫外线，保护地球上有机体的生命活动。

表 1-1　干洁大气的组成（高度 25km 以下）

成　　分	体积分数/%	相对分子质量	成　　分	体积分数/%	相对分子质量
氮（N_2）	78.08	28.016	氦（He）	0.0005	4.003
氧（O_2）	20.95	32.000	臭氧（O_3）	0.00006	48.000
氩（Ar）	0.93	39.944	氢（H_2）	0.00005	2.016
二氧化碳（CO_2）	0.032	44.010	氪（Kr）	0.000008	83.700
氖（Ne）	0.0018	20.183	氙（Xe）	0.000001	131.300

水蒸气是实际大气的重要组成部分，在大气中的平均含量不到 0.5%，而且随空间、时间和气象条件变化而变化。水蒸气是实际大气中唯一能在自然条件下发生相变的成分。通过水蒸气相变，使得地表和大气之间以及大气内部的水蒸气、热和能量得以输送和交换。水蒸气对太阳辐射的吸收能力较小，但对地面长波辐射的吸收能力较强。因此，它与二氧化碳一起，对地球起着保温作用。

沉降速率很小的固体和液体颗粒，称之为悬浮颗粒物或悬浮颗粒，它是低层大气的重要组成部分。对辐射的吸收与散射，云、雾和降水的形成，大气光电现象具有重要作用，对大气污染有重要影响。

（2）大气污染

按照国际标准化组织（ISO）的定义，"大气污染通常是指由于人类活动或自然过程引起某些物质进入大气中，呈现出足够的浓度，达到足够的时间，并因此危害了人体的舒适、健康和福利，或危害了环境的现象"。

总体上来看，大气污染是由自然界所发生的自然灾害和人类活动所造成的。其中，自然界所发生的自然灾害主要包括火山喷发排出的火山灰、SO_2，煤田和油田自然逸出的煤气和天然气，腐烂的动物尸体放出有害气体等。自然灾害所造成的污染多为暂时的、局部的。平常所说的大气污染问题，主要是人为因素引起的，这种污染延续时间长、影响范围广，对环境影响大，是大气污染控制的主要目标。

（3）大气污染物

大气污染物（ISO）指由于人类活动或自然过程排入大气的并对人或环境产生有害影响的物质。大气污染物种类很多，根据其存在状态可将其分为两大类：颗粒污染物和气态污染物。

① 颗粒污染物　是指大气中除气体之外的物质，包括各种各样的固体、液体和气溶胶。可分为一次颗粒污染物和二次颗粒污染物。一次颗粒污染物指从排放源排放的颗粒，如从烟囱排出的烟粒、风刮起的灰尘以及海水溅起的浪花。二次颗粒污染物指从排放源排放的气体，经过某些大气化学过程所形成的微粒，如来自火力发电厂、钢铁厂、金属冶炼厂、化工厂、水泥厂及工业和民用锅炉排放出的 H_2S 和 SO_2 气体，经过大气氧化过程，最终转化为硫酸盐微粒。

从大气污染控制角度，常见颗粒污染物有粉尘、总悬浮微粒、降尘、飘尘、飞灰、黑烟、液滴、轻雾及重雾。粉尘指悬浮于气体介质中的微小固体粒子，受重力作用能发生沉降，但在某一时间内也能保持悬浮状态，通常是由于固体物质的破碎、分级、研磨等机械过程或土壤、岩石风化等自然过程形成的，粒子的形状往往是不规则的，尺寸 1～200 μm。总悬浮微粒指大气中的粒径小于 100 μm 的固体粒子，它能较长时间地悬浮于大气中。降尘指大气中的粒径大于 10 μm 的固体粒子，靠重力作用能在较短时间内沉降到地面。飘尘指大气中的粒径在 0.1～10 μm 的固体粒子，它能长期地在大气中飘浮，故又称其为浮游粒子或可吸入颗粒物。飞灰指由燃料燃烧产生的烟气带走的灰分中分散的较细的粒子。灰分系含碳物质燃烧后残留的固体残渣。

黑烟指由燃烧产生的能见气溶胶，是燃料不完全燃烧产生的炭粒，粒径约 0.5 μm，在某些文献中以林格曼系数、黑烟的遮光率、沾污的黑度或捕集的沉降物的质量来定量地表达黑烟。液滴指在静止条件下沉降、在紊流条件下能保持悬浮，主要粒径范围在 200 μm 以下的小液体粒子。轻雾或霜指液态分散性和液态凝聚性气溶胶的统称，粒径范围 5～100 μm，在气象学中它相当于能见度 1～2km。重雾指属于气体中的液滴悬浮体的总称，在气象学中则指造成能见度小于 1km 的小水滴的悬浮体。在工程中，雾泛指小液体粒子的悬浮体，是由液体蒸气的凝结、液体的雾化和化学反应等过程形成的，如水雾、酸雾、碱雾等。

② 气态污染物　气态污染物包括气体和蒸气。其中，气体是在常温、常压下以气态形式存在的物质，常见的气体污染物有 SO_2、NO_2、CO、NH_3、H_2S 等。蒸气是某些固态或液态物质受热后，引起固体升华或液体挥发而形成的气态物质，例如汞蒸气、苯蒸气、硫酸蒸气等。

气态污染物包括一次污染物和二次污染物。一次污染物是指从污染源直接排出的原始气态污染物，例如，从污染源直接排放到环境中的 SO_2、NO_2 和 CO 等；二次污染物是指由一次污染物与大气中原有成分，或几种一次污染物之间，经过一系列化学或光化学反应而生成与一次污染物性质不同的新污染物，如硫酸烟雾和光化学烟雾。

硫氧化物（SO_x）主要是 SO_2 和 SO_3，主要由燃煤和石油产生，它的腐蚀性较强，损害植物叶片，影响生长；刺激呼吸系统，引起肺气肿和支气管炎，致癌作用；形成酸雨，生成二次污染物硫酸气溶胶危害更大。氮氧化物（NO_x）主要是 NO 和 NO_2，来自矿物燃料燃烧和化工厂及金属冶炼厂排放的废气。NO 和血红蛋白结合比 CO 亲和力大数百倍；NO_2 则具有腐蚀性和刺激作用，能损害农作物；引起呼吸道疾病；是形成光化学烟雾和酸雨的主要因素。

CO_x 是大气中数量最大的污染物，约占 1/3。CO_2 是温室气体，CO 是燃料不完全燃烧的产物，与血红蛋白结合阻碍其向人体内供氧。汽车排放的 CO 量最大。

CH 来源燃料燃烧和机动车排气。由于近代有机合成工业和石油化学工业的迅速发展，使大气中的有机化合物日益增多，其中许多是复杂的高分子有机物。

光化学烟雾是指在阳光照射下大气中的 NO_x、CH 和氧化剂之间发生一系列光化学反应而生成的蓝色烟雾，主要成分有 O_3、过氧乙酰基硝酸酯（PAN）、酮类及酸类等。对人的器官有明显刺激作用，使植物叶面出现"斑点样"，坏死病变，含 PAN、O_3 等强氧化剂，使橡胶、塑料老化，涂料、油漆褪色剥落。1936 年在洛杉矶开采出石油后，刺激了当地汽车业的发展。由于汽车气化率低，每天有大量碳氢化合物排入大气中，受太阳光的作用，形成了浅蓝色的光化学烟雾，使这座本来风景优美、气候温和的滨海城市，成为"美国的雾城"。这种烟雾刺激人的眼、喉、鼻，引发眼病、喉头炎和头痛等症状，致使当地死亡率增高；同时，又使远在百里之外的柑橘减产，松树枯萎。上述污染事件称之为洛杉矶光化学烟雾事件。

硫酸烟雾是指大气中的 SO_2 等硫化物，在有水雾、含有重金属的飘尘或氮氧化物存大时，发生一系列化学或光化学反应而生成硫酸盐或硫酸盐气溶胶，硫酸烟雾引起的刺激作用和生理反应等危害，要比 SO_2 气体强烈得多。1952 年 12 月 5～8 日，伦敦天气异常，风速不超过 3km/h，气温也在下降，形成逆温层，相对湿度达到 82%。在这种无风、逆温和浓雾的气候条件下，污染物蓄积伦敦上空，使伦敦的空气充满了难闻的煤烟味，大气中尘粒高达 $4.46mg/m^3$（平时的 10 倍），SO_2 高达 $3.8mg/m^3$（平时的 6 倍）。大雾期间，伦敦地区死亡人数激增到 2480 人，而大雾所造成的慢性死亡人数达 8000 人，与历年同期相比，多死亡 3000～4000 人。上述污染事件即为伦敦烟雾事件。

（4）大气污染源

大气污染源通常指向大气中排放出各种污染物的生活或生产过程、设备、场所等，也称人为污染源。地球上分自然过程排放源和人类活动排放源。在大气污染防治中，主要研究和控制的对象是人为污染源。人类活动排放源主要有：①燃料燃烧；②工业生产过程；③交通运输，又称为流动源；④农业施用化肥、农药。

大气污染源分类方法比较多。按污染源存在形式，可分为固定污染源和移动污染源。按污染物排放方式，可分为高架源（污染物通过垂直高度＞15m 的排气筒排放）、面源（由多个垂直高度＜15m 的排气筒集合起来而构成的区域性污染源）和线源。按污染物排放的时间，可分为连续源（污染物由排放源连续排放，如造纸厂排放制浆蒸煮废气的排气筒）、间歇源（排放源间歇排放污染物，如取暖锅炉的烟囱）和瞬时源（排放时间短暂，如工厂的事故排放）。按污染物产生类型，可分为工业污染源、生活污染源和交通污染源等。根据污染原因和污染物的组成，可分为煤烟型污染（由燃煤工业的烟气排放及家庭炉灶等燃煤设备的烟气排放造成的）、石油型污染（由于燃烧石油向大气中排放有害物质造成的）、混合型污染（由煤炭和石油在燃烧或加工过程中产生的混合物造成的大气污染）及特殊型污染（由于各类工业企业排放的特殊气体引起的大气污染）。

1.1.2 大气污染的形成过程及主要危害

（1）大气污染形成过程

大气污染的形成有三个基本要素，即污染源、大气状态及污染汇（受体）。大气污染主要过程包括：污染源排放污染物；进入大气环境的污染物与大气相互作用，进行着散布、转化和排除等过程；受体对污染物的接受，根据污染物对接受体的影响来确定大气污染的程度。

（2）大气污染主要危害

① 对人体健康的危害　大气污染物通过表面直接接触、食入含污染物的食物和水、吸入被污染的空气，而对人体健康造成危害。对人体健康的危害主要表现为：引起呼吸道疾病，在突然的高浓度污染物作用下可造成急性中毒，甚至在短时间内死亡，长期接触不同浓度的污染物，会引起各种气管疾病、肺气肿和肺癌等病症。

② 对植物的危害　对植物危害较大的大气污染物主要有二氧化硫、氟化物、二氧化氮和臭氧等。在高浓度污染物的长期影响下，使植物叶表面产生伤斑或坏死斑，甚至直接使植物叶面枯萎脱落；植物长期处在低浓度污染物中，使植物的叶、茎褪绿，减弱光合作用，影响生长；长期在低浓度污染物影响下，尽管外表面看不出受害症状，但其生长机能受到影响，使植物生长减弱，抵抗病虫害的能力降低，发病率提高。

③ 对动物的影响　对动物的影响主要是通过呼吸，引起牛羊等家畜生病；另外，饲料被污染的空气和水间接污染，从而影响到水和饲料的质量，危害家畜的正常生长。

④ 对器物的影响　大气污染物对金属制品、涂料、皮革制品、纺织品、橡胶制品和建筑物的危害十分严重。一是污染物沾污器物表面，大气中的尘、烟等粒子落在器物上等。二是污染物与器物发生化学作用，使器物腐蚀变质，如硫酸雾、盐酸雾、碱雾等使金属产生严重腐蚀，使纺织品、皮革制品等腐蚀破碎，使金属涂料变质。

⑤ 对能见度的影响　对大气能见度或清晰度有影响的污染物，一般应是气溶胶粒子、能通过大气反应生成气溶胶粒子的气体或有色气体。

⑥ 对气候的影响　大气中的浮尘、烟雾和各种气态污染物增多，大气变得浑浊，能见度低，太阳光直接辐射减少。另外，由于大量的废热放出，大气中的微粒形成水蒸气凝核作用等，会使全球或局部地区大气的温度、湿度、雨量等发生变化，温室气体 CO_2、CFCs、CH_4 等使得全球气候变暖。

1.1.3 大气污染控制的法律法规及主要标准

（1）我国目前大气污染控制的法律法规

环境法体系是指为了保护和改善环境、防治污染和公害而建立的各种法律规范，以及由此形成的有机联系的统一整体。中国的环境保护法经过二十多年的建设与实施，现已基本形成了一套完整的法律体系。

① 《中华人民共和国宪法》（以下简称《宪法》）中有关环境保护的规范第二十六条规

定：“国家保护和改善生活环境和生态环境，防治污染和其他公害。国家鼓励植树造林，保护林木。”《宪法》中明确规定：“环境保护是我国的一项基本国策。”《宪法》中的这些规定是环境立法的依据和指导原则。

② 环境保护法　该法是我国有关环境保护的综合性法规，也是环境保护领域的基本法律，主要是规定了国家的环境政策，环境保护的方针、原则和措施，是制定其他环境保护单行法规的基本依据。

③ 环境保护单行法律　环境保护单行法律是污染防治领域和保护特定资源对象的单项法律。目前已经颁布的环境保护单行法包括《中华人民共和国大气污染防治法》等。这些法律属于防治环境污染、保护自然资源等方面的专门性法规。这些环境保护法律的颁布与修订完善，有力地保障和推动了中国环保事业的发展。

④ 环境保护行政法规　环境保护行政法规是由国务院制定的有关环境保护的法规。如《国务院关于环境保护工作的决定》、国务院《征收排污费暂行办法》（已失效）及《大气污染防治法实施细则》等。

此外，我国环境保护的有关技术标准、地方性环境法规、环境保护部门规章、我国的其他法律（如民法、刑法、经济法）以及我国参加的国际条约或由其他国家签订为我国承认的国际协议中有关环境保护的条款，也属我国环保法体系的组成部分。

（2）我国目前大气污染控制的主要标准

大气环境标准是为贯彻《中华人民共和国环境保护法》等法规制定的，是进行环境影响评价，实施大气环境管理，防治大气污染的科学依据。大气环境标准按用途分为大气环境质量标准、大气污染物排放标准、大气污染控制技术标准及大气污染警报标准等。大气环境标准按其适用范围分为国家标准、地方标准和行业标准。

① 大气环境质量标准　以保障人体健康和一定的生态环境为目标，而对大气环境中各种污染物的允许含量所做的限制规定。最基本的大气环境标准，是进行大气环境科学管理、制定大气污染防治规划和大气污染物排放标准的依据，是环境管理部门的执法依据。

② 大气污染物排放标准　对从污染源出口排入大气的污染物含量的限度，以实现大气环境质量标准目标。是直接控制污染物的排放量和进行净化装置设计的依据，是环境质量要求和国家治理技术水平的综合体现。例如《火电厂大气污染物排放标准》，《汽车大气污染物排放标准》，《恶臭污染物排放标准》等。

③ 技术设计标准　是从污染物排放标准引申出来。为保证达到大气环境质量标准或污染物排放标准的要求而从某一方面作具体规定，使设计或管理人员容易掌握和执行。如《制定地方大气污染物排放标准的技术方法》、《水泥工业除尘工程技术规范》等。

④ 警告标准　是大气污染恶化到需要向公众发出警报的污染物浓度标准，或根据大气污染发展趋势需要发出警报强行限制已产生的污染危害和污染物的排放量标准。日本和美国等都有某种大气污染物警报标准，以防止严重的大气污染事件。

1.1.4　中国大气污染控制战略目标和措施

国家环境保护“十二五”规划目标为：到 2015 年，主要污染物排放总量显著减少；城乡饮用水水源地环境安全得到有效保障，水质大幅提高；重金属污染得到有效控制，持久性有机污染物、危险化学品、危险废物等污染防治成效明显；城镇环境基础设施建设和运行水平得到提升；生态环境恶化趋势得到扭转；核与辐射安全监管能力明显增强，核与辐射安全水平进一步提高；环境监管体系得到健全。

　　"十二五"期间，国家将推进主要污染物减排。大气污染控制方面，将通过以下措施加大二氧化硫和氮氧化物减排力度。

　　① 持续推进电力行业污染减排。新建燃煤机组要同步建设脱硫脱硝设施，未安装脱硫设施的现役燃煤机组要加快淘汰或建设脱硫设施，烟气脱硫设施要按照规定取消烟气旁路。加快燃煤机组低氮燃烧技术改造和烟气脱硝设施建设，单机容量30万千瓦以上（含）的燃煤机组要全部加装脱硝设施。加强对脱硫脱硝设施运行的监管，对不能稳定达标排放的，要限期进行改造。

　　② 加快其他行业脱硫脱硝步伐。推进钢铁行业二氧化硫排放总量控制，全面实施烧结机烟气脱硫，新建烧结机应配套建设脱硫脱硝设施。加强水泥、石油石化、煤化工等行业二氧化硫和氮氧化物治理。石油石化、有色、建材等行业的工业窑炉要进行脱硫改造。新型干法水泥窑要进行低氮燃烧技术改造，新建水泥生产线要安装效率不低于60％的脱硝设施。因地制宜开展燃煤锅炉烟气治理，新建燃煤锅炉要安装脱硫脱硝设施，现有燃煤锅炉要实施烟气脱硫，东部地区的现有燃煤锅炉还应安装低氮燃烧装置。

　　③ 开展机动车船氮氧化物控制。实施机动车环境保护标志管理。加速淘汰老旧汽车、机车、船舶，到2015年，基本淘汰2005年以前注册运营的"黄标车"。提高机动车环境准入要求，加强生产一致性检查，禁止不符合排放标准的车辆生产、销售和注册登记。鼓励使用新能源车。全面实施国家第四阶段机动车排放标准，在有条件的地区实施更严格的排放标准。提升车用燃油品质，鼓励使用新型清洁燃料，在全国范围供应符合国家第四阶段标准的车用燃油。积极发展城市公共交通，探索调控特大型和大型城市机动车保有总量。

　　"十二五"期间，国家还将实施多种大气污染物的综合控制措施。

　　① 深化颗粒物污染控制。加强工业烟粉尘控制，推进燃煤电厂、水泥厂除尘设施改造，钢铁行业现役烧结（球团）设备要全部采用高效除尘器，加强工艺过程除尘设施建设。20蒸吨（含）以上的燃煤锅炉要安装高效除尘器，鼓励其他中小型燃煤工业锅炉使用低灰分煤或清洁能源。加强施工工地、渣土运输及道路等扬尘控制。

　　② 加强挥发性有机污染物和有毒废气控制。加强石化行业生产、输送和存储过程挥发性有机污染物排放控制。鼓励使用水性、低毒或低挥发性的有机溶剂，推进精细化工行业有机废气污染治理，加强有机废气回收利用。实施加油站、油库和油罐车的油气回收综合治理工程。开展挥发性有机污染物和有毒废气监测，完善重点行业污染物排放标准。严格污染源监管，减少含汞、铅和二噁英等有毒有害废气排放。

　　③ 推进城市大气污染防治。在大气污染联防联控重点区域，建立区域空气环境质量评价体系，开展多种污染物协同控制，实施区域大气污染物特别排放限值，对火电、钢铁、有色、石化、建材、化工等行业进行重点防控。在京津冀、长三角和珠三角等区域开展臭氧、细颗粒物（PM$_{2.5}$）等污染物监测，开展区域联合执法检查，到2015年，上述区域复合型大气污染得到控制，所有城市空气环境质量达到或好于国家二级标准，酸雨、灰霾和光化学烟雾污染明显减少。实施城市清洁空气行动，加强乌鲁木齐等城市大气污染防治。实行城市空气质量分级管理，尚未达到标准的城市要制定并实施达标方案。加强餐饮油烟污染控制和恶臭污染治理。

　　④ 加强城乡声环境质量管理。加大交通、施工、工业、社会生活等领域噪声污染防治力度。划定或调整声环境功能区，强化城市声环境达标管理，扩大达标功能区面积。做好重点噪声源控制，解决噪声扰民问题。强化噪声监管能力建设。

1.2　粉尘性质及其物理性能测定

1.2.1　粉尘粒径分布的测定

粒径分布是同粒径范围内的颗粒个数（或质量）所占的比例。以颗粒个数表示所占比例时，称为个数分布；以颗粒的质量表示所占比例时，称为质量分布。除尘技术中多用粒径的质量分布。

目前，粉尘粒径分布的测定方法有激光粒度分析仪法、惯性冲击式尘粒分级仪法、振荡筛法、显微镜法及离心沉降法等。其中激光粒度分析仪法准确度和精密度比较好，但仪器价格昂贵；惯性冲击式尘粒分级仪法测定工作量大，且结果准确度难以保证；振荡筛法对细粉尘样品的误差较大；显微镜法是通过光学放大和计数方法测定的，测定结果代表性不足，所以这些方法在实际应用中受到不同程度的限制。所以，本书以离心沉降法为例，介绍粉尘粒径分布的测定方法。

（1）实验原理

沉降法是根据不同粒径的颗粒在液体中的沉降速度不同测量粒度分布的一种方法。它的基本过程是把样品放到某种液体中制成一定浓度的悬浮液，悬浮液中的颗粒在重力或离心力的作用下发生沉降。不同粒径的颗粒的沉降速度是不同的，大颗粒的沉降速度较快，小颗粒的沉降速度较慢。对于细小的颗粒其沉降速度很慢，因此需要增加离心力场以增加其速度（在离心力场中颗粒所受的重力可以忽略不计）。在离心力场中粒子所受离心力与受到的阻力达到平衡时，则有：

$$\frac{4}{3}\pi r^3(\rho - \rho_0)\omega^2 x = 6\pi\eta r\frac{dx}{dt}$$

其中，r 为粒子半径；ρ、ρ_0 分别为粒子与介质的密度；$\omega^2 x$ 为离心加速度；$\dfrac{dx}{dt}$ 为粒子的沉降速度；$6\pi\eta r\dfrac{dx}{dt}$ 为粒子沉降时所受到的阻力。

对上式积分，可得：

$$r = \sqrt{\frac{9}{2}\eta\frac{\ln\dfrac{x_2}{x_1}}{(\rho - \rho_0)\omega^2(t_2 - t_1)}} \tag{1-1}$$

以理想的单分散体系为例，利用光学方法可测出清晰界面，记录不同时间 t_1 和 t_2 时的界面位置，由式（1-1）可算出颗粒大小，并根据颗粒总数算出每种颗粒占总颗粒的百分数。另外根据颗粒密度还可算出每种颗粒占总颗粒的质量百分数。该方法的粒径测定范围在 $0.01\sim60\mu m$。

（2）仪器与试剂

① WQL 微颗粒测定仪（带工作站）；② 电子天平；③ 超声波清洗器；④ 注射器（50mL 和 1mL 各 1 支）；⑤ 粉末状尘样适量；⑥ 丙三醇；⑦ 无水乙醇。

（3）尘样采集

如果从含尘气体中采样，其具体方法按照 GB/T 9079 相关规定进行。将采集的粉尘样品装入样品瓶或塑料袋，编号，记录粉尘名称、采样日期、采样方法、采样地点和工况。

（4）实验步骤

① 测试系统准备　系统连接电源，开机调试后，等待测定。

② 样品液制备　测试前，尘样均要制成质量分数为 0.1%～1% 的水悬浮液，加入适量的分散剂，进行搅拌，同时用超声波处理 1～10min，以制得分散良好的样品液。

③ 测定条件选择　根据样品的密度、粒度范围和选定的转速，选择不同浓度的丙三醇-水溶液（质量分数为 1%～85%，具体根据样品的密度、粒度范围和选定的转速确定）作为旋转流体，用量一般在 20～40mL。

在样品注入前，事先注入一层缓冲液于旋转流体表面，形成缓冲层。缓冲液的密度和黏度要小于旋转流体，通常用水作为缓冲液。

注：如果测试样品密度大于 1.5g/cm³ 时，则要选用质量分数约 40% 的乙醇水溶液。

综合考虑样品的密度、粒度及旋转流体的密度和黏度等因素，选择合适的转速。圆盘的转速在 600～10000r/min。

④ 测定前准备　圆盘转动时，用注射器抽取定量的旋转液注入圆盘腔内，约 2min 后，注入缓冲液，并立即按加速或减速，使缓冲液与旋转流体间的界面消失，形成缓冲层。

⑤ 样品测定　用注射器抽取约 1mL 的样品液，在注完样品液的同时立即按测试开始键，使开始测定的时间准确无误。从样品容器中取样时，要不断摇动并从底部抽样，避免漏掉大颗粒样品。

⑥ 后处理　测定结束后，清除圆盘腔内的废液，用蒸馏水清洗干净，再用软布或纸将腔内擦干净。

（5）测量结果

将测量结果记录在计算机内，然后整理。每个样品重复测定三次，保证所测粒度的结果值重复性误差在 10% 以内。否则，重新测定，直到结果符合要求。

（6）讨论与分析

① 什么是粉尘的粒径分布？测定粉尘粒径分布的方法有哪些？

② 离心沉降法测定粉尘粒径分布的原理是什么？

③ 离心沉降法测定粉尘粒径分布时，有哪些注意事项？

1.2.2　粉尘真密度的测定

（1）实验原理

粉尘的真密度是单位体积无空隙粉尘的质量，用 g/cm³ 表示。用比重瓶法测定粉尘的真密度，是使装有一定量粉尘的比重瓶内形成一定的真空度，从而除去粒子间及粒子本体吸附的空气，用一种已知真密度的液体填充粒子间的空隙，通过称量，计算出尘样真密度的方法。

（2）设备

① 80 目标准筛；② 电热干燥箱；③ 比重瓶法测定粉尘密度的装置，如图 1-1 所示；④ 真空表（准确度等级 2.5）；⑤ 分析天平（感量 0.1mg，准确度等级 3 级）。

（3）尘样采集

如果从含尘气体中采样，其具体方法按照 GB/T 9079 相关规定进行，如果从已捕集的粉尘中采样，则按照 GB/T 12573 的相关规定进行采样。将采集的粉尘样品装入样品瓶或塑料袋，编号，记录粉尘名称、采样日期、采样方法、采样地点和工况（见表 1-2）。

尘样通过 80 目标准筛除去杂物，再在 105℃ 下干燥 4h 后，放置在干燥器内自然冷却，准备测定。对于在 ≤105℃ 时就会发生化学反应或熔化、升华的粉尘，干燥温度应比发生化学反应或熔化、升华温度至少降低 5℃，并适当延长干燥时间。

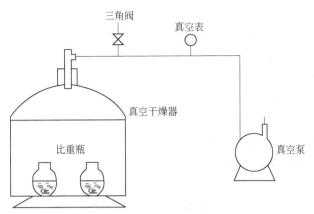

图 1-1　粉尘真密度测定装置

表 1-2　比重瓶法测定粉尘真密度数据记录表

委托单位：_____　　粉尘来源：_____　　粉尘名称：_____　　浸液名称：_____
浸液浓度：_____　　浸液密度：_____　　测定方法：_____　　测定设备：_____
测定日期：_____　　室内温度：_____　　大气压力：_____　　真空装置真空度：_____

比重瓶编号	比重瓶和粉尘质量 m_s/g	带盖比重瓶质量 m_0/g	比重瓶和浸液质量 m_1/g	比重瓶、粉尘和浸液质量 m_{sc}/g	试样真密度/（g/cm³） $\rho_P = \dfrac{m_s - m_0}{(m_s - m_0) + m_1 - m_{sc}} \times \rho_1$	误差 $\dfrac{\rho_P - \overline{\rho_P}}{\rho_P} \times 100\%$

（4）实验步骤

① 称量洁净干燥的带盖比重瓶质量 m_0，然后装入粉尘（约至瓶子容积的 1/4），称量比重瓶和粉尘质量 m_s。

② 打开比重瓶盖，将浸液注入装有粉尘的比重瓶，湿润并浸没粉尘。

注：浸液要求浸润性好，能与粉尘粒子亲和，但不溶解粉尘，不与粉尘起化学反应，不使粉尘体积膨胀或收缩，且已知密度。例如 0.003mol/L 的六偏磷酸钠 $[(NaPO_3)_6]$ 水溶液。

③ 把装有粉尘和浸液的比重瓶放入真空干燥器。用硬胶管按图 1-1 连接各部件，各连接处应保证严密不漏气。启动真空泵抽气至真空刻度表刻度 ≥100kPa，并观察瓶内基本无气泡时停止抽气。

注：抽气开始时，适当调节三通阀，使瓶内粉尘中的空气缓缓排出，以防由于抽气过急，将瓶内粉尘带出。

④ 取出比重瓶，注满浸液并加盖，液面应与盖顶平齐。称取比重瓶、粉尘和浸液质量 m_{sc}。

⑤ 洗净比重瓶，注满浸液并加盖，液面应与盖顶平齐。称取比重瓶和浸液质量 m_1。

⑥ 记录室内温度作为测定温度。

注：应取两份平行样品测定值的平均值作为测定结果。2 个平行样测定值相对误差应 ≤0.02。

（5）计算及结果表示

$$\rho_{P} = \frac{m_s - m_0}{(m_s - m_0) + m_1 - m_{sc}} \times \rho_1 \qquad (1-2)$$

式中　　ρ_P——粉尘的真密度，g/cm^3；

m_s——比重瓶和粉尘质量，g；

m_0——带盖比重瓶质量，g；

m_{sc}——比重瓶、粉尘和浸液质量，g；

m_1——比重瓶和浸液质量，g；

ρ_1——测定温度下浸液的密度，g/cm^3。

（6）讨论与分析

① 什么是粉尘的真密度？为什么要测定粉尘的真密度？

② 现有测定粉尘真密度的方法有哪些？简述各方法的特点。

③ 用比重瓶法测定粉尘真密度的原理是什么？其主要实验步骤有哪些？

1.2.3　粉尘比电阻的测定

（1）实验原理

粉尘自然装入圆盘，载样圆盘置于试验环境模拟箱内，上电极自然地放在载样圆盘中心；待尘样与箱内气相状态平衡后，开启电源测量加于粉尘层上的电压和通过主电极的电流，根据粉尘层的厚度和主电极接触粉尘层的面积，计算粉尘层在该状态下的比电阻。

（2）仪器设备

① 80目标准筛；② 电热干燥箱；③ 试验环境模拟箱（如图 1-2 所示，温度范围在室温～300℃，等温试验保持在±5℃。湿度范围在室内湿度约为 15%，等湿试验保持在±1.5% 以内。箱体接地可靠，高压托盘对地距离不小于 4cm）；④ 高压直流供电源（电压范围 0～−20kV，电流范围为 0～10mA）；⑤ 电压表（量程 0～20kV）；⑥ 电流表（量程 3×10^{-10}～1×10^{-2}A）；⑦ 圆盘测定器（如图 1-3 所示，电极导电性良好，加热不变形，抗腐蚀，环境气相渗透平衡快，表面平整光滑无尖端放电现象，绝缘支架应耐腐蚀表绝缘性能好。由主电极和屏蔽电极组成的上电极对尘样的压强在 $10g/cm^2$）。

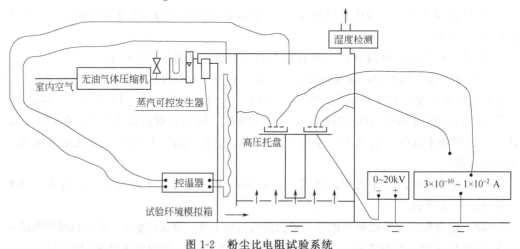

图 1-2　粉尘比电阻试验系统

（3）尘样采集与制备

如果从含尘气体中采样，其具体方法按照 GB/T 9079 相关规定进行，如果从已捕集的粉尘中采样，则按照 GB/T 12573 的相关规定进行采样。将采集的粉尘样品装入样品瓶或塑料袋，编号，记录粉尘名称、采样日期、采样方法、采样地点和工况（见表1-3）。

尘样在 105℃ 环境下干燥 4h，放置室内自然冷却后通过 80 目的标准筛除去杂物，准备测定。对于在 ≤105℃ 时就会发生化学反应或熔化、升华的粉尘，干燥温度应比发生化学反应或熔化、升华时的温度至少降低 5℃，并适当延长干燥时间。

将准备测室的尘样装入圆盘测定器，粉尘应自然填充到圆盘内，然后用刮片齐盘沿刮平。

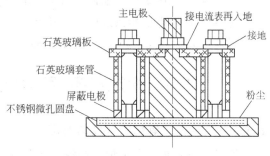

图 1-3　圆盘测定器

将载样圆盘平稳地放入试验环境模拟箱高压托盘上，然后将上电极轻轻、自然地放在载样圆盘中心。主电极接导向电流表的引线，屏蔽电极接地。关闭试验环境模拟箱，联锁安全门，待测。

表 1-3　圆盘法测定粉尘比电阻数据记录表

委托单位：_____　　粉尘来源：_____　　粉尘名称：_____　　测定方法：_____
测定设备：_____　　测定日期：_____　　室内温度：_____　　大气压力：_____

样品编号	测定温度	测定湿度	主电极接触粉尘层面积/cm²	粉尘层厚度/cm	试验电压/V	测定电流/A	击穿电压/V	粉尘比电阻/Ω·cm

（4）测定步骤

调整试验环境模拟箱内的气态，等尘样与箱内气相状态平衡后（约 30min）开启电源，以 100V/s 的速度平稳升至试验电压（一般粉尘的试验电场强度取 2kV/cm），接通电流后 30~60s 内读数。对于低电阻粉尘，试验电流以 10mA 为限；对于高比电阻粉尘，试验电压为粉尘层击穿电压的 95% 为限。

对于一般粉尘，试验电场强度以 2kV/cm 为起点，以 2kV/cm 为增量，逐一递升测定直至粉尘层击穿。

（5）计算及结果表示

按下式计算粉尘的比电阻值：

$$\rho = \frac{U}{I} \times \frac{S}{H} \tag{1-3}$$

式中　ρ——比电阻，Ω·cm；

$\quad\quad U$——试验电压，V；

$\quad\quad S$——主电极接触粉尘层面积，cm²；

$\quad\quad I$——测定电流，A；

$\quad\quad H$——粉尘层厚度，cm。

计算后，记录各电场强度下的粉尘层比电阻和尘样击穿电压。

（6）讨论与分析

① 测粉尘比电阻时，如何制备合格的尘样？

② 粉尘比电阻试验系统中，为什么要进行湿度检测？

另外，关于工况下粉尘比电阻的测定，可用过滤式同心圆环法，本书不再赘述。

1.3 燃烧设备污染物的浓度测定及排放量计算

1.3.1 烟气中二氧化硫浓度的测定

燃煤设备是指工业锅炉、茶浴炉和食堂大灶。如前所述，二氧化硫是含硫矿物燃料在燃烧设备中燃烧产生的主要污染物之一。对于环境管理及环境污染治理工作者来说，都需要了解燃烧设备产生烟气中的二氧化硫浓度水平。烟气中的二氧化硫的测定方法有碘量法、定电位电解法及烟气二氧化硫排放连续监测等多种，本书以固定污染源为例，重点介绍碘量法测定燃烧设备排气中二氧化硫浓度的原理与方法。

（1）实验原理

烟气中二氧化硫被氨基磺酸铵和硫酸铵混合液吸收，用碘标准溶液滴定。测定范围为 $100\sim6000\mathrm{mg/m^3}$。按滴定量计算出二氧化硫浓度。反应式如下：

$$SO_2 + H_2O \longrightarrow H_2SO_3$$

$$H_2SO_3 + H_2O + I_2 \longrightarrow H_2SO_4 + 2HI$$

（2）仪器设备

① 烟气采样装置；② 多孔玻板吸收瓶；③ 棕色酸式滴定管；④ 大气压力计；⑤ 能测定管道气体参数的测试仪。

（3）试剂

① 吸收液　称取 11.0g 氨基磺酸铵、7.0g 硫酸铵，溶入少量水中，搅拌使其溶解，继续加水至 1000mL，再加入 5mL 稳定剂②。

② 稳定剂　称取 5.0g 乙二胺四乙酸二钠盐，溶于热水，加入 50mL 异丙醇，用水稀释至 500mL，贮存于玻璃瓶或聚乙烯瓶中，冰箱保存。

③ 2.0g/L 淀粉溶液　称取 0.20g 可溶性淀粉于小烧杯，用少量水调成糊状，倒入 100mL 沸水中，继续煮沸于溶液澄清，冷却后贮于细口瓶中。现配现用。

④ 3.0g/L 碘酸钾标准溶液　称取约 1.5g 碘酸钾（KIO_3，优级纯，100℃烘干 2h），准确到 0.1mg，溶解于水，移入 500mL 容量瓶中，用水稀释至标线。

⑤ 盐酸溶液 $c(HCl) = 1.2\mathrm{mol/L}$　量取 100mL 浓盐酸，用水稀释至 1000mL。

⑥ 硫代硫酸钠溶液 $c(Na_2S_2O_3) = 0.10\mathrm{mol/L}$　称取 25g 硫代硫酸钠（$Na_2S_2O_3 \cdot 5H_2O$），溶解于 1000mL 新煮沸并已冷却的水中，加 0.20g 无水碳酸钠，贮于棕色细口瓶中，放置一周后标定其浓度，若溶液呈现浑浊时，应该过滤。

标定方法：吸取碘酸钾标准溶液 25.00mL，置于 250mL 碘量瓶中，加 70mL 新煮沸并已冷却的水，加 1.0g 碘化钾，振荡至完全溶解后，再加 1.2mol/L 盐酸溶液 10.0mL，立即盖好瓶塞，混匀。在暗处放置 5min 后，用硫代硫酸钠溶液滴定至淡黄色，加淀粉指示剂 5mL，继续滴定蓝色刚好褪去。按下式计算硫代硫酸钠溶液的浓度：

$$c(Na_2S_2O_3) = \frac{W \times 1000}{35.67 \times V} \times \frac{25.0}{500.0} = \frac{50 \times W}{35.67 \times V} \tag{1-4}$$

式中　$c(Na_2S_2O_3)$——硫代硫酸钠溶液的浓度，mol/L；

　　　　W——称取的碘酸钾的质量，g；

　　　　V——滴定所用硫代硫酸钠溶液的体积，mL；

　　35.67——相当于 1L 1mol/L 硫代硫酸钠溶液（$Na_2S_2O_3$）的碘酸钾（$\frac{1}{6}KIO_3$）

的质量，g。

⑦ 碘贮备液 $c(\frac{1}{2}I_2) = 0.10mol/L$　称取 40.0g 碘化钾 12.7g 碘（I_2），加少量水溶解后，用水稀释至 1000mL。加 3 滴盐酸，贮于棕色瓶中，保存于暗处。用硫代硫酸钠标准溶液标定。

标定方法：吸取 0.10mol/L，碘贮备液 25.00mL，用 0.10mol/L 硫代硫酸钠标准溶液滴定，溶液由红棕色变为淡黄色后，加 2g/L 淀粉溶液 5.0mL，继续用硫代硫酸钠滴定至蓝色恰好消失为止，记下滴定用量（V）。

$$c\left(\frac{1}{2}I_2\right) = \frac{c(Na_2S_2O_3) \times V}{25.00} \tag{1-5}$$

式中　$c\left(\frac{1}{2}I_2\right)$——碘贮备液的浓度，mol/L；

$c(Na_2S_2O_3)$——硫代硫酸钠标准溶液的浓度，mol/L；

　　　　V——滴定消耗硫代硫酸钠标准溶液的体积，mL；

　　25.00——滴定时取碘贮备液的体积，mL。

⑧ 碘标准溶液 $c\left(\frac{1}{2}I_2\right) = 0.010mol/L$　吸取 0.10mol/L 碘贮备液 100.0mL 于 1000mL 容量瓶中，用水稀释至标线，混匀。贮于棕色瓶，在冰箱中保存。

（4）样品采集

① 关于采样频次、采样时间、采样位置和断面采样点数目及位置，严格按照 GB/T 16157—1996 有关技术规定进行。采用如图 1-4 所示装置，串联两个多孔玻板吸收瓶，瓶中各装入 5～10mL 吸收液，以 0.5L/min 流量，采样 5～20min。可在吸收瓶外用冰浴或冷水浴控制吸收液温度，以提高吸收效率。

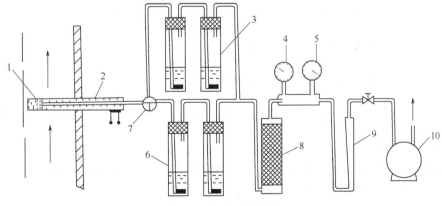

图 1-4　烟气采样系统

1—烟道；2—加热采样管；3—旁路吸收瓶；4—温度计；5—真空压力表；
6—吸收瓶；7—三通阀；8—干燥器；9—流量计；10—抽气泵

② 采样管的准备与安装　清洗采样管，使用前清洗采样管内部，干燥后再用。更换滤料，当填充无碱玻璃棉或其他滤料时，充填长度为 20～40mm。采样管插入烟道近中心位置，进口与排气流动方向成直角。如使用入口装有斜切口套管的采样管，其斜切口应背向气流。采样管固定在采样孔上，应不漏气。在不采样时，采样孔要用管堵或法兰封闭。然后，要进行试漏试验，保证管路气密性。

③ 预热采样管　打开采样管加热电源，将采样管加热到所需温度。置换吸收瓶前采样管路内的空气。正式采样前，令排气通过旁路吸收瓶采样 5min，将吸收瓶前管路内的空气置换干净。

④ 采样　接通采样管路，调节采样流量至所需流量进行采样，采样期间应保持流量恒定，波动应不大于 ±10%。使用累计流量计采样器时，采样开始要记录累计流量计读数。采样时间视待测污染物浓度而定，但每个样品采样时间一般不少于 10min。

⑤ 采样结束　切断采样管至吸收瓶之间气路，防止烟道负压将吸收液与空气抽入采样管。使用累计流量计采样器时，采样结束要记录累计流量计读数。

⑥ 样品贮存　采集的样品应放在不与被测物产生化学反应的容器内，容器要密封并注明样品号。在样品贮存过程中，如采集在样品中的污染物浓度随时间衰减，应在现场随时进行分析。

⑦ 采样时应详细记录采样时工况条件、环境条件和样品采集数据（采样流量、采样时间、流量计前温度、流量计前压力、累计流量计读数等）。采样后应再次进行漏气检查，如发现漏气，应修复后重新采样。

（5）样品测定

采样后，应尽快对样品进行滴定。样品放置时间不应超过 1h。将两个吸收瓶中的吸收液全部移入一个锥形瓶中，用少量吸收液分别洗涤两个吸收瓶 1～2 次，洗涤液并入锥形瓶中，摇匀。加 2.0g/L 淀粉溶液 50mL，以 0.010mol/L 碘标准溶液滴定至蓝色，记下消耗量（V）。另取相同体积吸收液，同法进行空白滴定，记下消耗量（V_0）。

（6）计算及结果表示

$$二氧化硫含量(SO_2\,mg/m^3) = \frac{(V - V_0) \times c\left(\frac{1}{2}I_2\right) \times 32.0}{V_{nd}} \times 1000 \qquad (1\text{-}6)$$

式中　V，V_0——滴定样品溶液、空白溶液所消耗的碘标准溶液的体积，mL；

$c\left(\frac{1}{2}I_2\right)$——碘标准溶液的浓度，moL/L；

V_{nd}——标准状态下干烟气的采样体积，L；

32.0——相当于 1L 1mol/L 碘标准溶液 $\left(\frac{1}{2}I_2\right)$ 的二氧化硫 $\left(\frac{1}{2}SO_2\right)$ 的质量，g。

（7）讨论与分析

① 当有硫化氢等还原性物质存在时，对测定结果有影响，如何消除硫化氢的干扰？

② 如果烟气中二氧化硫浓度过低或过高，该如何处理？

1.3.2　烟气中粉尘浓度的测定

粉尘也是燃烧设备排放的主要污染物之一。粉尘浓度的测定方法有过滤称重法和连续自动监测仪两类。下面重点介绍过滤称重法。

（1）原理

抽取一定体积烟气通过已知质量的捕尘装置，根据捕尘装置采样前后的质量差和采样体积，计算烟尘浓度。测定烟尘浓度必须采用等速采样法，即采样速度与采样点烟气流速相等。采用预测流速法、静压平衡、动压平衡及微电脑烟尘平行采样法，均可实现等速采样。可根据不同测量对象状况，选用其中的一种方法。

其中，预测流速等速采样法是在采样前先测出采样点处的排气的流速及温度、湿度、压力等有关气体状态参数，根据测得的排气流速和状态参数计算出各采样点需要的采样流量，然后进行等速采样。预测流速法适用于工况比较稳定的污染源采样，尤其是在烟道气流速度低，高温，高湿，高粉尘浓度的情况下，均有较好的适应性。因此，本书以预测流速法烟尘采样系统为例来介绍粉尘浓度的测定方法。

（2）仪器设备

① 预测流速等速采样法采样管采样装置见图，它由普通型采样管、颗粒物捕集器、冷凝器、干燥器、流量计量和控制装置、抽气泵等几部分组成。当排气中含有二氧化硫等腐蚀性气体时，在采样管出口还应设置腐蚀性气体的净化装置（如双氧水洗涤瓶等）。② 天平。③ 秒表。④ 能测定管道气体参数的测试仪。

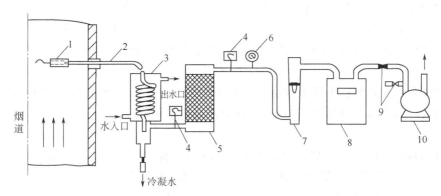

图 1-5　预测流速采样法颗粒物采样装置
1—滤筒；2—采样管；3—冷凝器；4—温度计；5—干燥器；6—真空压力表
7—转子流量计；8—累积流量计；9—调节阀；10—抽气泵

（3）采样准备

滤筒处理和称重：用铅笔将滤筒编号，在 105～110℃烘箱中烘烤 1h，取出放入干燥器中冷却至室温，用感量 0.1mg 天平称量，两次质量之差应不超过 0.5mg。当滤筒在 400℃以上高温排气中使用时，为了减少滤筒本身减重，应预先在 400℃高温箱中烘烤 1h，然后放入干燥器中冷却至室温，称量至恒重。放入专用的容器中保存。检查所有的测试仪器功能是否正常，干燥器中的硅胶是否失效。检查系统是否漏气，如发现漏气，应再分段检查，堵漏，直到合格。

关于采样频次、采样时间、采样位置和断面采样点数目及位置等，严格按照 GB/T 16157—1996 有关技术规定进行。

（4）主要实验步骤

① 记下滤筒编号，将滤筒装入采样管，用滤筒压盖或滤筒托，将滤筒进口压紧。对采样系统进行检漏。根据烟道断面大小，确定采样点数和位置，然后将各采样点的位置用胶布在皮托管和采样管上做出记号。

② 打开烟道的采样孔，清除孔中的积灰。按顺序测定排气温度、水分含量、静压和各采样点的气体动压。如干排气成分与空气的成分有较大差异时，还应测定排气中的成分，进行各项测定时，应将采样孔封闭。

③ 根据测得的排气温度、水分含量、静压和各采样点的流速，结合选用的采样嘴直径，算出各采样点的等速采样流量。

④ 装上所选定的采样嘴，开动抽气泵，调整流量至第一个采样点所需的等速采样流量，关闭抽气泵，记下累积流量计初读数 V_1。将采样管插烟道中第一采样点处，将采样孔封闭，使采样嘴对准气流方向（其与气流方向偏差不得大于 10℃），然后开动抽气泵，并迅速调整流量到第一个采样点的采样流量。

⑤ 采样期间，由于颗粒物在滤筒上逐渐积聚，阻力会逐渐增加，需随时调节控制阀以保持等速采样流量，并记下流量计前的温度、压力和该点的采样延续时间。一点采样后，应立即将采样管按顺序移至第二个采样点，同时调节流量至第二个采样点所需的等速采样流量。依次类推，顺序在各点采样。每点采样时间视颗粒物浓度而定，原则上每点采样时间应不少于 3min。各点采样时间应相等。

⑥ 采样结束后，关闭抽气泵，小心地从烟道取出采样管，注意不要倒置。记录累积流量计终读数 V_2。如采样管倒置采样，采样结束时，应及时记下采样时间及累积流量计读数 V_2，并迅速从烟道中取出采样管，正置后，再关闭抽气泵。用镊子将滤筒取出，轻轻敲打前弯管，并用细毛刷将附着在前弯管内的尘粒刷到滤筒中，将滤筒用纸包好，放入专用盒中保存。

⑦ 每次采样，至少采取三个样品，取其平均值。采样后应再测量一次采样点的流速，与采样前的流速相比，如相差大于 20%，样品作废，重新取样。

（5）样品分析

采样后的滤筒放入 105℃烘箱中烤 1h，取出置于干燥器中，冷却至室温，用感量 0.1mg 天平称量至恒重。采样前后滤筒质量之差，即为采取的颗粒物量。

污染物排放浓度以标准状态下干排气量的质量浓度（mg/m³ 或 μg/m³）表示，按下式进行计算：

$$\rho' = \frac{m}{V_{nd}} \times 10^6 \tag{1-7}$$

式中　ρ'——污染物排放质量浓度，mg/m³；

　　　V_{nd}——标准状态下采集干排气的体积，L；

　　　m——采样所得污染物的质量，g。

$$Q_{sn} = Q_s \times \frac{p_a + p_s}{101325} \times \frac{273}{273 + t_s} \times (1 - \varphi_{sw}) \tag{1-8}$$

式中　Q_{sn}——标准状态下干排气量，m³/h；

　　　p_a——大气压力，Pa；

　　　p_s——排气静压，Pa；

　　　t_s——排气温度，℃；

　　　φ_{sw}——排气中水分体积分数，%。

$$Q_s = 3600 \times F \times V_s \tag{1-9}$$

式中　Q_s——测量工况下湿排气的排放量，m³/h；

F ——管道测定断面面积，m^2；

V_s ——管道测定断面湿排气的平均流速，m/s。

（6）讨论与分析

① 采用过滤称重法测定烟气含尘浓度时，为什么要采用等速采样？如果不采用等速采样，会对测定结果有何影响？

② 为保证数据质量，采用预测流速采样法测定烟尘浓度时，可以采取的质控措施主要有哪些？

烟尘连续自动监测方法是指对固定污染源排放烟气中污染物浓度及相关排气参数进行连续自动监测的方法。烟尘连续自动监测系统包括颗粒物自动监测仪器、稀释气体分析仪及烟气参数分析仪器等。常用的颗粒物自动监测仪器的原理有浊度法（基于烟气中颗粒物对光的吸收作用）、光散射法（基于烟气中颗粒物对光的散射作用）及 β 射线吸收法等。《固定污染源烟气连续排放监测技术规范》（HJ/T 75—2007）及《固定污染源烟气连续排放监测技术要求及检测方法》（HJ/T 76—2007）中，对烟尘连续自动监测系统的组成、技术性能要求、检测方法及安装、管理和质量保证等都做了明确规定。

1.3.3 污染物排放量的计算

燃烧过程产生的大气污染物种类比较多，主要有固体颗粒物及气态的 SO_x、NO_x、CO、C_mH_n、CO_2 等。为了解燃烧装置对大气环境可能造成的污染程度，从而更好地控制燃烧过程引起的大气污染，为环境管理提供基础数据，为污染治理提供技术参数，需要对具体燃烧设备的污染物排放量进行定量计算。

（1）烟气体积的计算

燃料燃烧生成的高温气体叫做烟气，热烟气经传热降温后再经烟道及烟囱排向大气，排出的烟气简称排烟。通常在排烟中含有不饱和状态的水蒸气，排烟中的水蒸气是由燃料中的自由水、空气带入的水蒸气以及燃烧所生成的水蒸气所组成，这种含有水蒸气的烟气称为湿烟气；不含水蒸气的烟气称为干烟气，主要成分有 CO_2、N_2、SO_2 等。

理论烟气量是指在供给理论空气量（$\alpha = 1$）的条件下，燃料完全燃烧时所产生的烟气量。理论烟气体积等于干烟气的体积和水蒸气体积之和。

燃烧过程的温度和压力一般是在高于标准状态（273.15K，$1.013 \times 10^5 Pa$）下进行的，在进行烟气体积和密度计算时，为了便于比较应换算成标准状态。大多数烟气可以视为理想气体，因此可以用理想气体的有关方程式进行换算。

实际燃烧过程中空气是有剩余的，所以燃烧过程中的实际烟气体积应为理论烟气体积与过剩空气体积之和。

（2）污染物排放量的估算

燃烧设备污染物排放量的估算，可按下式进行：

$$Q = KM \tag{1-10}$$

式中 Q ——燃烧设备的污染物排放量，g；

K ——燃烧设备排污系数，g/kg（固体燃料），g/L（油燃料），g/m^3（气体燃料），可查表 1-4，表 1-5 和表 1-6；

M ——燃料耗用量，kg（固体燃料），L（油燃料），m^3（气体燃料）。

通过上述公式，可计算出燃烧设备的污染物理论排放量。由于采取相应污染控制的技术手段，实际的排放量可通过下式计算：

$$Q = (1 - \eta)KM \tag{1-11}$$

式中，η 为经过废气治理设施的某污染物去除率；其他符号含义同前。

表 1-4　固体燃料燃烧的排放因子

燃料及燃烧设备		污染物产生量/（g/kg 燃料）					
		颗粒物	SO_x	CO	C_mH_n	NO_x	醛类
烟煤							
＞30MW（电站和大型工业锅炉）							
煤粉炉　　　一般		7.3A	17S	0.45	0.14	8.2	0.0023
液态排渣		5.9A	17S	0.45	0.14	13.6	0.0023
固态排渣		7.7A	17S	0.45	0.14	8.2	0.0023
旋风炉		0.9A	17S	0.45	0.14	24.9	0.0023
3～30MW（大型商业和一般工业锅炉）							
抛煤机式层燃炉		5.9A	17S	0.91	0.45	6.8	0.0023
＜3MW（商业和民用炉）							
下饲式层燃炉		0.9A	17S	4.5	1.4	2.7	0.0023
手烧炉		9.1	17S	41	9.1	1.4	0.0023
无烟煤							
煤粉炉		7.7A	17S	0.45	可忽略	8.2	
振动炉排炉		0.45A	17S	0.45	可忽略	4.5	
手烧炉		4.5	17S	41	1.1	1.4	
褐煤							
煤粉炉		3.2A	13.6S	0.45	＜0.45	6.4 (3.6)[①]	
旋风炉		2.7A	13.6S	0.45	＜0.45	7.7	
抛煤机式层燃炉		3.2A	13.6S	0.91	1	2.7	
其他层燃炉		1.4A	13.6S	0.91	0.45	2.7	
树皮燃烧	有飞灰回喷	34	0.68	0.9～27	0.9～32	4.5	
	无飞灰回喷	22.7	0.68	0.9～27	0.9～32	4.5	
木材-树皮混烧	有飞灰回喷	20.4	0.68	0.9～27	0.9～32	4.5	
	无飞灰回喷	13.6	0.68	0.9～27	0.9～32	4.5	
木材燃烧		2.3～6.8	0.68	0.9～27	0.9～32	4.5	
蔗渣燃烧		7.3	可忽略			0.5	
住宅的壁炉							
烧木柴		9.1	0	54	2.3	0.45	
烧煤		13.6	16S	41	9.1	1.4	
木材烘干窑		1.8～13.6		118			

①　6.4g/kg 用于前墙燃料器和水平对置墙燃烧器的炉子，3.6g/kg 用于切向燃烧的炉子。

注：A 和 S 分别为燃烧中灰分和硫分的质量分数；SO_x 以 SO_2 计，C_mH_n 以 CH_4 计，NO_x 以 NO_2 计。

表 1-5　油燃烧的排放因子

锅　炉[①]	燃　料	污染物产生量/（g/L 油）					
		颗　粒　物	SO_2	SO_3	CO[⑤]	C_mH_n	NO_x
电站锅炉	残油	②	18.8S	0.24S	0.6	0.12	12.6 (6)[③]
工业和商业锅炉	残油	②	18.8S	0.24S	0.6	0.12	7.2[④]
	馏出油	0.24	17S	0.24S	0.6	0.12	2.6
民用锅炉	馏出油	0.3	17S	0.24S	0.6	0.12	2.2

① 锅炉可按总的最大输入热量粗略分类：电站锅炉＞75MW，4.5MW＜工业锅炉＜75MW，商业锅炉＞0.15MW，民用锅炉＜0.15MW。

② 残油燃烧的排放因子平均来说最好表示成油的级数和含硫量的函数：6 级油＝1.2S＋0.36g/L 油，5 级油＝1.2g/L 油，4 级油＝0.8g/L 油。

③ 6g/L 为切向燃烧炉，其他锅炉为 12.6g/L，满负荷，一般过量空气 15%。在负荷减小时，NO_x 排放量也随之减少，锅炉负荷每减少 1%，NO_x 排放量减少 0.5%~1%。

④ 在工业和商业锅炉中，残油燃烧的 NO_x 排放量取决于油的含氮量，并可按如下经验公式做精确计算：gNO_x/L 油＝$2.64+48N^2$，其中的 N 为油中含氮量的质量分数，对于含氮量高（＞0.5%）的油，一般采用的排放因子为 $14.4gNO_x$/L 油。

⑤ 如果设备操作不当或维护不好，CO 排放量可能增加 10~100 倍。

注：1. C_mH_n 一般可以忽略不计，除非设备操作不当或维护不好，在这种情况下的排放量可能增加几个数量级。

2. C_mH_n 以 CH_4 计，NO_x 以 NO_2 计。

表 1-6　气体燃烧燃料燃烧的排放因子

锅　炉	燃　料	污染物产生量/（g/m³ 天然气或 g/L LPG）				
		颗　粒　物	SO_2[①]	CO	C_mH_n	NO_x
电站锅炉	天然气	0.08~0.24	0.0096	0.272	0.016	11.21[②]
工业生产用炉	天然气	0.08~0.24	0.0096	0.272	0.048	1.92~3.68[③]
	丁烷	0.22	0.01S	0.19	0.036	1.45
	丙烷	0.20	0.01S	0.18	0.036	1.34
民用和商业炉	天然气	0.08~0.24	0.0096	0.32	0.128	1.28~1.92[④]
	丁烷	0.23	0.01S	0.24	0.096	0.96~1.44[⑤]
	丙烷	0.22	0.01S	0.23	0.084	0.84~1.31[⑤]

① S 为液化石油气的含硫量，g 硫/100m³LPG 蒸气。

② 对切向燃烧锅炉采用 4.81g/m³。

③ 此数代表了许多工业锅炉的典型范围，对于大型工业锅炉（＞30MW），则采用电站锅炉的 g/m³ 的排放因子。

④ 1.28g/m³ 为民用采暖锅炉，1.92g/m³ 为商业锅炉。

⑤ 低值为民用炉，高值为商业炉。

注：1. LPG 排放因子计算假定与天然气燃烧排放相同（硫氧化物除外），并以输入热量为基准。

2. C_mH_n 以 CH_4 计，NO_x 以 NO_2 计。

1.4　大气污染综合防治措施分析

大气污染综合防治，就是把一个城市或区域的大气环境看做一个整体，防与治相结合，统一规划能源消耗、工业发展、交通运输和城市建设等，综合运用各种防治污染的措施，充分利用环境的自净能力，并充分考虑到该地区的环境特征，对所有影响大气质量的因素进行全面系统的分析，制定最优防治措施，以消除或减轻大气污染，达到控制区域性大气环境质量目的。

1.4.1　大气污染控制综合防治原则

① 以源头控制为主，推行清洁生产　清洁生产是对污染实行源头控制重要措施，积极

推行清洁生产不但可以避免排放废物带来的风险，降低废物处理和处置的费用，而且可以提高资源利用率，降低成本。

② 合理利用环境自净能力与人为措施相结合 污染物排入环境中，因大气、水等环境要素的扩散稀释、氧化还原和生物降解等作用，其毒性和浓度自然降低的现象称为环境自净。实践证明，合理地利用环境自净能力，既可以保护环境，又可节约环境污染治理的投资。但是环境容纳污染物的能力（或称环境容量）是有限的，超过了这个限度就会使环境质量下降。

③ 污染源治理与区域综合防治相结合 对大气污染源进行逐个控制，同时采取区域性综合防治措施，才能有效控制大气污染。区域污染综合防治坚持以污染源分散治理为基础，以污染集中控制为主的原则。如改造锅炉、消烟除尘，要与改善能源结构、提高能源利用率、集中供热等综合防治措施相结合，显示出大气污染防治的环境效益、经济效益和社会效益。

④ 按功能区实行总量控制与浓度控制相结合 按功能区实行总量控制是指在保持功能区环境目标值前提下，所能允许的某种污染的最大排污量。若某一功能区大气污染源较多，即使单个污染源均达标排放，整个功能区的污染物排放总量也可能会超过环境容量。

⑤ 技术措施与管理措施相结合 要加强工艺生产全过程等环境管理手段防治大气污染，鼓励企业建立环境管理体系，在有条件企业推广 ISO 14000 环境管理体系认证。强化对机动车污染排放监督管理。加强对在用机动车的排气监督检测、维修保养和淘汰更新工作，鼓励发展清洁燃料车和公共交通系统，完善道路交通管理系统，控制交通污染。

另外，运用管理手段，坚持执行排污申报登记、排污收费、限期治理等各项环境管理制度，可以促进污染治理。

1.4.2 大气污染控制综合防治措施

大气污染控制综合防治措施有如下一些方面。

① 全面规划，合理布局 改善不合理工业布局，合理利用大气环境容量。调整工业布局要以生态理论为指导，综合考虑经济效益、社会效益和环境效益。在保证实现本地区经济目标前提下，优选经济效益、社会效益和环境效益统一工业结构，淘汰严重污染环境落后工艺和设备，加快节能降耗、综合利用和污染治理等技术改造，采用高技术清洁工艺，控制工业污染。

② 改善能源结构，积极采取节能措施 以国家西气东输、西电东送为契机，加快城市能源结构调整；通过划定高污染燃料禁燃区，推广电、天然气、液化气等清洁能源使用，减少城市原煤的消费量，推广洁净煤技术；促进热电联产和集中供热的发展，有效控制煤烟型污染。

③ 大力开展综合利用，提高资源利用率 资源利用率越高，向环境排放的废物就越少，使经济发展对资源的开发强度不超过环境的承载能力，生产过程的排污量不超过环境的自净能力，从而促进生态系统的良性循环。因此，大力开展综合利用，提高资源利用率在发展工业生产、保护环境的过程中具有战略意义。建立综合性工业基地，各企业间相互利用原材料和废弃物，减少污染物排放总量。

④ 完善城市绿化系统，发展植物净化 在城市和工业区有计划、有选择地增加绿地面积是大气污染综合防治具有长效功能的重要措施。提高城市绿化水平，最大限度减少裸露地面，降低城市大气环境中悬浮颗粒物浓度。

⑤ 加强大气污染防治实用技术的推广　利用除尘装置除去废气中的烟尘和各种工业粉尘，采用气体吸收法处理有害气体，应用冷凝、催化转化、吸附和膜分离等技术处理废气中的主要污染物。从国情出发，尽快开发推广技术可靠、经济合理、配套设备过关的大气污染防治的实用技术，重点包括煤炭洗选脱除有机硫、工业型煤、循环流化床锅炉、煤的气化和液化、烟气脱硫、转炉炼钢除尘、焦炉烟气治理、陶瓷砖瓦黑烟治理等，建设一批典型的大气污染治理示范工程，并采取有效措施尽快推广应用。

⑥ 完善环境监督管理制度　建设城市烟尘控制区，加强城市烟尘控制区的监督管理；实施排污许可证制度，使排污单位明确各自的污染物排放总量控制目标，对污染源排放总量实施有效的控制；加强对除尘器等环保设备的制造、安装和使用的监督管理；加快淘汰各种低效除尘器和原始排放浓度高的锅炉；提高大气环境监测及大气污染源监督监测的技术水平，改善监测装备条件；完善机动车排气污染监督管理体系，建立环保部门统一监督管理、部门协调分工的管理体系和运行机制。

⑦ 控制污染的经济政策　进行必要的环境保护投资，环保投资占国民生产总值（GDP）的比例，我国目前比例为 $1.3\%\sim1.4\%$，"十二五"希望能达到 1.9% 的目标。实行"污染者和使用者支付原则"，可采用的经济手段：建立市场（排污许可证制度等）；税收手段（污染税、资源税等）；收费制度（排污费等）；财政手段（生态环境基金等）；责任制度（赔偿损失和罚款等）。

【课后思考题及拓展任务】

1. 什么是大气污染物？主要的大气污染物有哪些？
2. 简述大气污染的形成过程与大气污染的危害。
3. 我国现阶段制定的大气污染控制标准有哪几大类？各自的作用是什么？
4. 目前我国大气污染控制工作的重点有哪些？
5. 简述粉尘粒径的测定意义及测定方法。
6. 简述粉尘真密度的测定原理及测定方法。
7. 简述圆盘法测定粉尘比电阻的原理及主要实验步骤。
8. 测定烟气中二氧化硫浓度、粉尘浓度的主要方法有哪些？
9. 什么是产污系数？什么是排污系数？二者有何关系？
10. 某 $2\times600MW$ 燃煤发电厂，每天耗煤量约 11000t，燃煤的平均硫含量为 0.80%。试分析锅炉烟气中的主要大气污染物有哪些？每种污染物年排放量是多少吨？如果采用相应污染物治理技术，污染物的去除率为 90%，每年可减少向环境中排放各类污染物多少吨？

第2章 洁净燃烧技术

【案例二】 某燃烧中脱硫工程案例及分析

某电厂采用 460t/h 的循环流化床锅炉，过热蒸汽出口流量 460t/h，含固体颗粒的经旋风分离器分离，再经返料器送回炉膛进行循环燃烧，一、二次风风量各占空气总量的 50% 左右，燃烧温度控制在 850~950℃。脱硫效率在 Ca/S 为 2 时可达 90% 以上。

循环流行化床锅炉技术是近十几年来迅速发展的一项高效低污染清洁燃烧技术。国际上这项技术在电站锅炉、工业锅炉和废物处理利用等领域已得到广泛的商业应用，并向几十万千瓦级规模的大型循环流化床锅炉发展；国内在这方面的研究、开发和应用也逐渐兴起，已有上百台循环流化床锅炉投入运行或正在制造之中。未来的几年将是循环流化床飞速发展的一个重要时期。

【案例分析】

（1）循环流化床的结构和原理

锅炉采用单锅筒，自然循环方式，总体上分为前部及尾部两个竖井。前部竖井为总吊结构，四周有膜式水冷壁组成。自下而上，依次为一次风室、密相床、悬浮段，尾部烟道自上而下依次为高温过热器、低温过热器及省煤器、空气预热器。尾部竖井采用支撑结构，两竖井之间由立式旋风分离器相连通，分离器下部连接回送装置及灰冷却器。燃烧室及分离器内部均设有防磨内衬，前部竖井采用敷管炉墙，外置金属护板，尾部竖井采用轻型炉墙，由八根钢柱承受锅炉全部重量。

锅炉采用床下点火（油或煤气），分级燃烧，一次风比率占 50%~60%，飞灰循环为低倍率，中温分离灰渣排放采用干式，分别由水冷螺旋出渣机、灰冷却器及除尘器灰斗排出。炉膛是保证燃料充分燃烧的关键，采用湍流床，使得流化速度为 3.5~4.5m/s，并设计适当的炉膛截面，在炉膛膜式壁管上铺设薄内衬（高铝质砖），即使锅炉燃烧用不同燃料时，燃烧效率也可保持 98%~99% 以上。

分离器入口烟温在 800℃ 左右，旋风筒内径较小，结构简化，筒内仅需一层薄薄的防磨内衬（氮化硅砖）。其使用寿命较长。循环倍率为 10~20 左右。

循环灰输送系统主要由回料管、回送装置、溢流管及灰冷却器等几部分组成。

（2）循环流化床的优点

①以石灰石形成床层，实现炉内脱硫；②适用于各种燃料；③热效率高；④NO_x 排放少；⑤蒸汽发生器利用率高；⑥投资少。

【任务二】 煤燃烧大气污染物排放量的计算

某电厂烟气温度为 473K，压力为 105kPa，湿烟气量 V_{fg} = 10400m³/min，水蒸气的体积分数为 6.25%，CO_2 的为 10.7%，O_2 的为 8.2%，不含 CO。排放的污染物质流量是 22.7kg/min。求：①污染物排放的流量（单位：t/d）；②污染物在干烟气中的浓度；③烟气的空气过剩系数；④空气过剩系数 α = 1.8 时，污染物在烟气中的浓度。

　　大气的主要污染物来源于燃料的燃烧。大气的污染和污染物的生成与燃料的性质、燃烧技术、燃烧设备以及燃烧过程的科学管理有直接而密切的关系。

　　洁净燃烧技术主要是通过洁净煤技术减少 SO_2 排放和通过改变燃烧方式降低 NO_x 生成。主要的洁净煤技术包括煤炭洗选加工、煤炭气化和液化、工业和民用型煤炭固硫技术、燃煤锅炉采用的脱硫技术和循环流化床燃烧技术等。

2.1　燃料的燃烧过程及燃烧设备

2.1.1　燃料的种类

　　燃料是指燃烧过程中能放出热能且可以取得经济效益的物质。用于日常生活和工业生产的燃料种类很多，分类如下。

$$
燃料种类\begin{cases}
按燃料来源\begin{cases}天然燃料\\加工燃料\end{cases}\\[2ex]
按燃料使用多少\begin{cases}常规燃料：煤、天然气等\\非常规燃料：如核燃料等\end{cases}\\[2ex]
按燃料物理状态\begin{cases}固体燃料：煤、城市生活垃圾等\\液体燃料：石油、生物液体燃料等\\气态燃料：天然气、煤气等\end{cases}
\end{cases}
$$

　　(1) 固体燃料　固体燃料分为天然固体燃料、人工固体燃料和固体可燃废物。天然固体燃料分为矿物燃料和生物质燃料。矿物燃料主要指煤、泥炭、石煤、油页岩、煤矸石和炭沥青等，是我国能源结构的主体；生物质燃料主要指多年生木质和一年生草本及秸秆等原生生物质，在农村被广泛用作能源。人工固体燃料主要指型煤、焦炭、木炭和石油焦等。固体可燃废物主要有城市生活垃圾、医疗垃圾和城市污泥等。

　　煤的形成要经历一个很长的时期，常常是处于高压覆盖层以及较高温度条件之下。不同种类的植物及其不同的腐蚀程度，形成不同成分的煤。植物性原料变成煤的过程称之为"炭化"过程，这个过程是分阶段发生的，并形成各种各样的煤。根据植物在地层内炭化程度的不同，可将煤分为四大类，即泥煤、褐煤、烟煤和无烟煤。

　　① 泥煤　泥煤是最年轻的煤，是由植物刚刚衍变而成的。在结构上，它尚保留着植物遗体的痕迹，质地疏松，吸水性强，含天然水分高达 40％以上，风干后的泥煤密度只有 $300\sim450kg/m^3$，泥煤含碳量和含硫量低，但含氧量却高达 28％～38％。由于泥煤的挥发分高，可燃性好，在工业上，它主要用作锅炉燃料和化工原料。由于泥煤的机械强度差，易粉碎，不能长途运输，只能作为地方燃料。

　　② 褐煤　褐煤比泥煤炭化程度大一些，这种煤基本上完成了植物遗体的炭化过程。褐煤是由泥煤形成的初始炭化物，形成年代较短。呈黑色、褐色或泥土色，其结构类似木材。褐煤呈现出黏结状及带状，含碳量为 60％～75％，氢和氧的含量为 20％～25％，水分含量高，与高品位煤相比，其热值较低。挥发分高，其密度约为 $750\sim800kg/m^3$，在空气中极易风化粉碎，也多作为地方燃料。

　　③ 烟煤　烟煤是炭化程度较高的煤，仅次于无烟煤。呈黑色，外形有可见条纹，挥发分含量为 20％～45％，高于无烟煤而低于褐煤，含碳量为 75％～90％。烟煤的成焦性较强，

且含氧量低，水分和灰分含量一般不高，适宜于工业上的一般应用。在空气中，它比褐煤更能抵抗风化。与褐煤相比密度较大，不易吸湿，燃烧时有黏结性。由于烟煤的炭化年龄及生成条件不同，不同产地的烟煤，在黏结性和含硫量方面有较大差别。根据烟煤的黏结性、挥发分含量等物理性质，烟煤分为长焰煤、气煤、结焦煤、瘦煤等不同品种。长焰煤和气煤挥发分高，适宜制造煤气，结焦煤适宜炼焦。烟煤是冶金、建材和动力等工业中不可缺少的能源。

④ 无烟煤　无烟煤是含碳量最高、炭化时间最长的煤。它具有明亮的黑色光泽，机械强度高。含碳量一般高于 93%，无机物含量低于 10%，灰分及挥发分少，含硫量低，组织致密，密度大，吸水性小。由于着火困难，储存时稳定，不易发生自燃，适宜于长途运输和贮存。无烟煤的成焦性极差，但由于其发热量大（热值约为 29308kJ/kg）、灰分少、含硫量低、燃烧后，因而多用于民用燃料，也可作为制气燃料。

世界各国根据煤炭资源情况及工业使用要求，分别提出了不同的分类方法。中国最早的煤炭分类方案在 1956 年 12 月通过，于 1958 年 4 月正式实行。新方案（GB 5751—1986）于 1986 年 10 月 1 日开始在全国实行，具体分类见表 2-1。

表 2-1　中国煤炭分类

类　别	代　号	数　码	特　性
无烟煤	WY	01 02 03	变质程度最深，含碳量高达 90%～98%，含硫量低，发热量较高，燃烧后污染轻。光泽度强，硬度高，挥发分很少，燃烧时火焰短，贮存时不会自燃
贫煤	PM	11	变质程度深，作为动力和民用燃料，它的性质介于无烟煤和烟煤之间，挥发分较低的贫煤，在燃烧性能方面接近无烟煤
贫瘦煤	PS	12	介于贫煤和瘦煤之间
瘦煤	SM	13 14	加热时产生的胶质体少且软化温度高，可用作炼焦配煤
焦煤	JM	15 24 25	加热时产生的胶质体较多且热稳定性好，单煤炼焦可得到强度好、块大、裂纹少的优质焦炭
肥煤	FM	16 26 36	变质程度中等，加热产生大量的胶质体，软化温度低，固化温度高。单独炼焦时可以获得熔融良好的焦块，一般作炼焦配煤的主要成分
气肥煤	QF	46	介于肥煤和气煤之间
气煤	QM	34 43 44 45	有较多的挥发分和焦油，胶质体受热易分解，可单独炼焦，也可以作为炼制冶金焦的配煤，是城市焦化煤气厂的好原料
弱黏煤	RN	22 32	变质程度较低，加热时产生较少胶质体，焦炭呈小块且易碎，主要作为机车、电厂燃料及气化原料
不黏煤	BN	21 31	变质程度较低且在成煤初期氧化程度较高，发热量比一般烟煤要高，一般用作动力或民用燃料
长焰煤	CY	41 42	是最年轻的煤，不含有原生腐殖酸，质地松散。一般作动力、气化及民用燃料，也可作为低温干馏炼油的原料
褐煤	HM	51 52	多呈褐色，含有原生腐殖酸，水分和灰分都较高，发热量较低

注：1. 在焦煤和肥煤之间又分为 1/3 焦煤，代号是 1/3JM，数码为 35。
　　2. 气煤和弱黏煤之间又分为 1/2 中黏煤，代号是 1/2ZN，数码为 23，33。

（2）液体燃料

液体燃料包括石油及石油制品、煤炭加工制取的燃料油和生物液体燃料。石油和石油制品主要有原油、煤油、汽油、柴油和燃料油。煤炭加工制取的燃料油主要有煤焦油和煤液化油。生物液体燃料主要有生物柴油和醇类燃料。

石油是液体燃料的主要来源，又称原油，是天然存在易流动的液体，密度 $0.78 \sim 1.00 g/cm^3$。它是多种化合物的混合物，主要是由链烷烃、环烷烃和芳香烃等碳氢化合物组成的混合物。其化合物元素组成主要是碳和氢，硫、氮和氧比例很小，它们的含量因产地而异。石油通常还含有微量钒、镍、氯、砷和铅等，它们的总含量一般在 0.001% 左右。

原油虽然是可燃的，但出于安全和经济考虑，很少用以直接燃烧，一般都经炼油厂的蒸馏、裂化和重整等加工过程生成汽油、柴油和燃料油等各种化学产品。

燃料油的一个重要性质是其密度为燃料油的化学组成和发热值提供了一种指示。燃料油随着氢含量增加，密度减小，单位发热量增加。闪点（指液体表面上的蒸气和周围空气的混合物与火接触，初次出现蓝色火焰的闪光时的温度）与安全有关，运输和输送过程中，油温不得超过其闪点。燃料油黏度随温度升高而降低，黏度较大时，雾化产生的液滴较大，气化较慢，导致不完全燃烧。

原油中的硫大部分以有机硫形式存在，形成非碳氢化合物的巨大分子团。硫的质量分数一般为 $0.1\% \sim 7.0\%$。原油加工成汽油等产品后，在汽油等轻馏分中含硫量减少，以硫化氢、硫醇（R—S—H）、一硫化物（R—S—R）和二硫化物（R—S—S—R）形态存在。在燃料油中等重馏分中硫的质量分数相对增加，约有 $80\% \sim 90\%$ 留于其中，以复杂的环状结构存在。因为硫原子仅是庞大分子中的一小部分，当含硫 $3\% \sim 5\%$ 时，重馏分中含硫化合物的量可能占到全部质量的一半以上。燃料油中的硫不能用分离硫化物的物理方法降低，只能采用高压催化加氢破坏 C—S—C 键，形成硫化氢的方法降低硫含量，但费用很高。

（3）气体燃料

由可燃气体组成燃料称为气体燃料。可分为天燃气体燃料、工业生产过程副产气体燃料和人造气体燃料等。天燃气体燃料主要有天然气和煤层气。工业生产过程副产气体燃料主要有焦炉煤气、高炉煤气、转炉煤气、液化石油气、裂化石油气和裂解石油气等。人造气体燃料主要有空气煤气、混合煤气和沼气。

天然气是典型的气体燃料，一般含甲烷 85%、乙烷 10%、丙烷 3% 及少量含碳更高的碳氢化合物。此外，还含有 H_2O、CO_2、N_2、He 和 H_2S 等。天然气中的硫化氢具有腐蚀性，燃烧时生成硫氧化物，因此许多国家都规定了天然气中总含硫量和硫化氢含量的最大允许值。

多数情况下，天然气中的惰性组分可忽略不计，但当其所占比例增加时，将降低燃烧热，并增加输送成本。惰性组分也会影响燃料的其他燃烧特征，当影响严重时必须除去或用其他气体混合稀释。例如，氦的体积分数超过 0.2% 时，就必须设法除去。

2.1.2　燃料的燃烧过程及污染物排放量的计算

燃料的燃烧分为完全燃烧和不完全燃烧。完全燃烧是指燃料中的可燃物质全部和氧气充分燃烧，最终产物为 CO_2、H_2O、SO_2 等物质；不完全燃烧是指燃料中的可燃物质部分与氧气充分燃烧，最终产物中存在气态及固体可燃物质。

影响燃料完全燃烧的主要因素有：①充足的空气量；②温度高于气体燃料的着火温度；③燃料在高温区的停留时间应超过燃料燃烧所需时间；④燃料与空气中的氧气充分混合，混合的程度决定于空气的湍流度。通常把温度、时间和湍流度称为"3T"因素。

（1）理论空气量和空气过剩系数

单位燃料（固体和液体燃料用1kg，气体燃料用1m³）完全燃烧所需的空气量称为理论空气量。一般燃料燃烧的氧气来自于空气，所以在燃烧计算中假定：可燃性硫主要被氧化为SO_2；空气中氮气和氧气的体积比是0.79/0.21；忽略NO_x的生成量。

【例2-1】 某燃烧装置燃料为重油，成分（按质量）分别为：C88.3%，H9.5%，S1.6%，H_2O0.5%，灰分0.1%，试计算标准状态下（0℃，101kPa）1kg重油所需的理论空气量。

解 以1kg重油燃烧为基础（见表2-2），则：

表 2-2 燃 烧 情 况

可燃成分名称	可燃成分含量/%	可燃成分的量/mol	理论空气量/mol
C	88.3	73.58	73.58
H	9.5	95	23.75
S	1.6	0.5	0.5
H_2O	0.5	0	0
灰分	0.1	0	0
合计	100	169.08	97.83

空气中氧气占21%，因此：

$$理论空气量 = \frac{97.83 \times 22.4 \times 10^{-3}}{0.21} = 10.44 (m^3/kg)$$

空气过剩系数是指实际空气量与理论空气量的比值。

$$\alpha = \frac{实际空气量}{理论空气量}$$

α值的大小决定于燃料的种类、燃烧方法、燃烧装置的构造、燃料和助燃空气混合难易程度等，一般$\alpha > 1$。从经济角度来说，应尽量在低空气过剩系数下实现完全燃烧。表2-3列出部分燃烧设备的空气过剩系数。

表 2-3 不同燃烧设备的空气过剩系数

燃烧方式	手烧炉	链条炉	振动炉排	抛煤机炉	粉煤炉	沸腾炉	油炉
α	1.5～2.5	1.2～1.5	1.2～1.5	1.2～1.4	1.2～1.25	1.1～1.25	1.15～1.2

空燃比（AF）是指单位质量燃料燃烧所需的空气质量，可有燃烧方程直接求得。例如，甲烷在理论空气量下的完全燃烧：

$$CH_4 + 2O_2 + 7.56N_2 \longrightarrow CO_2 + 2H_2O + 7.56N_2$$

$$AF = \frac{2 \times 32 + 7.56 \times 28}{16} = 17.2$$

燃料中碳相对含量增加，氢相对含量减少，理论空燃比减少。

（2）着火温度

着火温度指有氧条件下，可燃物质开始燃烧时所需达到的最低温度，表2-4列出常见燃料的着火温度。

表 2-4　燃料的着火温度

燃料	木炭	无烟煤	重油	发生炉煤气	氢气	甲烷
着火温度/K	593～643	713～773	803～853	973～1073	853～873	923～1023

对于燃烧器来说，必须保证炉膛内温度高于所有可燃成分的着火温度，温度越高，可燃成分燃尽的时间越短，但炉温过高将会增加氮氧化物的产量，所以对不同的炉型要选择最适宜的燃烧温度。

2.1.3　燃烧设备

燃烧设备指用来实现燃烧过程的装置。燃烧设备设计原则：

① 在规定的负荷条件下保证燃料的合理燃烧和燃烧过程的稳定。

② 能控制火焰，使火焰具有一定的方向、外形、刚度等。

③ 具有足够的燃烧能力。

④ 结构简单、使用方便、坚固耐用。

燃烧设备按用途分为干燥炉、退火炉、隧道窑、轧钢炉、回转窑、锻造炉、锅炉等。按燃料类型分为固体燃料燃烧设备、液体燃料燃烧设备和气体燃料燃烧设备。煤炭燃烧设备按炉体结构可分为往复炉排炉、沸腾炉、链条炉排炉和抛煤机倒转炉排炉等。

固体燃料燃烧设备有如下几种。

① 链条炉排炉　如图 2-1 所示，燃料由炉膛一端进入，落在炉排上，随着炉排移动，燃料穿过炉膛与热空气相遇，依次经过干燥、预热、燃烧、燃尽。灰渣随炉排落到炉膛的另一端。

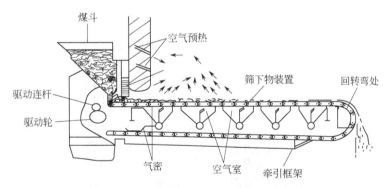

图 2-1　链条炉工作原理示意图

链条炉在炉排的配合下可以燃用较广泛的煤种，但是在炉排一定的情况下，燃煤的适应性也在一定范围。由于发热值低的燃煤需要较大的炉排面积，所以炉排的金属耗量也随之增大。因此，链条炉一般适用于中等以上燃煤在 4000kcal/kg 以上，尤其适宜于优质煤。

② 振动炉排炉　如图 2-2 所示，燃料从煤斗通过可调节的挡板振动到染料层，空气通过炉排底部封嘴吹入，燃烧后的灰则排到浅坑里。

振动炉排炉具有结构简单、维修费用低、对燃料实用性广等优点，适用于燃用烟煤和褐煤。

③ 旋风燃烧炉　如图 2-3 所示，碎煤与一次风混合后以适当的速度从切线方向进入炉膛，煤粒在离心力的作用下抛到炉膛上，并固定在液渣层中燃烧。大部分的灰留在液渣层，使飞灰减少。大部分燃料颗粒在炉膛内随气流回旋运动时燃烧掉，其余的黏附在熔渣膜上燃烧。

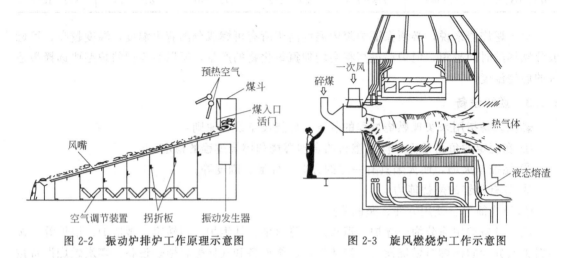

图 2-2　振动炉排炉工作原理示意图　　　　图 2-3　旋风燃烧炉工作示意图

旋风燃烧炉具有占地面积小、飞灰少、投资少等优点，适宜于燃用烟煤、褐煤、贫煤和无烟煤。

④ 煤粉燃烧炉　如图 2-4 所示，粒径在 $300\sim500\mu m$ 以下的燃料粉末与一次空气混合在一起，通过燃烧器直接喷入炉膛进行燃烧，气流与燃料在炉膛内不旋转，故燃料停留时间短，一般只有 $1\sim2s$。主要适用于烟煤。

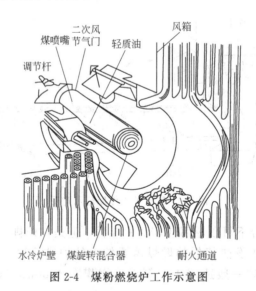

图 2-4　煤粉燃烧炉工作示意图

⑤ 流化床锅炉　如图 2-5 所示，氧化剂从底部以较高速度进入比较细的燃料粒子层中，当鼓风达到一定速度时，粒子层失去稳定性，在燃料层中部的颗粒向上漂浮，靠近炉壁的颗粒向下降落，整个粒子层产生强烈的相对运动，就像液体沸腾一样，所以又称沸腾式燃烧。

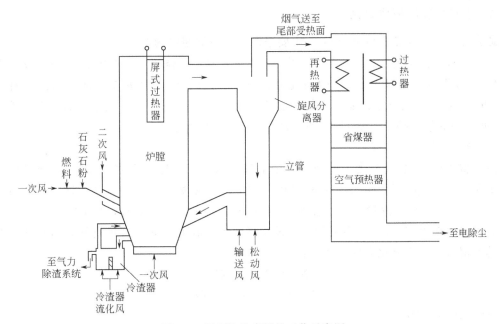

图 2-5　循环流化床锅炉工作示意图

流化床锅炉有以下优点：①以石灰石形成床层，实现炉内脱硫；②适用于各种燃料；③热效率高；④NO_x 排放少；⑤蒸汽发生器利用率高；⑥投资少。

2.2　燃烧过程中主要污染物的形成机制

燃烧可能产生的污染物有硫氧化物、氮氧化物、碳氧化物、烟尘、碳氢化合物及多环有机物等。

2.2.1　硫氧化物的形成机制

硫氧化物是指 SO_2 和 SO_3。燃料燃烧时，有机硫在 750℃以下析出，单质硫和硫铁矿硫在 800℃以上析出。析出的可燃性硫燃烧生成 SO_2，其中有 1%～5% 进一步氧化生成 SO_3。主要化学反应如下：

有机硫的燃烧

$$CH_3CH_2SCH_2CH_3 \longrightarrow H_2S + H_2 + C + C_2H_4$$

$$2H_2S + 3O_2 == 2SO_2 + 2H_2O$$

$$SO_2 + \frac{1}{2}O_2 == SO_3$$

元素硫的燃烧

$$S + O_2 == SO_2$$

$$SO_2 + \frac{1}{2}O_2 == SO_3$$

硫化物的燃烧

$$4FeS_2 + 11O_2 == 2Fe_2O_3 + 8SO_2$$

$$SO_2 + \frac{1}{2}O_2 == SO_3$$

2.2.2 氮氧化物的形成机制

通常氮氧化物是指 NO 和 NO_2，主要来源于化石类燃料的燃烧。

燃烧过程中产生的 NO_x 主要有三类：一类是在高温燃烧时空气中的 N_2 和 O_2 反应生成的 NO_x，称为热力型 NO_x；另一类是通过燃料中有机氮经过化学反应生成的 NO_x，称为燃料型 NO_x；第三类是火焰边缘形成的快速性 NO_x，由于产量少，一般不考虑。因此燃烧产生的 NO_x 的总量就是热力型 NO_x 和燃料型 NO_x 生成量之和。

（1）热力型 NO_x

热力型 NO_x 与燃烧温度、燃烧气氛中的氧气浓度及气体在高温区停留时间长短有关。实验证明：在氧气浓度相同的条件下，NO 的生成速度随燃烧温度的升高而增加。当燃烧温度低于 300℃时，是有少量的 NO 生成，当燃烧温度高于 1500℃时，NO 的生成量显著增加。为了减少热力型 NO_x 的生成量，应设法降低燃烧温度，减少过量空气，缩短气体的高温区的停留时间。主要化学反应如下：

$$N_2 + O_2 \Longrightarrow 2NO$$
$$2NO + O_2 \Longrightarrow 2NO_2$$

（2）燃料型 NO_x

燃料中的氮经过燃烧约有 20%～70%转化成燃料型 NO_x。燃料型 NO_x 的发生机制目前尚不清楚。一般认为，燃料中的氮化合物首先发生热解形成中间产物，然后再经氧化生成 NO_x，燃料型 NO_x 主要是 NO，在一般锅炉烟道气中只有不到 10%的 NO 氧化成 NO_2。

由于炉排炉燃烧温度比较低，在 1024～1316℃，所以燃料中的氮只有 10%～20%转化成 NO_x。而煤粉炉燃烧温度比较高，在 1538～1649℃，有 25%～40%的燃料氮转化为 NO_x。旋风燃烧炉因炉温高，不仅使燃料中的氮大部分转化为 NO_x，而且会使热力型 NO_x 的生成量增加，因此限制了旋风燃烧炉的推广和应用。

2.2.3 颗粒污染物的形成机制

燃烧过程中产生的颗粒污染物主要是燃烧不完全形成的炭黑、结构复杂的有机物和烟尘。

（1）燃煤粉尘的形成

煤在非常理想的燃烧条件下，可以完全燃烧，即挥发分和固定碳都被氧化成二氧化碳，余下的为灰分。如果燃烧条件不理想，在高温时发生热解作用，形成多环化合物而产生黑烟。据测定在黑烟中含有苯并芘、苯并蒽等芳香族化合物，是极其有害的污染物。燃烧的装置不同，条件不同，产生的黑烟差别很大。试验证明，煤粉越细，挥发分及燃烧的火焰越高，燃烧的时间越短，如果其他燃烧条件满足时，燃烧就越完全，产生的黑烟等污染物就会越少。

煤的种类和质量与黑烟的产生有很大关系。据研究出现黑烟由多到少的燃料顺序为：高挥发分烟煤→低挥发分烟煤→褐煤→焦炭→无烟煤。

随烟气一起排出的固体颗粒物称为飞灰，主要由未燃尽的煤粒、燃尽后余下的灰粒及燃烧过程中形成的黑烟等。不同的燃煤锅炉出口烟尘浓度见表 2-5。

表 2-5　不同的燃煤锅炉出口烟尘浓度

锅炉类型	链条炉	振动炉排炉	抛煤机炉	煤粉炉	流化床炉
烟尘浓度/（g/m³)	3～6.5	3～8	4～13	8～50	20～80

（2）气、液燃料燃烧形成的炭粒子

气态燃料燃烧的颗粒污染物为积炭，液态燃料高温分解形成的颗粒污染物为结焦和煤胞。

实验表明，积炭是由大量粗糙的球形粒子结成，粒径在 $10\sim20\mu m$ 之间，随火焰形式而改变。通常认为积炭的形成有三个阶段，即核化过程、核表面的非均质反应、凝聚过程。积炭的出现取决于核化步骤和中间体的氧化反应，燃料的分子结构也会影响积炭。实践证明，如果碳氢燃料与足够的氧化合，能有效地防治积炭的生成。

多数情况下，液态燃料的燃烧尾气不仅会有气相过程形成的积炭，还会有液态烃燃料本身生成的炭粒。燃料油雾滴在被充分氧化之前，与炽热的壁面接触会导致液相裂化，接着就发生高温分解，最后出现结焦，由此产生的炭粒称为石油焦，是一种比积炭更硬的物质。

2.3 煤脱硫技术和低 NO_x 生成燃烧技术

2.3.1 洁净煤技术

洁净煤技术是指从煤炭开发到利用的全过程中旨在减少污染排放与提高利用效率的加工、燃烧、转化及污染控制等新技术。洁净煤技术（CCT）一词源于美国，旨在减少污染和提高效益的煤炭加工、燃烧、转换和污染控制等新技术的总称。

我国能源消耗中煤炭占 70％以上。每年大气中的 90％以上的 SO_2、67％以上的 NO_x、82％的酸雨、70％的粉尘来源于煤炭的燃烧。此外，煤的直接燃烧还会产生砷化物、氟化物污染和汞等重金属污染。

我国洁净煤技术立足于本国能源资源特点，贯穿于煤炭开发、加工、转化、终端利用全过程。根据 1997 年国家计委发文印发经国务院批准的《中国洁净煤技术"九五"计划和2010 年发展纲要》，现阶段中国洁净煤技术包括煤炭加工、高效燃烧及先进发电技术、煤炭转化、污染物资源化再利用等方面的十八项技术。

（1）煤炭洗选技术

洗煤又称选煤，是利用物理、化学或生物方法将煤中的含硫矿物质和煤矸石等杂质去除的过程。是通过燃烧前去除煤中矿物质，降低硫含量的主要手段。常规的物理选煤方法可去除原煤中 30％～40％的硫分和 50％～80％的灰分，而且成本较低，可有效地减少污染物排放量。

物理方法主要有重力洗选法、静电分选法和高梯度磁选法等。

传统的选煤方法是重选、浮选等。利用煤和杂质密度不同进行机械分离的方法称为重选法，又分为重介质洗选和淘汰洗选两类。浮选主要用于处理粒径小于 0.5mm 的煤粉，利用煤和矸石、含硫矿物的性质不同进行分离。高梯度磁选法是利用煤与黄铁矿的磁性不同，将黄铁矿分离去除，脱硫效率约为 60％。

化学方法包括有氧化脱硫法、气体脱硫、化学破碎法和选择性絮凝法。氧化脱硫法是将煤破碎后与硫酸铁溶液混合，在反应器中加热至 $100\sim130℃$，黄铁矿与硫酸铁反应生成硫酸亚铁和单质硫，同时通入氧气把硫酸亚铁氧化成硫酸铁。

（2）型煤固硫技术

型煤是以粉煤为主要原料，按具体用途所要求的配比，机械强度和形状大小，经机械加工压制成型的，具有一定强度和尺寸及形状各异的煤成品。型煤包括很多的种类。型煤可以把煤粉、煤面、煤泥分别压成球形或者其他形状，也可以把煤粉和煤泥混合压成球形和其他形状。用于锅炉的燃烧和造气。

粉煤成型方法有冷压成型和热压成型两大类。

冷压成型是指在常温或者低温下将粉煤加工成型煤的技术。冷压成型又可分为无胶黏剂成型和有胶黏剂成型。无胶黏剂成型指在不添加任何固硫剂的情况下，在外力的作用下成型。广泛应用于泥煤、褐煤煤球的制取，烟煤和无烟煤等用该法较难成型。胶黏剂成型是在粉煤中加入一定量的胶黏剂，再压制成型。常用的胶黏剂有石灰、工业废液、黏土类、沥青类和胶黏性煤等。

热压成型是指将粉煤迅速加热至塑性温度范围内，趁热压制成型。

在型煤制作中若添加石灰石等钙系固硫剂，在燃烧过程中，固硫剂中的钙和煤中的硫反应，从而使煤中的硫固化。该方法固硫效率在50%以上，是控制二氧化硫污染经济有效的途径。

成型的主要设备有对辊成型机和单螺杆挤压成型机。前者适用于无胶黏剂成型工艺，后者适用于胶黏剂成型工艺。

（3）循环流化床燃烧（CFBC）技术

流化床技术于20世纪20年代作为一种化工处理技术由德国人发明。在20世纪60年代，流化床技术应用于煤的燃烧。

循环流化床燃烧是一种新型的固体燃料燃烧技术。固体颗粒（燃料、炉渣、石灰石、砂粒等）在炉膛内以一种特殊的气固流动方式（流态化）运动，即高速气流（介于固定床和气流床之间）与所携带的稠密悬浮煤颗粒充分接触燃烧，离开炉膛的颗粒又被分离并送回炉膛循环燃烧。具有以下特点：①可以燃用各种类型的煤、木材和固体废物。还可以实现与液体燃料的混合燃烧；②由于流化速度较高，使燃料在系统内不断循环，实现均匀稳定地燃烧；③燃料在炉内停留时间长，燃烧效率达99%以上，锅炉效率达90%以上；④燃烧温度低，氮氧化物生成量少；⑤石灰石用量少（钙硫比小于1.5），脱硫效率达90%；⑥系统简单，操作灵活。

如图2-6所示，循环流化床燃烧系统由给料系统、燃烧室、分离装置、循环物料回送装置等组成（有些炉型中，返料机构与外置流化床换热器相结合）。燃料和脱硫剂在循环床燃烧室的下部给入，燃烧用的空气分为一次风和二次风，一次风从布风板下部入，二次风从燃烧室中部送入。循环流化床运行风速一般为5~8m/s，使炉内产生强烈的扰动，并将物料带离燃烧室。燃烧室内布置部分水冷壁受热面，炉温控制在850~900℃以利于石灰石高效脱硫及抑制NO_x的生成。气流从燃烧室携带出来的高温物料经分离器分离后，由循环物料回送装置送回燃烧室，完成循环。

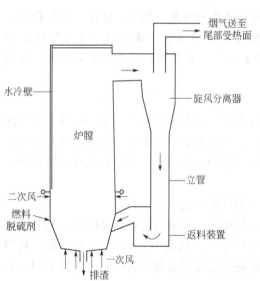

图2-6 循环流化床燃烧系统示意图

2.3.2　低 NO$_x$ 生成燃烧技术

影响燃烧过程中的 NO$_x$ 生成的主要因素是燃烧温度、烟气在高温区的停留时间、烟气中各组分的浓度以及混合程度。实践证明，控制燃烧过程中的 NO$_x$ 形成因素主要是空燃比、燃烧空气的预热温度、燃烧器的形状设计和燃烧区的冷却程度。低 NO$_x$ 生成燃烧技术主要包括低过量空气系数运行技术、两段式燃烧技术和烟气再循环技术。

（1）低过量空气系数运行技术

NO$_x$ 排放量随着炉内空气量的增加而增加，采用低空气过量系数运行，可以降低 NO$_x$ 的排放，能够减少锅炉排烟热的损失，提高锅炉热效率。一般以炉内含氧量 3% 以上，或 CO 体积分数为 2×10^{-4} 作为最小空气过剩系数的选择依据。

（2）两段式燃烧技术

两段式燃烧技术是在两段燃烧装置中，在接近理论空气量的情况下进行燃料燃烧。燃料所需空气分两次通入，即燃烧分两段进行。第一段通入的空气约占总量的 80%～95%，燃烧在富燃料贫氧的条件下进行，形成低氧燃烧区，火焰温度低，因而抑制了 NO$_x$ 的生成。第二段将其余的空气从温度较低区域送入，使第一段剩余的不完全燃烧产物 CO、碳氢化合物得到充分燃烧。在二次空气通入后，虽然氧过剩，但由于烟气温度较低而限制了 NO$_x$ 的生成量。采用两段燃烧，避免了高温、高氧条件下的燃烧状况，大大降低了 NO$_x$ 的生成量。

（3）烟气再循环技术

烟气再循环技术是利用部分冷却了的烟气再循环进入燃烧区，降低氧浓度的同时降低温度，达到减少 NO$_x$ 生成的目的。经验表明，烟气再循环率为 15%～20% 时，煤粉炉的 NO$_x$ 排放浓度可降低 25% 左右。NO$_x$ 的降低率随着烟气再循环率的增加而增加。而且与燃料种类和燃烧温度有关。燃烧温度越高，烟气再循环率对 NO$_x$ 降低率的影响越大。

2.3.3　水煤浆燃烧技术

水煤浆是 20 世纪 70 年代世界范围内出现石油危机的时候，人们在寻找以煤代油的过程中发展起来的石油替代技术。是一种煤基的液体燃料，一般是指由 60%～70% 的煤粉、40%～30% 的水和少量的化学添加剂组成的混合物。水煤浆保持煤炭原有的物理化学特性的同时，又具有和石油类似的流动性和稳定性，而且工艺过程简单，投资少，燃烧产物污染较小，具有很强的实用性和商业推广价值。

水煤浆的燃烧过程一般先通过雾化器将水煤浆雾化城细小的浆滴，一个浆滴通常包括若干细小的煤粉颗粒，进入炉膛后，浆滴受热蒸发，将煤粉颗粒暴露在炉膛内，然后发生与煤粉炉内煤粒类似的燃烧过程，直到燃尽。

如图 2-7 所示，水煤浆经雾化以后高速喷入炉膛，在喷口处形成的雾炬形态。进入炉膛后雾炬燃烧一般要经历以下过程，首先雾炬在高温烟气对流及辐射作用下，迅速升温，并开始水分蒸发，其中的煤粉颗粒发生结团。当浆滴温度升高到 300～400℃ 时，其中的挥发分开始析出并率先着火，形成火焰；此后进入强烈燃烧阶段，同时焦炭开始燃烧，直至彻底燃尽。

对比煤粉炉内煤粉的燃烧，水煤浆燃烧主要有以下特点。

① 水分蒸发时，煤粒之间发生结团形成了多孔性结构，其表面积和微孔容积都比煤粉颗粒大，从而有利于挥发分的析出，提高焦炭的燃烧速度。

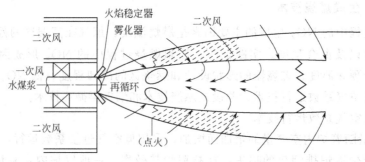

图 2-7　水煤浆的雾炬形燃烧

② 水煤浆的燃烧火焰稳定，但燃烧火焰温度低。其火焰温度平均比煤粉火焰低100～200℃。

③ 水煤浆具有与煤粉一样的燃尽水平和燃烧效率。在较低的火焰温度下，水煤浆的燃烧速度要比煤粉高，其燃烧效率与煤粉燃烧相当，对于大型水煤浆锅炉可以稳定达到99%以上。

【课后思考题及拓展任务】

1. 列举燃料完全燃烧需要的条件，解释"3T"的含义。

2. 烟气中硫氧化物主要以哪种形式存在？

3. 有效降低 NO_x 生成的途径是什么？

4. 已知煤中 C、O、S、灰分、水分的含量分别为 65.7%、2.3%、1.7%、21.3%、9.0%。试计算燃烧 1kg 煤所需的理论空气量及空气过剩系数为 1.2 条件下的实际空气量。

第3章 烟气的排放

【案例三】 宝清发电厂选址与烟囱高度的选取案例及分析

鲁能宝清发电厂是黑龙江省双鸭山市宝清矿区开发项目的主体配套工程之一,电厂的煤源来自宝清县朝阳露天煤矿。宝清发电厂一期工程为 2 台 600MW 燃煤发电机组,安装 2 台 2030t/h 锅炉,年耗煤量 483×10^4 t,同步建设烟气除尘和脱硫装置,并留有再扩建条件。宝清县地势由西南向东北逐渐倾斜,东西南三面环山,北部为平原区,地势平坦,属中温带大陆性季风气候,年平均气温 3.2℃,年平均降水 574mm,年平均风速为 3.5m/s,全年主导风向为北西北(NNW)。宝清发电厂为坑口电厂,工程的建设厂址为八五二农场五分场,厂址距宝清县城东南 35km,在露天矿工业场地南侧,距煤矿首采区 2.5km,从煤矿集煤站到电厂接收站采用带式输送机。锅炉烟气经过静电除尘和脱硫后排入烟囱,烟囱高度设计为 240m,烟囱出口内径为 10.0m,出口烟温 42℃。

【案例分析】

进行火电厂厂址选择时,要考虑多方面因素,诸如电厂投资、年运行费用、厂址地貌地质、供水条件、电气出线、燃料运输、出灰与灰场、施工条件、环境保护、土地征用、与地方规划的矛盾等,综合多项因素做出最合理决策。

例如,火电厂厂址地形应尽量平坦,为保证厂区排水,厂址坡度一般为 1.0%~1.5%,最小为 0.3%~0.5%,考虑到防洪要求,厂址标高应高于百年一遇的洪水位;为方便电厂出线,应留有足够的出线走廊,厂址附近的高压架空线应尽量避免跨越建筑物及贮灰场;厂址应尽量远离城市、风景区、旅游区和重点文物保护区;不应设在有开采价值的矿藏之上;凝汽式火电厂尽量选在水源丰富的地方,电厂可以采用直流供水系统;厂址应靠近铁路、公路以减少交通运输方面的投资;一般情况下电厂离灰场不宜太远,以 5~10km 为宜,初选容量应能存放电厂初期规模 10 年左右排放的灰渣量。

从环境保护角度出发,主要考虑防止大气污染,因为火电厂燃料燃烧会产生烟尘、二氧化硫、二氧化氮等污染物。理想的建厂位置是污染物背景浓度小,大气扩散稀释能力强,排放的大气污染物被输送到城市或居民区的可能性最小的地方。

火电厂进行厂址设计时要求有多个选择方案进行对比,根据各因素在厂址选择方案中的作用大小,由专家对不同方案的厂址因素进行加权评分,将火电厂厂址选择的综合评判由定性分析转向定量分析,最终确定最佳厂址。

烟囱的主要尺寸和工艺参数(如烟囱高度、出口内径、出口烟气流速等)不仅要满足生产工艺的要求,更主要的是满足减轻所排污染物对地区污染的需要。烟囱高度设计首先应满足国家标准和规范要求:烟囱的污染物排放浓度不得高于《火电厂大气污染物排放标准》(GB 13223—2011)中规定的最高允许排放浓度,计算得到的污染物最大落地浓度不能超过该功能区《环境空气质量标准》(GB 3095—1996);若该地区已建有其他排放同类污染物的污染源,则其最大落地浓度的污染分担率不得超过规定的限额;在实行总量控制的地区,其排放量不得超过分配给该污染源的允许排放量;根据《制定地方大气污染物排放标准的技术方法》(GB/T 3840—1991)中规定,发电厂的烟囱高度不得低于电厂从属建筑物高度的 2 倍;根据《火力发电厂设计技术规程》（DL 5000—2000）中规定，发电厂的烟囱高度应高于厂区内最高建筑物高度的 2 倍，位于机场附近的火电厂，其高度必须符合机场净空的要求。

由于烟囱排烟造成的污染物地面浓度与烟囱高度的平方成反比，因此，常采用增加烟囱高度的方法来减轻对局部地区的污染。但烟囱的造价大体上与烟囱高度的平方成正比，并且当烟囱高度超过一定限度后，进一步增加烟囱高度对改善地面环境质量收效甚微，因此烟囱并非越高越好。烟囱的高度既要保证能满足国家和地方排放标准的规定，又要确保烟囱排放造成的污染物地面最大浓度不超过环境空气质量标准限值，在满足上述要求的前提下，还要实现投资最少。当然，通过增加烟气抬升高度也能减轻污染物对局部地区的污染，因此在一定条件下，可以通过增加烟气抬升高度来降低烟囱的实际高度，从而降低成本。

为建设单位设计出高度合理的烟囱，是一项非常重要的工作。在严格执行烟囱高度合理性设计的有关国家标准、规范的基础上，应进行多方案比较论证，最终设计出高度合适、满足环保要求又节约投资的烟囱。

【任务三】 厂址选择并确定烟囱高度

（1）某县城地处平原地区，常年盛行东风和东北风，年均降水量 1700mm，年均气温为 20℃，现准备在该县农村建一座生产能力为 2000t/d 的回转窑水泥厂，有两个选址方案，方案一位于县城东 95km 处，方案二位于县城西 92km 处，表 3-1 为该县全年的风向频率和风速大小，试从环保角度对该厂的选址给出建议。

表 3-1 某县城风向与风速值

风　　向	东	东北	北	南	西南	西	西北	东南
风向频率/%	22	18	13	12	8	6	12	9
平均风速/（m/s）	5	4	4	3	2	3	4	3

（2）该水泥厂要建一窑尾烟囱，经袋式除尘后微细尘粒排放量为 3.4kg/h，烟囱直径为 3.0m，含尘气体出口设计流速为 20m/s，排气温度为 45℃，连续排放，大气环境温度为 20℃，该地区基本上不出现低空逆温层，当大气处于中性状态、风速为 3.5m/s 时，试计算为使周围环境满足大气质量标准要求，烟囱所需高度。

3.1 影响烟气扩散的因素

烟气经烟囱排放进入大气后，烟气中的污染物将随着大气的运动发生传输和扩散，这一过程与污染源本身特性、气象条件、地面特征和周围建筑物分布等因素都有密切关系。特别是与气象条件关系更为密切，随着风向、风速、大气湍流运动、气温垂直分布及大气稳定度等气象因素的变化，污染物在大气中的扩散稀释情况也发生变化，所造成的污染程度有很大不同。因此，为了有效地控制大气污染，除应采取各种综合防治措施外，还应充分利用大气对污染物的扩散和稀释能力。本章将介绍主要的气象要素及其对大气污染扩散的影响，并着重介绍污染物在大气中的扩散规律、污染物浓度的估算方法及如何利用气象资料进行烟囱设计等。

3.1.1 大气圈垂直结构及主要气象要素

（1）大气圈垂直结构

地球表面环绕着一层很厚的气体，称为环境大气或地球大气，简称大气。大气是自然环境的重要组成部分，是人类及生物赖以生存的必不可少的物质。自然地理学将受地心引力而随地球旋转的大气层称为大气圈。在大气物理学和污染气象学研究中，大气圈通常指地面到大约 1400km 高度处的大气层；1400km 以外的空间，气体非常稀薄，就是宇宙空间了。

大气圈的垂直结构是指气象要素的垂直分布情况，如气温、气压、大气密度和大气成分的垂直分布等。这里主要介绍气温的垂直分布情况。根据气温在垂直于下垫面（即地球表面情况）方向上的分布，可将大气圈分为对流层、平流层、中间层、暖层和散逸层。

1) 对流层　对流层是大气圈最低的一层。从下垫面算起的对流层的厚度随纬度增加而降低，原因是对流程度在热带要比寒带强烈，赤道处约 16～17km，中纬度地区约 10～12km，两极附近只有 8～9km。对流层的主要特征有：①对流层集中了整个大气质量的 3/4 和几乎全部水蒸气，主要的大气现象都发生在这一层中，对人类活动影响最大；②大气温度随高度增加而降低，每升高 100m 大约降温 0.65℃；③空气对流运动强烈，主要由下垫面受热不均及其本身特性不同而造成；④温度和湿度的水平分布不均匀，在热带海洋上空，空气比较温暖潮湿，在高纬度内陆上空，空气比较寒冷干燥，因此也经常发生大规模空气的水平运动。

对流层的底层，厚度约为 1～2km，其内部气流受地面阻滞和摩擦的影响很大，称为大气边界层（或摩擦层），其中从地面到 50～100m 左右的一层又称近地层。在大气边界层以上的气流，几乎不受地面摩擦的影响，所以称为自由大气。由于受地面冷热的直接影响，大气边界层气温的日变化很明显，特别是近地层，昼夜可相差十几乃至几十度。

2) 平流层　从对流层顶到 50～55km 高度的一层称为平流层。从对流层顶到 35～40km 左右的一层，气温几乎不随高度变化，为 -55℃ 左右，称为同温层。从这以上到平流层顶，气温随高度升高而增高，至平流层顶达 -3℃ 左右，也称逆温层。平流层集中了大气中大部分臭氧，并在 20～25km 高度上达到最大值，形成臭氧层。臭氧层能强烈吸收波长为 200～300nm 的太阳紫外线，保护了地球上的生命免受紫外线伤害。

在平流层中，几乎没有大气对流运动，极少出现雨雪天气，所以进入平流层中的大气污染物的停留时间很长。特别是进入平流层的氟氯烃（CFCs）等大气污染物，能与臭氧发生光化学反应，致使臭氧层的臭氧逐渐减少。

3) 中间层　从平流层顶到 85km 高度的一层称为中间层。在这一层，气温随高度升高而迅速降低，其顶部气温可达 -83℃ 以下。大气的对流运动强烈，垂直混合明显。

4) 暖层　从中间层顶到 800km 高度称为暖层。在强烈的太阳紫外线和宇宙射线作用下，暖层出现气温随高度升高而增高的现象。暖层气体分子被高度电离，存在着大量的离子和电子，故又称为电离层。

5) 散逸层　暖层以上的大气层统称为散逸层。它是大气的外层，气温很高，空气极为稀薄，空气粒子的运动速度很高，可以摆脱地球引力而散逸到太空中。

与气温的垂直分布不同的是，气压总是随着高度的升高而降低，大气密度随高度的变化几乎和气压的变化规律相同。大气成分的垂直分布，主要取决于分子扩散和湍流扩散的强弱。在 80～85km 以下的大气层中，以湍流扩散为主，大气的主要成分氮和氧的组成比例几乎不变，称为均质层。在均质层以上的大气层中，以分子扩散为主，气体组成随高度变化而变化，称为非均质层，非均质层中较轻的气体成分明显增加。

大气的物理状态常用温度 T、气压 p、质量 m 和体积 V 四个物理量来表示，它们之间是相互联系、相互作用和相互制约的。描述大气中这几个物理量之间关系的关系式叫状态方程。通常情况下，地球大气和理想气体近似。

理想气体的状态方程为

$$\frac{pV}{T} = \frac{m}{M}R \tag{3-1}$$

式中　M——气体的摩尔质量，g/mol；

　　　R——摩尔气体常数，其值为 8.31×10^3 J/（mol·K）；

　　　m——气体的质量，g。

因此，可利用式（3-1）求空气的状态参数。对于干空气，其摩尔质量为 28.97g/mol。

（2）主要气象要素

表示大气状态的物理量和物理现象，称为气象要素。气象要素主要包括气温、气压、气湿、风向、风速、云况、能见度等。这些气象要素，都是从观测中直接获得的。下面对几个主要气象要素做一简介。

1）气温　表示大气温度高低的物理量。它反映了某一条件下空气分子平均动能的大小。通常所说的气温是指距地面1.5m高处百叶箱中的空气温度。表示气温高低常用的温标有三种：摄氏温标℃，热力学温标K，华氏温标F。三种温标的换算关系如下

$$T(K) = T(℃) + 273; \quad T(F) = \frac{9}{5}T(℃) + 32 \tag{3-2}$$

2）气压　即大气压强，简称气压。静止大气中某观测高度上的气压值等于其单位面积上所承受的大气柱的质量力。对任一地点来说，气压总是随着高度的增加而降低。据实测在近地层中高度每升高100m，气压平均下降1240Pa，在高层则小于这个数值。气压一般用水银气压计或空盒气压表测定。

气压国际制单位用帕斯卡（Pa），$1Pa = 1N/m^2$。气象上采用百帕（hPa）作单位，$1hPa = 100Pa$。气压的计量单位还有标准大气压（atm）、毫巴（mbar）、巴（bar）、毫米汞柱（mmHg）。国际上规定：温度0℃、纬度45°的海平面上的气压为一个标准大气压，即1atm。气压单位的换算关系为

$$1atm = 101325Pa = 1013.25hPa \tag{3-3}$$
$$1bar = 10^5Pa$$
$$1mmHg = 133.322Pa$$

3）气湿　空气的湿度简称，表示空气中水汽含量的多少，即空气潮湿程度。气湿常用的表示方法有绝对湿度、水汽压、饱和水汽压、相对湿度、含湿量、水汽体积分数及露点等。

①绝对湿度　在1m³湿空气中含有的水汽质量（kg），称为湿空气的绝对湿度。由理想气体状态方程可得到：

$$\rho_w = \frac{p_w}{R_w T} \tag{3-4}$$

式中　ρ_w——空气的绝对湿度，kg/m³（湿空气）；

　　　p_w——水汽分压，Pa；

　　　R_w——水汽的气体常数，$R_w = 461.4$ J/（kg·K）；

　　　T——空气温度，K。

② 相对湿度　空气的绝对湿度 ρ_w 与同温度下饱和空气的绝对湿度 ρ_v 之百分比，称为空气的相对湿度。由式（3-5）可知，它等于空气的水汽分压与同温度下饱和空气的水汽分压之百分比，即

$$\varphi = \frac{\rho_w}{\rho_v} \times 100\% = \frac{p_w}{p_v} \times 100\% \qquad (3\text{-}5)$$

式中　φ ——空气的相对湿度，%；

ρ_v ——饱和绝对湿度，kg/m³ 饱和空气；

p_v ——饱和空气的水汽分压，Pa。

③ 含湿量　湿空气中 1kg 干空气所包含的水汽质量（kg）称为空气的含湿量，气象中也称为比湿，其定义式为

$$d = \frac{\rho_w}{\rho_d} \qquad (3\text{-}6)$$

式中　d ——空气的含湿量，kg 水汽/kg 干空气；

ρ_d ——干空气的密度，kg/m³。

由理想气体状态方程及式（3-4）、式（3-5）和式（3-6），可将含湿量表示成：

$$d = \frac{R_d p_w}{R_w p_d} = \frac{R_d}{R_w} \times \frac{p_w}{p - p_w} = \frac{R_d}{R_w} \times \frac{\varphi p_v}{p - \varphi p_v} \qquad (3\text{-}7)$$

式中　p ——湿空气的总压力，Pa；

p_d ——干空气分压，Pa；

R_d ——单位质量干空气的摩尔气体常数，即干空气的气体常数，$R_d = 287.0 \text{J}/(\text{kg} \cdot \text{K})$，则 $R_d/R_w = 287.0/461.4 = 0.622$。

④ 露点　在一定气压下空气中的水汽达到饱和状态时的温度，称为空气的露点。

4）风向与风速　空气的水平运动叫风。风是矢量，由风向与风速组成。风向是指风的来向，例如风从东方吹来称东风。风向可用 8 个方位或 16 个方位表示，也可用角度表示（见图 3-1）。

风速是指单位时间内空气在水平方向上移动的距离。用 m/s、km/h 或风力级数（0～12 级）表示。若风力等级用 F 表示，则风速 u（km/h）

$$u \approx 3.02\sqrt{F^3} \qquad (3\text{-}8)$$

由于地面对风产生摩擦，起阻碍作用，所以风速随高度升高而增加。

5）云　云是飘浮在空气中的水汽凝结物。这些水汽凝结物由大量小水滴、小冰晶或两者的混合物构成，并对天气变化具有指示意义，对大气的热力过程有重要影响。

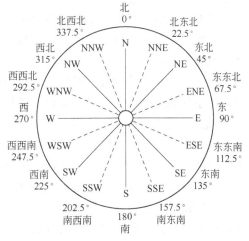

图 3-1　风向的十六方位

云遮蔽天空的成数称为云量。在我国，将天空分为 10 等分，有几分天空被云覆盖，云量就是几。如全天空无云，云量记为零；阴天时，整个天空被云覆盖，云量记为 10。国外有将天空分为 8 等分的，云遮蔽了几分，云量就是几。二者换算关系为

$$国外云量 \times 1.25 = 我国云量 \tag{3-9}$$

云底距地面的高度称为云高，根据云高可将云分为：高云——云高一般在 5000m 以上，由冰晶组成，云体呈白色，有蚕丝般光泽，薄而透明；中云——云高一般在 2500～5000m 之间，由过冷的微小水滴及冰晶构成，颜色为白色或灰白色，没有光泽，云体稠密；低云——云高一般在 2500m 以下，不稳定气层中的低云常分散为孤立大云块，稳定气层中的低云云层低而黑，结构稀松。

6）能见度　能见度是指大气的清洁程度。即清楚地看到远处目标物的可能性。常以视力正常的人能够从天空背景中看到或辨认出的目标物的最大水平距离（m 或 km）表示。能见度的观测通常分为 10 级，如表 3-2 所示。

表 3-2　能见度级数与白日视程

能 见 度 级	白日视程/m	能 见 度 级	白日视程/m
0	50 以下	5	2000～4000
1	50～200	6	4000～10000
2	200～500	7	10000～20000
3	500～1000	8	20000～50000
4	1000～2000	9	50000 以上

7）降水　降水是指从大气中降落至地面的液态或固态水的通称，如雨、雪等。降水量是指从大气中降落至地面未经蒸发、渗透和流失而在水平面上积聚的水层厚度，以毫米为单位。降水是清除大气污染物的重要机制之一。

3.1.2　气象条件对烟气扩散的影响

影响烟气扩散的气象条件主要有风向、风速、大气湍流、大气温度的垂直分布和大气稳定度。

（1）风向和风速

风对大气污染物的影响包括风向和风速两个方面。风向影响到污染物的水平迁移扩散方向，污染区总是在污染源的下风向。根据这个道理，在工业布局上应将污染源安排在易于扩散的城市下风向。

风速的大小影响到大气对污染物扩散稀释作用的强弱。风速越大，单位时间内混入烟气的清洁空气就越多，大气对污染物的稀释作用就越强。一般来讲，污染物在大气中的浓度与平均风速成反比，若风速提高一倍，则在下风向的污染物浓度减少一半。

风速大小对烟流扩散有很大的影响，在无风或风速很小时，烟流几乎是垂直的，当风速大时烟流则是弯曲的。对于地面污染源来讲，风速大，地面污染物浓度就小；风速小，地面污染物浓度就大；无风时，近污染源处污染更为严重。对于高架污染源，风速则具有双重性。一方面，风速增大，能增加湍流，加快污染物的扩散，使烟气的着地浓度降低；另一方面，风速增大，会使烟气抬升高度减小，使烟气的着地浓度升高。对于某一高架源，存在危险风速，在该风速下地面可能出现最高污染物浓度。但对下风向所有点的平均浓度而言，风速增大对减轻污染是比较有利的。

风对大气污染物的影响发生在从地面算起到污染物扩散所及的各高度。由于高架源排放的污染物的扩散高度很高，所以在各高度上的风都很重要。为利用地面风速资料推断各高度风的分布，需要了解边界层中风的垂直分布特征。

平均风速随高度变化的曲线称为风速廓线，描述风速廓线的数学表达式称为风速廓线模式，近地层风速廓线模式常用以下两种形式。

1）对数律风速廓线模式　中性层结时近地层的风速廓线，可以用对数律模式描述：

$$\bar{u} = \frac{u^*}{k} \ln \frac{Z}{Z_0} \tag{3-10}$$

式中　$\bar{u}$ ——高度 Z 处的平均风速，m/s；

　　　u^* ——摩擦速度，m/s；

　　　k ——卡门常数，$k=0.4$；

　　　Z_0 ——地面粗糙度，cm，表 3-3 给出了有代表性的地面粗糙度。

表 3-3　代表性的 Z_0

地 面 类 型	Z_0/cm	有代表性的 Z_0/cm
草原	1～10	3
农作物地区	10～30	10
村落、分散的树林	30～100	30
分散的大楼（城市）	100～400	100
密集的大楼（大城市）	400	>300

实际的 Z_0 和 u^* 值，可利用不同高度上测得的风速值由式（3-10）计算得出。对数律模式在近地层中性层结条件下应用精度较高，但在非中性层结条件下应用，将会产生较大误差。

2）指数律风速廓线模式　非中性层结时近地层的风速廓线，可以用指数律模式描述：

$$\bar{u} = \bar{u}_1 \left(\frac{Z}{Z_1}\right)^m \tag{3-11}$$

式中　$\bar{u}$ ——高度 Z 处的平均风速，m/s；

　　　$\bar{u}_1$ ——高度 Z_1 处的平均风速，m/s；

　　　m ——稳定度参数。

参数 m 的变化取决于大气温度层结和地面粗糙度。大气温度层结越不稳定，m 越小，地面粗糙度越小，m 越小。m 值可利用不同高度上测得的风速资料由式（3-11）计算得出。当无实测值时，高度 Z 在 200m 以下时，可按《制定地方大气污染物排放标准的技术方法》（GB/T 3840—1991）选取 m（见表 3-4），高度 Z 在 200m 以上时，Z 高度处风速取 200m 处的风速值。

表 3-4　各种稳定度下参数取值

稳 定 度		A	B	C	D	E、F
m	城市	0.15	0.15	0.20	0.25	0.30
	乡村	0.07	0.07	0.10	0.15	0.25

一般认为，在中性层结条件下，指数律模式不如对数律模式准确，特别是在近地层时。但指数律在中性条件下，能较满意地应用于 300～500m 的气层，而且在非中性条件下应用也较为准确和方便，所以在大气污染浓度估算中应用指数律较多。

（2）大气湍流

大气运动除了风以外，还存在着不同于主流方向（平均风向）的各种尺度的次生运动，即湍流运动，湍流是指大气的不规则运动。大气湍流普遍存在，树叶的摆动、纸片的飞舞及炊烟的缭绕等现象均是湍流引起的。

如果大气中只有"层流"而无湍流运动的话，则污染物除了在烟囱口被冲淡稀释外，在向下风向飘逸时，就只能靠分子扩散缓慢地向四周扩散，污染物扩散就很慢。实际上，低层大气的运动总是具有湍流的性质，大气湍流运动造成流场的强烈混合，将大大加快烟气的扩散速率。实践证明，湍流扩散速率比分子扩散快 $10^5 \sim 10^6$ 倍，所以分子扩散效果在大气扩散中可忽略不计。

风速越大，湍流越强，污染物的稀释扩散速率就越快，大气污染物的浓度就越小。风和湍流是决定污染物在大气中稀释扩散的最直接因子，也是最有效的因子。

（3）大气稳定度

1）干绝热直减率　大气中进行的热力过程，如果所研究的系统与周围空气没有热量交换，则称为大气的绝热过程。由热力学第一定律可推出大气绝热过程方程：

$$\frac{\mathrm{d}T}{T} = \frac{R}{c_p} \times \frac{\mathrm{d}p}{p} \tag{3-12}$$

式中　T——空气温度，K；

p——气压，Pa；

R——干空气的比气体常数，一般取 287.0 J/（kg·K）；

c_p——空气的定压比热容，一般取 1004 J/（kg·K）。

干空气在绝热升降过程中，每升降单位距离（通常取 100m），气温变化度数的负值称为干空气温度绝热垂直递减率，简称干绝热直减率，通常以 γ_d 表示。在计算 γ_d 时，往往近似假设空气块的气压 p' 与周围大气压 p 相等，即满足所谓准静力条件。对大多数大气过程，都可以认为满足准静力条件。

大气的加热过程可以认为先是太阳辐射加热地面，然后地面辐射加热大气。一般将大气中气团的升降过程视为绝热过程。绝热过程中气团的温度变化可用下式计算：

$$\frac{T}{T_0} = \left(\frac{p}{p_0}\right)^{\frac{R}{c_p}} = \left(\frac{p}{p_0}\right)^{0.288} \tag{3-13}$$

根据大气中气压的静力学方程 $\mathrm{d}p = -pg\,\mathrm{d}Z$，可以得出绝热条件下温度随高度降低的数值，称为干绝热直减率 γ_d：

$$\gamma_\mathrm{d} = -\left(\frac{\mathrm{d}T}{\mathrm{d}Z}\right)_\mathrm{d} \approx -\frac{g}{c_p} = 0.98 \approx 1\mathrm{K}/(100\mathrm{m}) \tag{3-14}$$

这表示干空气在做绝热上升（或下降）运动时，每升高（或下降）100m 温度约降低（或升高）1K。

在现实中，当天空浓云密布时，云幕既可阻止大量太阳辐射进入地表，又可阻挡辐射离开地表，近乎于"绝热"状态。

2）气温的垂直变化　气温随高度的变化可以用气温垂直递减率 $\gamma = -\mathrm{d}T/\mathrm{d}Z$ 来表示，是单位高差（通常取 100m）气温变化速率的负数，也称为气温的几何梯度。如果气温随高度增加而降低，γ 为正值；如果气温随高度增加而增高，γ 为负值。对流层实际大气的平均状态为 $\gamma = 0.65℃/100\mathrm{m}$。

气温沿高度的分布，可以在坐标图上用一条曲线表示出来（图 3-2），这一曲线称为气温沿高度的分布曲线或温度层结曲线，简称气温层结或层结。

大气中的气温层结有四种典型情况：①气温随高度的增加而递减，大多数情况是这种分布，称为正常分布或递减层结；②气温直减率等于或近似等于1℃/100m，称为中性层结；③气温随高度的增加是不变的，称为等温层结；④气温随高度的增加而增高称为逆温层结。气温层结曲线是由实测而得到的。

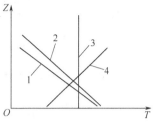

图 3-2　温度层结曲线
1—$\gamma > 0$；2—$\gamma = \gamma_d$；
3—$\gamma = 0$；4—$\gamma < 0$

3）大气的稳定度及其判据　大气的稳定度是近地层大气作垂直运动的强弱程度；反映大气是否容易对流。即气块是安定于原来所在的层次，还是易于发生垂直运动。

大气稳定度的含义可以这样理解，如果一空气块由于某种原因受到外力的作用，产生了向上或向下的运动后，可能发生三种情况：① 当外力去除后气块加速上升或下降，并有远离原来高度的趋势，称这种大气是不稳定的；② 当气块被外力推到某一高度后保持不动，或作等速直线运动，称这种大气是中性的；③ 当外力去除后气块就逐渐减速并有返回原来高度的趋势，称这种大气是稳定的。见图 3-3。

图 3-4 所示为三种不同的大气稳定度。若 $\gamma > \gamma_d$（干绝热直减率），大气为不稳定状态，γ 值越大，大气越不稳定，此时湍流充分发展，对污染物的扩散能力很强；若 $\gamma = \gamma_d$，大气为中性状态；若 $\gamma < \gamma_d$，大气为稳定状态，γ 越小，大气越稳定，此时湍流受到抑制，对污染物的扩散能力很弱。

(a) 不稳定　　　　　　(b) 中性　　　　　　(c) 稳定

图 3-3　大气稳定度的重力模型示意图

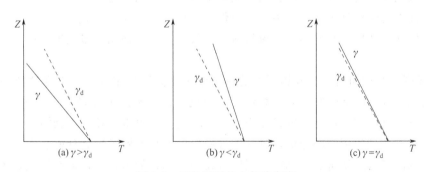

(a)$\gamma > \gamma_d$　　　　　(b)$\gamma < \gamma_d$　　　　　(c)$\gamma = \gamma_d$

图 3-4　三种不同的大气稳定度

4）大气稳定度与烟流形状　大气稳定度对大气污染物的扩散有重要影响。大气处于不稳定状态时，烟气扩散迅速，地面受到的污染相对小；大气处于强稳定状况时，出现逆温现象，逆温层好像一个"盖子"，使烟气无法扩散，污染物聚集地面，可造成严重污染。若逆温层存在于近地层，处于近地层内的污染物和水汽凝结物因不易向上传送而积聚，导致逆温层内空气质量下降，能见度降低。因此大气污染往往发生在逆温及无风的天气。

烟流形状的变化上，也能明显看出大气稳定度和风对烟气在大气中运行和扩散的影响。

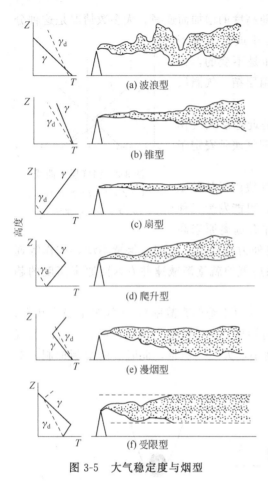

图 3-5　大气稳定度与烟型

各稳定度下的典型烟型如图 3-5 所示。

① 波浪型（翻卷型）　烟流呈波浪状，污染物扩散良好，发生在全层处于不稳定大气中，即该层大气 $\gamma > \gamma_d$。多发生在晴朗的白天，地面最大浓度落地点距烟囱较近，浓度较高。

② 锥型　烟流呈圆锥形，发生在中性条件下，即该层大气 $\gamma \approx \gamma_d$。该烟流能把污染物的主要部分带到相当远的下风向。垂直扩散比扇型好，比波浪型差。这种烟流多发生在阴天中午或者冬季夜间，烟流在离地面很远的地方与地面接触。

③ 扇型（长带型）　烟流垂直方向扩散很小，呈扇形展开，像一条带子飘向远方。它发生在烟囱出口处于逆温层中，即该层大气 $\gamma < 0$。污染情况随烟囱高度不同而异。当烟囱很高时，近处地面不会造成污染，在远方会造成污染；烟囱很低时，会造成近处地面严重污染。此烟流多发生在晴夜或早晨。

④ 爬升型（屋脊型）　烟流的下部是稳定的大气，上部是不稳定的大气。一般在日落后出现，由于地面辐射冷却，低层形成逆温，而高空仍保持递减层结。它持续时间较短，对近处地面污染较小。

⑤ 漫烟型（熏烟型）　当早晨太阳出来以后，夜间的辐射逆温从地面向上逐渐消失，即不稳定大气从地面向上逐渐扩展，当扩展到烟流的下边缘或更高一点时，烟流便向下产生强烈扩散，而上边缘仍处于逆温层中，此时烟流下部 $\gamma > \gamma_d$，上部 $\gamma < \gamma_d$。于是烟气大量下沉，在下风向会造成比其他形式严重得多的大气污染。这种烟流多发生冬季日出前后，持续时间很短。

⑥ 受限型　在烟囱出口上方和下方的一定距离内为不稳定大气，而在这范围以上或以下的大气为稳定大气时变会发生此种烟流。多出现在易于形成上部逆温的地区的日落前后。由于污染物只在空间的一定范围内扩散而达不到地面，所以地面几乎不受污染。

对上述六种典型的烟流的分析，只从大气稳定度的角度做了粗略分析。实际的烟流要复杂得多，影响因素也复杂得多。例如，还应考虑动力因素的影响，在近地层主要考虑风和地面粗糙度的影响。

（4）辐射和云

辐射和云会影响到大气的稳定度，所以对大气污染物的扩散也会产生影响。

晴天白昼，特别是午后，太阳辐射最强，地面强烈增温，温度层结是递减的，大气极不稳定。晴夜，地面有效辐射大，地面降温快，因而形成逆温，大气极为稳定。日出日落后为转换期，大气接近中性状态。

云对辐射起屏障作用，云可以反射太阳辐射和地面辐射，反射的强弱视云的厚度而定。

云既能阻挡白天的太阳辐射，又能阻挡夜间地面向上的辐射，从而使垂直温度梯度减小，使白天温度递减和夜间逆温均受到削弱。减弱的程度决定于云量的多少。阴天，温度层结的昼夜变化几乎消失，大气接近中性状态。

（5）天气形势

所谓天气形势，主要是指大范围的气压分布状况。而各种天气现象和气象条件都有其对应的天气形势，所以与大气污染有关的气象因子也与天气形势相关。

在低压控制区内，空气做上升运动，云量大的日子较多，通常风速也较大，大气多为中性或不稳定状态，有利于稀释扩散。而在高压控制区内，天气晴朗，风速较小，大范围内空气做下沉运动，在几百米至一两千米上空形成下沉逆温，逆温造成污染物的向上扩散受到抑制。当高压大气系统是静止的或移动极慢的微风天气，而又连续几天出现逆温情况时，将会出现"空气停滞"现象，此时即使平常情况下不足以造成大气污染的污染源，也可能出现大范围的严重污染。

3.1.3　下垫面对烟气扩散的影响

在城市、山区和水陆交界处，由于下垫面热力和动力效应不同，所表现的局地气象特征与平原地区不同，这些局地气象特征对污染物的扩散影响很大。

（1）城市下垫面对烟气扩散的影响

城市下垫面的特点有：①城市人口密集、工业集中，能耗水平高；②城市的覆盖物（如建筑、水泥路面等）热容大，白天吸收太阳辐射热，夜间放热缓慢；③城市上空笼罩着一层烟雾和二氧化碳，使地面有效辐射冷却效应减弱。

由于上述原因，造成城市净热量收入比周围乡村多，所以平均气温比周围乡村高（特别在夜间），形成了所谓的城市热岛现象。据统计，城乡年平均温差一般在 0.4～1.5℃，有时可达 6～8℃。其差值与城市的大小、性质、当地气候条件及纬度有关。

由于城市温度比乡村高，气压比乡村低，可以形成一股从周围农村吹向城市的特殊气流，称为"热岛环流"，即所谓的"城市热岛"或"城市风"，如图 3-6 所示。夜间城乡温差最大，城市风最易出现，这种风在市区汇合就会产生上升气流，周围郊区二次空气吹向城市中心进行补充。因此，若城市周围有产生污染物的工厂，就会使污染物在夜间向市中心输送，中心的污染物浓度反而高于郊区工业区，造成污染加重。特别是城市上空逆温存在时，会加重污染。

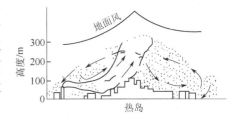

图 3-6　城市风示意图

（2）地形对污染物扩散的影响

地形地物对污染物扩散的影响主要是通过气流运动和气温的影响以改变烟气的运动和扩散。当烟气运行时，遇到高的丘陵和山地，在其附近会引起高浓度污染，烟气越过不太高的丘陵，在背风面下滑，产生涡流，出现严重污染。如图 3-7 所示。

在山区，地形复杂，山前山后波面受热很不均匀，加上日照时间的变化，水平气温分布不均匀，这是造成局地热力环流形成坡风和山谷风的主要原因。

如图 3-8（a）所示，具有日照的白天，阳光先照射在山坡上，使得山坡上大气比周围谷地上同高度的大气温度高，形成由谷地吹向山坡的风，称为谷风或上坡风。如图 3-8（b）

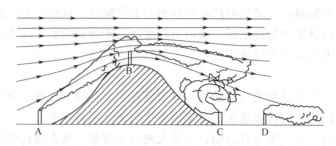

图 3-7　山丘对烟气扩散影响的示意图

所示，晴朗的夜晚，由于地面辐射冷却得快，山沟两侧贴近山坡的、冷而重的大气顺坡下滑，形成下坡风，又称山风。下坡风向山谷汇集，形成一股速度较大、层次较厚的气流，流向谷地或平原。日出日落前后是山谷风的转换期，这时山风与谷风交替出现，时而山风，时而谷风，风向不稳定，风速很小。此时，山沟中污染源排出的污染物由于风向来回摆动，产生循环积累，造成高浓度污染。此外，山谷凹地由于地形阻塞，气流不畅，容易出现长时间的小风，甚至出现静风，夜间沿坡下滑的冷空气因无法扩散而聚集在谷底，形成厚而强的逆温层。在易于出现小风并伴随逆温的凹地处，污染源排放的污染物，往往会造成严重的大气污染。

（3）水陆交界区对烟气扩散的影响

水陆交界处，由于水面和陆面的热导率和热容不同，水面温度变化比陆面小，白天陆面增温快，陆上气温比海上高，暖而轻的空气上升，于是上层空气由大陆吹向海洋，下层空气则由海洋流向陆地，形成海风，并构成完整的热力环流。夜间产生与白天相反的气流，形成陆风。一般来说，海风比陆风强度大。

海陆风是一种局地热力环流，如图 3-9 所示。白天陆地上的污染物随气流上升后，在上层流向海洋，下沉后有可能部分地被海风带回陆地。此外，夜间被陆风吹向海洋的污染物，白天也有可能部分地被带回陆地，形成重复污染。

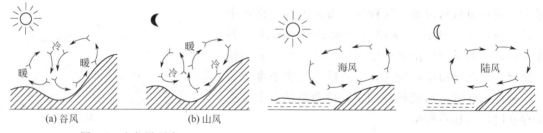

(a) 谷风　　　　　　　　　(b) 山风

图 3-8　山谷风环流　　　　　　图 3-9　海陆风环流

如果盛行风和海风方向相反，温度低的海风在下，陆地上暖气流在上，则两种气流的前沿形成倾斜的逆温顶盖。靠近岸边低矮的烟流受该逆温顶盖的控制，污染物不易扩散，可形成较高浓度的污染。海风前沿携带的污染物随复合气流上升，并被盛行风再吹向海洋。吹向海洋上空的污染物再扩散到下层，有部分污染物又会被海风吹向陆地。

在大湖泊、江河的水陆交界地带也会产生水陆风局地环流，称为水陆风。但水陆风的活动范围和强度比海陆风要小。

由上可知，海边工厂的排污，必须考虑海陆风的影响，因为有可能出现在夜间随陆风吹到海面上的污染物，在白天又随海风吹回来，或者进入海陆风局地环流中，使污染物不能充分扩散稀释而造成严重的污染。

3.2　污染物浓度的估算

3.2.1　污染物浓度估算公式——高斯公式

空气污染的危害程度，归根结底取决于被污染地区空气中污染物的浓度。因此，污染源排放的污染物在大气中所造成的浓度的估算具有实际的意义。例如，如果要在某城市郊区新建一座大型的火力发电厂，根据设计的发电能力可以知道实际的燃料消耗量，也就能估算出有关污染物的排放量。这些污染物排放到大气中，会对城市的空气污染造成什么样的后果，则需要通过估算电厂排污后在市区上空造成的污染物浓度得出。如果估算出来的浓度加上环境的背景值，结果超过了环境空气质量标准规定的限值，则将对市区空气造成严重污染。那么，就必须向拟建的电厂提出某些强制性要求，如加高烟囱；采取有效的烟气净化措施；适当把厂址向远郊迁移。

近几十年来，许多科学家经过研究，提出了各种浓度估算法，其中以高斯公式应用得最广泛。

（1）高斯模式的有关假定

1）坐标系　原点为地面排放点或高架点源在地面的投影点，x 轴正向沿平均风向水平延伸，y 轴为横风向，y 轴正向位于 x 轴左侧，z 轴垂直于水平面 xoy，z 轴正向垂直向上，如图 3-10 所示。

2）几点假设

① 污染物浓度在 y、z 方向上为正态分布；

② 全部高度风速均匀稳定；

③ 源强是连续均匀稳定的；

④ 扩散中污染物是守恒的（不考虑化学反应、地面对其起全反射作用，不发生吸收和吸附作用）；

⑤ 地表面充分平坦。

（2）高斯扩散模式

高架连续点源扩散模式

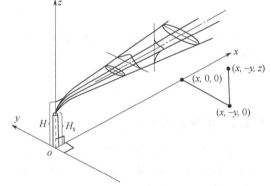

图 3-10　正态分布的坐标系

$$c(x, y, z, H)=\frac{q}{2\pi\bar{u}\sigma_y\sigma_z}\exp\left(-\frac{y^2}{2\sigma_y^2}\right)\left\{\exp\left[-\frac{(z-H)^2}{2\sigma_z^2}\right]+\exp\left[-\frac{(z+H)^2}{2\sigma_z^2}\right]\right\} \quad (3\text{-}15)$$

式中　c——任意点的污染物浓度，mg/m³；

x——污染源排放点至下风向任一点的距离，m；

y——烟气的中心轴在直角水平方向上到任一点的距离，m；

z——从地表到任一点的高度，m；

H——有效源高，m；

q——源强，单位时间污染源排放的污染物，mg/s；

$\bar{u}$——平均风速，m/s；

σ_y——水平（y）方向上任一点烟气分布曲线的标准偏差，即水平扩散系数，m；

σ_z——垂直（z）方向上任一点烟气分布曲线的标准偏差，即垂直扩散系数，m。

高斯公式表明，对烟轴位置而言，某一点的浓度 c 与源强 q 成正比，与风速 $\bar{u}$ 和扩散参数 σ_y、σ_z 成反比。因为 x 轴就是按风向设定的，所以公式中不出现风向因子。扩散参数 σ_y、σ_z 实质上是对不同稳定度时大气湍流扩散能力的量度。因此，高斯公式可以较正确地反映浓度与各种气象因子之间的关系。

由式（3-15）可求出下风向任一点污染物的浓度。

当 $y=0$ 时，$c(x,0,z,H)$ 即为高架连续点源烟流中心线上污染物的浓度：

$$c(x,0,z,H)=\frac{q}{2\pi\bar{u}\sigma_y\sigma_z}\left\{\exp\left[-\frac{(z-H)^2}{2\sigma_z^2}\right]+\exp\left[-\frac{(z+H)^2}{2\sigma_z^2}\right]\right\} \tag{3-16}$$

当 $z=0$ 时，$c(x,y,0,H)$ 即为高架连续点源的污染物在地面的浓度：

$$c(x,y,0,H)=\frac{q}{\pi\bar{u}\sigma_y\sigma_z}\exp\left(-\frac{y^2}{2\sigma_y^2}\right)\exp\left(-\frac{H^2}{2\sigma_z^2}\right) \tag{3-17}$$

当 $y=0$，$z=0$ 时，$c(x,0,0,H)$ 即为高架连续点源烟流地面中心线上污染物的浓度：

$$c(x,0,0,H)=\frac{q}{\pi\bar{u}\sigma_y\sigma_z}\exp\left(-\frac{H^2}{2\sigma_z^2}\right) \tag{3-18}$$

当 $z=0$，$H=0$ 时，$c(x,y,0,0)$ 即为地面连续点源的污染物在地面的浓度：

$$c(x,y,0,0)=\frac{q}{\pi\bar{u}\sigma_y\sigma_z}\exp\left(-\frac{y^2}{2\sigma_y^2}\right) \tag{3-19}$$

当 $y=0$，$z=0$，$H=0$ 时，$c(x,0,0,0)$ 即为地面连续点源地面中心线上污染物的浓度：

$$c(x,0,0,0)=\frac{q}{\pi\bar{u}\sigma_y\sigma_z} \tag{3-20}$$

3.2.2　扩散参数的确定

用高斯公式进行浓度估算时，关键是要确定其中的扩散参数 σ_y、σ_z，它们可以用实际测量的办法或通过风洞模拟实验确定，还可以通过估算来确定。一般说来，实测较为准确，但不够经济；估算虽有一定误差，却较简便，只要应用得当，也能得到预期效果。

（1）P-G 曲线法

1961 年，帕斯奎尔根据平坦地区近距离有限的扩散试验和气象观测资料，提出利用离地表 10m 高处的平均风速、太阳辐射强度和云量等气象资料来确定大气稳定度级别，进而估算出扩散参数 σ_y 和 σ_z 的方法。后来吉福德（Gifford）在大气稳定度分级的基础上又建立了扩散参数 σ_y 和 σ_z 与下风向距离 x 的函数关系，并将 $\sigma_y=f(x)$ 和 $\sigma_z=g(x)$ 做成应用更方便的 P-G 曲线，如图 3-11 和图 3-12 所示，因此称其为 *P-G* 曲线法。

P-G 曲线法将大气稳定度类型分为 A、B、C、D、E、F 六个等级，划分标准按照表 3-5，需要说明的是：①A 为极不稳定，B 为不稳定，C 为弱不稳定，D 为中性，E 为弱稳定，F 为稳定；②稳定度 A~B 表示按照 A、B 级的数据内差；③夜间的定义为日落前 1h 到日出后 1h；④不论何种天气状况，夜间前后 1h 算为中性；⑤仲夏晴天中午为强日照，寒冬晴天中午为弱日照。根据大气稳定度级别查图 3-11 和图 3-12 就可以查得下风向 x 位置处的 σ_y 和 σ_z。

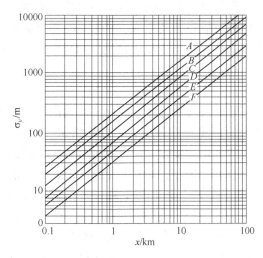

图 3-11　水平扩散参数与下风向距离之间的关系

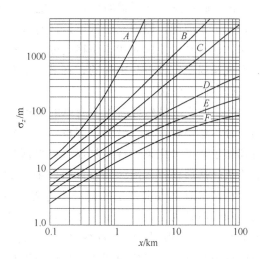

图 3-12　垂直扩散参数与下风向距离之间的关系

表 3-5　大气稳定度级别

地面风速（距地面10m 处）/（m/s）	白天太阳辐射			阴天的白天或夜间	有云的夜间	
	强	中	弱		薄云遮天或低云≥5/10	云量≤4/10
<2	A	A～B	B	D		
2～3	A～B	B	C	D	E	E
3～5	B	B～C	C	D	D	E
5～6	C	C～D	D	D	D	D
>6	C	D	D	D	D	D

英国伦敦气象局还列出了六个稳定度级别下的，在 20km 距离内的扩散参数 σ_y 和 σ_z 的数据表，见表 3-6，利用该表可以采用内插法求出 20km 距离内不同位置处的 σ_y 和 σ_z 的数值。

表 3-6　帕斯奎尔曲线的 σ_y 和 σ_z 的数值　　　　单位：m

稳定度	标准差	距离 x/km																			
		0.1	0.2	0.3	0.4	0.5	0.6	0.8	1.0	1.2	1.4	1.6	1.8	2.0	3.0	4.0	6.0	8.0	10	12	16	20
A	σ_y	27.0	49.8	71.6	92.1	112	132	170	207	243	278	313										
	σ_z	14.0	29.3	47.4	72.1	105	153	279	456	674	930	1230										
B	σ_y	19.1	35.8	51.6	67.0	81.4	95.8	123	151	178	203	228	253	278	395	508	723					
	σ_z	10.7	20.5	30.2	40.5	51.2	62.8	84.6	109	133	157	181	207	233	363	493	777					
C	σ_y	12.6	23.3	33.5	43.3	53.5	62.8	80.9	99.1	116	133	149	166	182	269	335	474	603	735			
	σ_z	7.44	14.0	20.5	26.5	32.6	38.6	50.7	61.4	73.0	83.7	95.3	107	116	167	219	316	409	498			
D	σ_y	8.37	15.3	21.9	28.8	35.3	40.9	53.5	65.6	76.7	87.9	98.6	109	121	173	221	315	405	488	569	729	884
	σ_z	4.65	8.37	12.1	15.3	18.1	20.9	27.0	32.1	37.2	41.9	47.0	52.1	56.7	79.1	100	140	177	212	244	307	372
E	σ_y	6.05	11.6	16.7	21.4	26.5	31.2	40.0	48.8	57.7	65.6	73.5	82.3	85.6	129	166	237	306	366	427	544	659
	σ_z	3.72	6.05	8.84	10.7	13.0	14.9	18.6	21.4	24.7	27.0	29.3	31.6	33.5	41.9	48.6	60.9	70.7	79.1	87.4	100	111
F	σ_y	4.19	7.91	10.7	14.4	17.7	20.5	26.5	32.6	38.1	43.3	48.8	54.5	60.5	86.5	102	156	207	242	285	365	437
	σ_z	2.33	4.19	5.58	6.98	8.37	9.77	12.1	14.0	15.8	17.2	19.1	20.5	21.9	27.0	31.2	37.7	42.8	46.5	50.2	55.8	60.5

P-G 曲线法对于开阔的乡村地区能给出比较可靠的稳定度级别。但这种方法对于城市而言，则不太准确，原因在于城市地区有较大的粗糙度及城市热岛效应。特别是在静风的晴朗夜间，这时乡村地区的状态是稳定的，而在城市中，高度相当于城市建筑平均高度数倍之间的大气是弱稳定或者是中性的，在其上部则有一个稳定层。

（2）P-T-C 法

P-G 曲线法虽然可以借助简单的常规气象资料确定大气稳定度，但此法对太阳辐射强度的划分不够确切，对云量的观测也不够准确，受人为因素影响较多，因此特纳尔（Turner）对其做了修正和完善。特纳尔提出先根据某时某地的太阳高度角、云高和云量确定太阳的辐射等级，然后根据太阳的辐射等级和地面 10m 高处的平均风速确定大气稳定度，因该法是学者特纳尔对 P-G 曲线法的进一步完善，所以又称 P-T 法。P-T 法中确定太阳辐射等级的云量和云高较为复杂，不便在中国应用。为此，中国气象工作者对 P-T 法做了修正，提出了 P-T-C 法，即帕斯奎尔-特纳尔-中国法。P-T-C 法的使用步骤：① 确定净辐射分级，根据中国气象台站常规气象观测的云量记录资料和太阳高度角，用表 3-7 进行净辐射分级；② 确定宏观稳定度，根据 10m 高处的风速和净辐射等级用表 3-8 确定稳定度类型；③ 确定扩散参数，根据宏观稳定度，用图 3-11 和图 3-12 确定下风向距离 x 上的大气水平扩散参数 σ_y 和垂直扩散参数 σ_z。

表 3-7　太阳辐射等级数

云量 总云量/低云量	夜　间	白天的太阳高度角 h_0			
		$h_0 < 15°$	$15° < h_0 < 35°$	$35° < h_0 < 65°$	$h_0 > 65°$
<4/<4	−2	−2	+1	+2	+3
5~7/<4	−1	−1	+1	+2	+3
>8/<4	−1	−1	0	+1	+1
>7/5~7	0	0	0	0	+1
>8/>8	0	0	0	0	0

表 3-8　大气稳定度级别

地面风速/（m/s）	太阳辐射等级数					
	+3	+2	+1	0	−1	−2
≤1.9	A	A~B	B	D	E	F
2~2.9	A~B	B	C	D	E	F
3~4.9	B	B~C	C	D	D	E
5~5.9	C	C~D	D	D	D	D
>6	C	C	D	D	D	D

某时某地的太阳高度角按下式计算：

$$\sin h_0 = \sin\varphi\sin\delta + \cos\varphi\cos\delta\cos(15t + \lambda - 300°) \tag{3-21}$$

式中　h_0——太阳高度角，（°）；

φ——当地地理纬度，（°）；

δ——太阳倾角，（°），可从天文年历查到，其概略值见表 3-9；

t——进行观测时的北京时间，h；

λ——当地地理纬度，（°）。

表 3-9　太阳倾角 δ（赤纬）的概略值

月	旬	太阳倾角/（°）	月	旬	太阳倾角（°）	月	旬	太阳倾角（°）
	上	−22		上	+17		上	+7
1	中	−21	5	中	+19	9	中	+3
	下	−19		下	+21		下	−1
	上	−15		上	+22		上	−5
2	中	−12	6	中	+23	10	中	−8
	下	−9		下	+23		下	−12
	上	−5		上	+22		上	−15
3	中	−2	7	中	+21	11	中	−18
	下	+2		下	+19		下	−21
	上	+6		上	+17		上	−22
4	中	+10	8	中	+14	12	中	−23
	下	+13		下	+11		下	−23

　　按照上述方法，只要有风速、云量和太阳高度角等资料，就可以客观地确定大气稳定度的等级。根据我国国家气象局与气象科学研究院对全国各地风向脉动资料整理推算结果，我国大部分地区的全年平均大气稳定度为帕斯奎尔级别的 D 级、C～D 级及 C 级，近为中性状态，所以我国大气污染物综合排放标准以中性大气稳定度作为计算的依据。

　　【例 3-1】　某石油精炼厂自平均有效源高 70m 处排放 SO_2 量为 60g/s，有效源高处的平均风速为 5.2m/s，试估算：①冬季阴天正下风向距烟囱 500m 处 SO_2 的地面浓度；②冬季阴天下风向 $x=500$m，$y=50$m 处 SO_2 的地面浓度。

　　解：①已知 $H=70$m，$q=60$g/s $=60\times10^3$mg/s，$\overline{u}=5.2$m/s，$x=500$m

　　由表 3-5 可知，在冬季阴天的大气条件下，稳定度为 D 级。

　　由图 3-11 和图 3-12 查得在 $x=500$m 处，$\sigma_y=35.3$m，$\sigma_z=18.1$。

$$c(500,0,0,100)=\frac{q}{\pi\overline{u}\sigma_y\sigma_z}\exp\left(-\frac{H^2}{2\sigma_z^2}\right)=\frac{60\times10^3}{3.14\times5.2\times35.3\times18.1}\exp\left(-\frac{70^2}{2\times18.1^2}\right)$$
$$=3.25\times10^{-3}(\text{mg/m}^3)$$

　　即冬季阴天正下风向距烟囱 500m 处 SO_2 的地面浓度为 3.25×10^{-3}mg/m³。

　　② $c(500,50,0,100)=\dfrac{q}{\pi\overline{u}\sigma_y\sigma_z}\exp\left(-\dfrac{y^2}{2\sigma_y^2}\right)\exp\left(-\dfrac{H^2}{2\sigma_z^2}\right)$

$$=\frac{60\times10^3}{3.14\times5.2\times35.3\times18.1}\exp\left(-\frac{50^2}{2\times35.3^2}\right)$$

$$\exp\left(-\frac{70^2}{2\times18.1^2}\right)$$

$$=1.19\times10^{-3}(\text{mg/m}^3)$$

　　即冬季阴天下风向 $x=500$m，$y=50$m 处 SO_2 的地面浓度为 1.19×10^{-3}mg/m³。

　　（3）经验公式法和中国选用的扩散参数

　　从事大气扩散研究人员发现 σ_y、σ_z 与下风向距离 x 的关系式为

$$\sigma_y = ax^b, \quad \sigma_z = cx^d$$

式中，a、b、c、d 是与稳定度有关的经验系数。

根据中国《制定地方大气污染排放标准的技术原则和方法》（GB/T 3840—1991），扩散参数 σ_y、σ_z 由下述方法确定。

① 平原地区农村及城市远郊区的扩散参数选取方法　A、B、C 级稳定度直接由表 3-10 查出扩散参数 σ_y、σ_z 的幂函数。D、E、F 级稳定度则需要向不稳定方向提半级后按表 3-10 查算。

② 工业区或城区的扩散参数的选取方法　工业区 A、B 级不提级，C 级提到 B 级，D、E、F 级向不稳定方向提一级半再按表 3-10 查算。非工业区的城区 A、B 级不提级，C 级提到 B～C 级，D、E、F 级向不稳定方向提一级，按表 3-10 查算。

表 3-10　扩散参数幂函数表达式数据（取样时间 0.5h）

σ_y 或 σ_z	稳 定 度	b 或 d	a 或 c	下风向距离/m
σ_y	A	0.901074 0.850934	0.425809 0.602052	0～1000 ＞1000
	B	0.914370 0.865014	0.281846 0.396353	0～1000 ＞1000
	B～C	0.919325 0.875086	0.229500 0.314238	0～1000 ＞1000
	C	0.924279 0.885157	0.177154 0.232123	0～1000 ＞1000
	C～D	0.926849 0.886940	0.143940 0.189396	0～1000 ＞1000
	D	0.929418 0.888723	0.110726 0.146669	0～1000 ＞1000
	D～E	0.925118 0.892794	0.0985631 0.124308	0～1000 ＞1000
	E	0.920818 0.896864	0.864001 0.101947	0～1000 ＞1000
	F	0.929418 0.888723	0.553634 0.733348	0～1000 ＞1000
σ_z	A	1.12154 1.51360 2.10881	0.0799904 0.00854771 0.000211545	0～300 300～500 ＞500
	B	0.964435 1.09356	0.127190 0.057025	0～500 ＞500
	B～C	0.941015 1.00770	0.114682 0.0757182	0～500 ＞500
	C	0.917595	0.106803	＞0
	C～D	0.838628 0.756410 0.815575	0.126152 0.235667 0.136659	0～2000 2000～10000 ＞10000

σ_y 或 σ_z	稳　定　度	b 或 d	a 或 c	下风向距离/m
σ_z	D	0.826212 0.632023 0.555360	0.104634 0.400167 0.810763	0～1000 1000～10000 ＞10000
	D～E	0.776864 0.572347 0.499149	0.111771 0.528992 1.03810	0～2000 2000～10000 ＞10000
	E	0.788370 0.565188 0.414743	0.0927529 0.433384 1.73241	0～1000 1000～10000 ＞10000
	F	0.784400 0.525969 0.322659	0.0620765 0.370015 2.40691	0～1000 1000～10000 ＞10000

③ 丘陵山区的农村或城市，其扩散参数选取方法同城市工业区。

以上介绍了几种确定扩散参数 σ_y、σ_z 的方法，推荐了目前国内外常用的确定扩散参数的有关经验系数。但是在实际情况中，扩散参数 σ_y、σ_z 随湍流运动情况及地面粗糙度的不同而有很大的差异。因此在进行大气扩散估算时应当根据评价区的实际地形地貌来选择合适的经验系数，或通过实验来确定扩散参数。

3.2.3　地面最大浓度

地面源和高架源在下风方向造成的地面轴线浓度分布如图 3-13 所示。图 3-13（a）示出由于地面源所造成的轴线浓度随距污染源距离的增加而降低。图 3-13（b）示出，高架源地面轴线浓度先随距离（x）增加而急剧增大，在距源 1～3km 的不太远距离（通常为 1～3km）地面轴线浓度达到最大值，超过最大值以后，随 x 继续增加，地面轴线浓度逐渐减小。

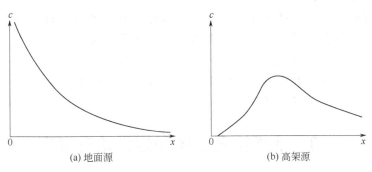

(a) 地面源　　　　　　　　　　　(b) 高架源

图 3-13　地面源和高架源地面轴线浓度分布

高架源的最大地面浓度通常是工矿企业烟囱排放所必须考虑的环境标准，它的出现位置则与污染源的平面布置有关。

当 $y=0$，$z=0$ 时，由式（3-1）可以得到高架连续点源地面轴线浓度公式为

$$c(x,\ 0,\ 0,\ H)=\frac{q}{\pi \bar{u} \sigma_y \sigma_z}\exp\left(-\frac{H^2}{2\sigma_z^2}\right) \tag{3-22}$$

上式中，x 增大，则 σ_y、σ_z 增大，第一项 $\dfrac{q}{\pi \bar{u} \sigma_y \sigma_z}$ 减小，第二项 $\exp\left(-\dfrac{H^2}{2\sigma_z^2}\right)$ 增大，则

必然在某 x 处有最大值。假定比值不随距离 x 变化而为一常数，把式（3-22）对 σ_z 进行求导，并令其等于 0，再经过一些简单运算，则可求出该高架点源造成的地面最大浓度。

$$c_{\max}=\frac{2q}{\pi e \bar{u} H^2} \times \frac{\sigma_z}{\sigma_y} \qquad (3-23)$$

最大地面浓度出现于满足下列关系的正下风向处，即最大浓度点有

$$\sigma_z \mid_{x=x_{c\,\max}}=\frac{H}{\sqrt{2}} \qquad (3-24)$$

根据最大浓度点的 σ_z、大气稳定度，由 σ_z 与下风向距离 x 的关系图 3-12 可反查出最大浓度所在处的 x 值。

【例 3-2】 某污染源有效源高是 60m，排出 SO_2 量为 50g/s，烟囱出口处的平均风速为 4.8m/s，在当时的气象条件下，正下风方向 500m 处的 $\sigma_y=35.3m$，$\sigma_z=18.1m$。试估算地面最大浓度 $c_{\max}$ 及出现的位置。

解： 已知 $H=60m$，$q=50g/s=50\times10^3 mg/s$，$\bar{u}=4.8m/s$，正下风方向 500m 处：$\sigma_y=35.3m$，$\sigma_z=18.1m$。

当 $\dfrac{\sigma_z}{\sigma_y}$ 的比值恒定时，地面最大浓度为

$$c_{\max}=\frac{2q}{\pi e \bar{u} H^2} \times \frac{\sigma_z}{\sigma_y}=\frac{2\times50\times10^3}{3.14\times2.71828\times4.8\times60^2}\times\frac{18.1}{35.3}=0.348(mg/m^3)$$

出现地面最大浓度时 $\qquad \sigma_z=\dfrac{H}{\sqrt{2}}=\dfrac{60}{\sqrt{2}}=42.43(m)$

根据 $x=500m$ 处的 $\sigma_z=18.1m$ 查图 3-12 得当时的大气稳定度类型为 D 型，由 D 型曲线查得 $\sigma_z=42.43m$ 时，$x\approx1800m$。

在当时的气象条件下污染物的地面最大浓度出现在正下风向距烟囱 1800m 处，其最大浓度为 $0.348mg/m^3$。

最后需要说明的是，上述浓度估算方法，只适用于平坦开阔的乡村，且是对化学性质不活泼的气体污染物质进行短距离范围内的浓度估算。对于其他情况，如在山区及复杂地形的条件下，存在高大建筑物影响的扩散时，风速小于 1m/s 及当污染物质存在明显的化学反应过程和沉积效应时，公式中还应引入新的物理量，也要求对扩散参数作新的处理。这些可参阅有关资料的介绍。

3.3 烟气抬升现象和烟云抬升高度

在估算污染物浓度时，有效源高 H 是已知的，但在实际情况下烟囱本身的高度是已知的，而烟囱有效高度与烟气在不同条件下的抬升现象有关。

烟囱有效高度，也称有效源高，是指从烟囱排放的烟云距地面的实际高度，它等于烟囱（或排放筒）本身的高度（H_s）与烟气抬升高度 ΔH 之和，即：

$$H=H_s+\Delta H \qquad (3-25)$$

对于具体烟囱，H_s 是已知的，因此求取有效源高就是计算烟气的抬升高度。

3.3.1 烟气抬升现象

根据大量的观测事实和定性分析，烟气抬升大体上分为以下四个阶段。

（1）喷出阶段

烟气自烟囱口垂直向上喷出，因自身的初始动量继续上升，此阶段也称动力抬升阶段。烟囱出口处烟气的垂直速度 u_s 越大，初始动量越大，动力抬升的高度也越高。

（2）浮升阶段

烟气离开烟囱后，由于烟气温度 T_s 比周围大气温度 T_a 高，则烟气比周围空气密度小，从而产生浮力，温差 $\Delta T = T_s - T_a$ 越大，浮力上升越高。在此阶段初始动量的主导作用渐渐消失，随后主要是烟气本身的热量在环境中造成的浮力抬升。对于热烟气，这是烟气抬升的主要阶段。

（3）瓦解阶段

在浮升阶段的后期，烟气在抬升过程中因周围空气被卷夹进来使烟体膨大，内外温差和上升速度都显著降低，烟流的浮升速度已经很慢，环境湍流使烟气体积进一步地增大，烟流自身的结构也在短时间内瓦解，烟气原先的热力和动力性质丧失殆尽，抬升结束。

（4）变平阶段

在有水平风速的情况下，空气给烟气以水平动量，随着垂直速度迅速降低，烟云很快倾斜弯曲，环境湍流继续使烟气扩散膨胀，烟流逐渐趋于变平。因此通常认为抬升高度和风速成反比。

3.3.2　烟云抬升高度的计算

影响烟气抬升的因素很多，也比较复杂。在文献上虽已见到数十种烟气抬升计算式，但至今还没有一个通用的计算式能够准确表达出烟气抬升的规律。比较多的计算式是在一定的实验条件下，经数据处理而建立的经验或半经验计算式。因而在应用这些计算式时，要注意其使用件；否则，计算结果的准确性将会很差。下面介绍霍兰德公式和我国国家标准中规定的常用的烟气抬升高度计算式。

（1）霍兰德（Holland）公式

霍兰德公式是以美国原子能委员会、原子能实验中心和美国田纳西工程管理局的瓦茨-博尔火力发电厂的烟气实测资料为基础，在 1953 年推导出来的经验公式。

在中性条件下，烟气抬升公式表示如下：

$$\Delta H = \frac{u_s d_s}{\overline{u}} \left(1.5 + 2.7 \frac{T_s - T_a}{T_s} d_s \right) = \frac{1}{\overline{u}} (1.5 u_s d_s + 9.8 \times 10^{-3} Q_H) \tag{3-26}$$

式中　ΔH——烟气抬升高度，m；

u_s——烟囱出口处的排烟速度，m/s；

d_s——烟囱排出口的内径，m；

$\overline{u}$——烟囱出口处的平均风速，m/s；

Q_H——烟气热释放率，kJ/s，$Q_H = c'_p Q_s (T_s - T_a)$；

T_s——烟囱出口的温度，K；

T_a——大气温度，K；

c'_p——标准状态下空气的定压体积比热容，kJ/（m^3·K）；

Q_s——标准状态下烟气的体积流量，m^3/s。

上式适用于中性条件下，若用于计算不稳定条件下的烟气抬升高度时，烟气实际抬升高度应比上式计算值增加 10%～20%；用于计算稳定条件下的烟气抬升高度时，烟气实际抬升应比上式计算值减小 10%～20%。

国内外许多学者普遍认为霍兰德公式比较保守，低估了烟气抬升高度。该公式对高烟囱强热源的计算结果偏差大，对于低矮弱热源的烟囱计算结果偏保守。所以该公式不适宜计算温度较高的热烟气或高于 100m 的烟囱的抬升高度。

（2）我国国家标准中规定的计算公式

中国《制定地方大气污染物排放标准的技术原则和方法》规定的烟气抬升高度的计算方法。

① 当烟气的热释放率 $Q_H \geqslant 2100kJ/s$，且烟气出口的温度与周围环境大气温度之差 $T_s - T_a \geqslant 35K$ 时，烟气抬升高度可用下式计算：

$$\Delta H = \frac{n_0 Q_H^{n_1} H_s^{n_2}}{\bar{u}} \tag{3-27}$$

式中　ΔH——烟气抬升高度，m；

n_0、n_1、n_2——系数及指数，可查阅表 3-11；

　　Q_H——烟气热释放率，kJ/s；

　　H_s——烟囱几何高度，m，超过 240m 时，取 240m；

　　$\bar{u}$——烟囱出口处的平均风速，m/s；

$$Q_H = 0.35 \times p_a \times Q \times \frac{\Delta T}{T_s} \tag{3-28}$$

式中　p_a——烟囱所在地的大气压，hPa，如无实测值，可以取邻近气象台（站）的季或年平均值；

　　Q——烟气的实际体积流量，m^3/s；

　　ΔT——烟气出口的温度与周围环境大气温度之差，$\Delta T = T_s - T_a$，K；

　　T_s——烟囱出口的温度，K；

　　T_a——大气温度，K，如无实测值，可以取邻近气象台（站）的季或年平均值。

表 3-11　系数 n_0、n_1、n_2 的值

$Q_H/$（kJ/s）	地表状况（平原）	n_0	n_1	n_2
$Q_H \geqslant 21000$	农村或城市远郊区	1.427	1/3	2/3
	城市及近郊区	1.303	1/3	2/3
$2100 \leqslant Q_H \leqslant 21000$ 且 $T_s - T_a \geqslant 35K$	农村或城市远郊区	0.332	3/5	2/5
	城市及近郊区	0.292	3/5	2/5

② 当 $1700kJ/s < Q_H < 2100kJ/s$ 时，烟气的抬升高度可用下式计算：

$$\Delta H = \Delta H_1 + (\Delta H_2 - \Delta H_1)\left(\frac{Q_H - 1700}{400}\right) \tag{3-29}$$

$$\Delta H_1 = 2 \times \frac{1.5u_s d_s + 0.01Q_H}{\bar{u}} - 0.048 \times \frac{Q_H - 1700}{\bar{u}} \tag{3-30}$$

式中　u_s——烟囱出口处的排烟速度，m/s；

　　d_s——烟囱排出口的内径，m；

　　ΔH_2——按式（3-27）计算的烟气抬升高度，m；

③ 当 $Q_H \leqslant 1700kJ/s$，或者 $T_s - T_a < 35K$ 时，烟气的抬升高度可用下式计算：

$$\Delta H = 2 \times \frac{1.5u_s d_s + 0.01Q_H}{\bar{u}} \tag{3-31}$$

④ 地面上 10m 高度年平均风速 $\leqslant 1.5 \text{m/s}$ 时，烟气的抬升高度可用下式计算：

$$\Delta H = 5.52 Q_{\text{H}}^{1/4} \times \left(\frac{\mathrm{d}T_{\text{a}}}{\mathrm{d}z} + 0.0098 \right)^{-3/8} \tag{3-32}$$

式中 $\dfrac{\mathrm{d}T_{\text{a}}}{\mathrm{d}z}$ ——排放源高度以上环境温度垂直变化率，K/m，取值不得小于 0.01K/m。

【例 3-3】 某城市火电厂的烟囱高 100m，出口内径 5m。出口烟气流量 $300\text{m}^3/\text{s}$，温度 393K。烟囱出口处的平均风速 5.6m/s，大气温度 273K，取大气压力为 1013.25hPa，试确定烟气抬升高度及有效高度。

解： $Q_{\text{H}} = 0.35 \times p_{\text{a}} \times Q \times \dfrac{\Delta T}{T_{\text{s}}}$

$\qquad = 0.35 \times 1013.25 \times 300 \times (393 - 273) / (273 + 100)$

$\qquad = 28523.1 \ (\text{kJ/s})$

由表 3-11 取城市远郊区 $n_0 = 1.303$，$n_1 = 1/3$，$n_2 = 2/3$

$$\Delta H = \frac{n_0 Q_{\text{H}}^{n_1} H_{\text{s}}^{n_2}}{\bar{u}} = 1.303 \times 28523.1^{1/3} \times 100^{2/3} / 5.6 = 153.1 (\text{m})$$

$$H = H_{\text{s}} + \Delta H = 100 + 153.1 = 253.1 (\text{m})$$

所以烟气抬升高度为 153.1m，有效高度为 253.1m。

3.3.3 增加烟气抬升高度的措施

由前述可知，决定烟气抬升的主要因素有烟气本身的热力性质、动力性质、气象条件和近地层下垫面等。

① 影响烟气抬升高度的第一因素是烟气所具有的初始动量和浮力。初始动量的大小取决于烟气出口速度（u_{s}）和烟囱口的内径（d_{s}）；浮力大小决定于烟气和周围空气的密度差和温度。若烟气与空气因组分不同而产生的密度差异很小时，烟气抬升的浮力大小就主要取决于烟气温度（T_{s}）与空气温度（T_{a}）之差。当风速为 5m/s，烟气温度在 $100 \sim 200℃$ 时，T_{s} 与 T_{a} 每相差 1K，抬升高度约增加 1.5m。因此，提高排气温度有利于烟气抬升，但为此专门为烟气加热会增加运行费用，所以最好的做法是减少烟道及烟囱的热损失。

② 烟气与周围空气的混合速率是影响烟气抬升的第二因素，决定混合速率的主要因素是平均风速和湍流强度；平均风速越大，湍流越强，烟气与周围空气混合越快，烟气的初始动量和热量散失得就越快，其烟气的抬升高度就越低。增加烟气的出口速度对动力抬升有利，但也加快了烟气与空气的混合，因此，应选择一个适当的烟气出口速度。

③ 增加烟囱的排气量对动量抬升和浮力抬升均有好处。因此，当附近有几个烟囱时应采用集合烟囱排气。

3.4 烟囱高度计算及厂址选择

3.4.1 烟囱高度计算

当今工厂的烟囱已从单纯的排气装置发展成为集排气装置、控制污染保护环境为一体的设备。烟囱的主要尺寸及工艺参数（如烟囱高度、出口直径、喷出速度等）的设计除保证正常排气功能外，还应满足减少对地面污染的需要。

气态污染物通过烟囱（或排气筒）排入大气，并在大气中稀释扩散，其最大着地浓度与烟囱有效高度的平方成反比。为更好保护环境，国家环境保护部门规定了各种污染物的地面浓度限值。在设计烟囱高度时，必须保证在考虑环境背景值的情况下，地面实际最大浓度不能超过当地规定的最大允许浓度或大气质量标准限值。但因为烟囱的造价近似地与烟囱高度的平方成正比。所以，在实际工程建设中，应合理确定烟囱高度，使其既满足保护环境的要求，又较为节省投资，这是一个要解决的现实问题。

烟囱高度的计算方法目前应用最为普遍的是按正态分布模式导出的简化公式。由于对地面浓度的要求不同，烟囱高度也有不同的计算方法。

（1）按最大着地浓度设计的烟囱高度

该法是在考虑污染物环境背景值的情况下，保证地面最大浓度不超过《环境空气质量标准》规定的浓度限值来确定烟囱的高度。设国家大气质量标准中规定的污染物浓度为 c_0，该地区的背景浓度为 c_b，在设计烟囱高度下，排放污染物所产生的地面最大浓度为 $c_{max} \leqslant c_0 - c_b$，根据最大着地浓度和烟囱高度的关系式［式（3-23）］，则烟囱的最低高度可计算求得。

$$H_s = \sqrt{\frac{2q}{\pi e \overline{u}(c_0 - c_b)} \times \frac{\sigma_z}{\sigma_y}} - \Delta H \tag{3-33}$$

利用式（3-33）计算时，通常设 σ_z/σ_y 为 0.5～1，不随距离而变。

（2）按绝对最大着地浓度设计的烟囱高度

地面最大浓度与有效源高的平方成反比，同风速成反比。因此在给定的有效源高 H，最大浓度就出现在风速最小的情况下，然而由于有效源高（$H = H_s + \Delta H$）中抬升高度 ΔH 与风速 $\overline{u}$ 成反比，即风速愈小，有效源高愈高，使地面最大浓度愈小，因此在某一风速时，由于风速所引起的稀释和有效源高的作用达到了平衡，使地面最大浓度达到最大值。地面最大浓度极值称为绝对地面最大浓度，用 C_{absm} 表示。出现绝对最大浓度时的风速称为危险风速，以 $\overline{u}_c$ 表示。

一般烟流抬升公式可简化为：$\Delta H = \dfrac{B}{\overline{u}}$，式中 B 为抬升高度公式中除 $\overline{u}$ 以外一切量的计算值。

$$c_{max} = \frac{2q}{\pi e \overline{u}(H_s + \Delta H)^2} \times \frac{\sigma_z}{\sigma_y} = \frac{2q}{\pi e \overline{u}\left(H_s + \dfrac{B}{\overline{u}}\right)^2} \times \frac{\sigma_z}{\sigma_y} \tag{3-34}$$

令 $\dfrac{dc_{max}}{d\overline{u}} = 0$，解得危险风速为 $\overline{u}_c = \dfrac{B}{H_s}$，再将 $\overline{u}_c$ 代入式（3-23）得

$$c_{absm} = \frac{q}{2\pi e H_s B} \times \frac{\sigma_z}{\sigma_y} = \frac{q}{2\pi e H_s^2 \overline{u}_c} \times \frac{\sigma_z}{\sigma_y} \tag{3-35}$$

按保证地面绝对最大浓度不超过《环境空气质量标准》规定的浓度限值 c_0，即 $c_{absm} \leqslant c_0 - c_b$，可得到烟囱高度计算式。

$$H_s \geqslant \frac{q}{2\pi e B(c_0 - c_b)} \times \frac{\sigma_z}{\sigma_y} = \sqrt{\frac{q}{2\pi e \overline{u}_c(c_0 - c_b)} \times \frac{\sigma_z}{\sigma_y}} \tag{3-36}$$

在危险风速下，烟流抬升高度和烟囱几何高度相等，$H_s = \Delta H$，有效源高为烟囱几何高度的两倍。

（3）按一定保证率的计算法

式（3-36）比式（3-33）要求更严格。如果采用同一抬升公式，按式（3-36）比按式（3-33）算出的结果大。用式（3-33）计算，若 $\overline{u}$ 采用的是危险风速 $\overline{u}_c$ 时，则两式的计算结

果是一样的。

从上面两种计算方法可见，按保证 $c_{\max}$ 设计的烟囱高度较矮，当风速小于平均风速时，地面浓度即超标。若按 c_{absm} 设计的烟囱则较高，不论风速大小，地面浓度皆不会超标，但烟囱造价高。因此提出对式 (3-33) 中的 $\bar{u}$ 和稳定度取一定保证率下的值，计算结果即为某一保证率的气象条件下的烟囱高度。从实用性来说，这种方法可能比前两种方法合理些。

（4）P 值法

P 值法是为防止空气污染，限制污染物的排放量而提出的一种控制理论。它规定每一个污染源的污染物排放量必须小于允许排放量，否则这个污染源是不合格的。对于不合格的污染源，必须更新设计烟囱高度，或采用其他方法使污染物排放量小于允许值。

P 值法中，关于高架连续点源的允许排放量模式，是由正态分布下高架连续点源模型稍加变换而得到的。

$$H_{\mathrm{s}} = \sqrt{\frac{q \times 10^6}{P}} - \Delta H \tag{3-37}$$

式中　q——允许排放量，t/h；

　　　P——允许排放指标，t / (h·m²)，按所在行政区及功能区查表。

按上述模式可求出有效源高 H，再计算烟囱抬升高度 ΔH，便可确定出烟囱的实际高度 H_{s}。因此 P 值是实际工作中比较简便的实用方法。

P 值法是通过控制污染物排放量来实现大气环境质量管理的，它比控制排放口浓度的方法先进得多。此外，模式的形式简单，容易记忆，便于应用。

3.4.2　烟囱设计中的几个问题

① 上述烟囱高度计算公式皆是在烟流扩散范围内温度层结相同的条件下，按锥形烟流的高斯模式导出的。对于设计的高烟囱（大于 200m），若所在地区上部逆温出现频率较高时，则应按有上部逆温的扩散模式校核地面污染物浓度。实际观察表明，当混合层厚度在 760～1065m 之间，有上部逆温存在时，所造成的地面最大污染物浓度可能达到锥形扩散的 3 倍，最大浓度可持续 2～4h。在这种情况下，用增加烟囱高度来减少地面污染物浓度的方法是不经济的。对于设计的中小型烟囱，当辐射逆温很强时，则应按漫烟型扩散模式校核地面污染物浓度。

② 烟流抬升高度对烟囱高度的计算结果影响很大，所以应选用抬升公式的应用条件与设计条件相近的抬升公式。否则，可能产生较大的误差。在一般情况下，最好采用国标 GB 3840—1991 推荐的公式。

③ 关于气象参数的取值方法有两种，一种是取多年的平均值，另一种是取保证频率值。例如，若已知烟囱高度处的风速大于 3m/s 的频率为 80%，取 $\bar{u} = 3$m/s 可以保证在 80% 情况下污染物浓度不超过标准，而平均地面最大浓度可能比标准更低。如 σ_z / σ_y 值在 0.5～1.0 之间变化。

④ 为防止烟流因受周围建筑物的影响而产生的烟流下洗现象（如图 3-14 所示），烟囱高度不得低于它所附属的建筑物高度的 1.5～2.5 倍，对于排放生产性粉尘的烟囱，其高度自地面算起不得小于 15m，排气口高度应比生产主厂房最高点高出 3m 以上；为防止烟囱本身对烟流产生的下洗现象，烟囱出口烟气流速不得低于该高度处平均风速的 1.5 倍。

⑤ 为了利于烟气抬升，烟囱出口烟气流速不宜过低，一般宜在 20～30m/s，当设计的

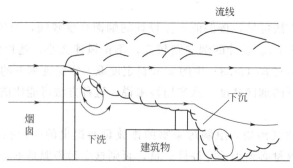

图 3-14　烟流下沉或下洗现象示意图

几个烟囱相距较近时，应采用集合（多管）烟囱，以便增大抬升高度；烟气温度不宜过低，排烟温度一般在 100℃以上。

3.4.3　厂址的选择

厂址选择是一个复杂的综合性课题。本节不是对厂址选择的综述，而是仅从充分利用大气对空气污染物的扩散稀释能力，防止空气污染的角度，来介绍厂址选择中的几个问题。

随着人们环境保护意识的不断提高，往往要求每一个拟建厂对环境质量可能产生的影响事先做出预评价，其中包括空气污染的预评价。在不同的地区，由于风向、风速、温度层结及地形等多种因素的影响，大气对污染物的稀释作用相差很大。在同一地区，工厂的位置与周围居民区、农作物区的布局不同时，空气污染造成的危害可能相差很大。因此，厂址的选择就显得十分的重要。

（1）厂址选择中对背景浓度的考虑

进行厂址选择时，首先要对当地背景浓度进行调查。背景浓度又称本底浓度，是该地区已有的污染物浓度水平。在背景浓度已超过《环境空气质量标准》规定浓度限值的地区，就不宜再建新厂。有时背景浓度虽然没有超过环境空气质量标准，但再加上拟建厂造成的污染物浓度后，若超过环境空气质量标准，短时间内又无法克服的，也不宜建厂。除此而外，在进行厂址的选择时，还要考虑长期平均浓度的分布。

（2）厂址选择中对气象条件的考虑

从防止大气污染的角度考虑，厂址应选在大气扩散稀释能力强，排放的污染物被输送到城市或居民区可能性最小的地方。

① 对风向和风速的考虑　为能一目了然，风的资料通常都画成风玫瑰图，即在 8 个或 16 个方位上给出风向或风速的相对频率或绝对值，用线的长短表示，然后连接各端点即成，即为风向、风速玫瑰图。图 3-15 为某地的风向玫瑰图。

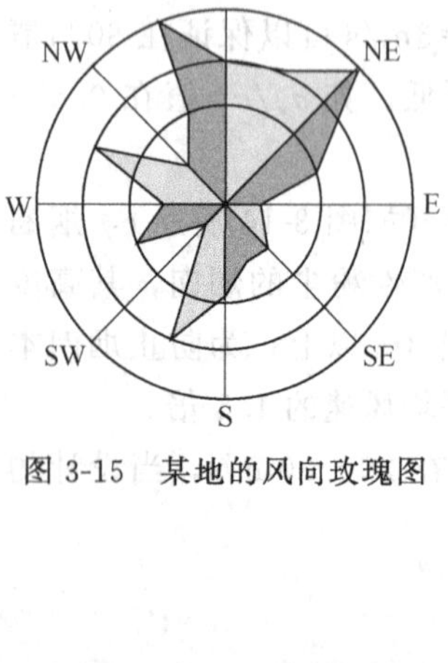

风玫瑰图可以按多年（5～10 年或更长）的年平均值画出，也可按某月或某季的多年平均值画出。山区地形复杂，风向和风速随地点和高度有很大变化，则可以做出不同测点和不同高度的风玫瑰图。

在空气污染分析工作中，常常把静风（风速小于 1.0m/s）和微风（风速在 1～2m/s 之间）的情况进行单独分析。因为这时的大气通风条件很差，容易引起高的污染浓度。此时，不但要统计出静风的频率，有条件时还要统计静风的持续时间，并

图 3-15　某地的风向玫瑰图

绘出静风的持续时间、频率。

因为在选择厂址时要考虑工厂与环境（包括居住区、作物区和其他企业单位）的相对位置及关系，所以要考虑风向。通常按风向频率玫瑰图考虑，其规则是：

a. 污染源相对居住区来说，应设在最小频率风向的上侧，使居住区受害时间最少。

b. 应尽量减少各工厂的重复污染，不宜把各污染源配置在与最大频率风向一致的直线上。

c. 烟囱及无组织排放量大或废气毒性大的工厂，应使其与居住的距离更远些。

d. 污染物应位于农作物和经济作物抗害能力最弱的生长季节的主导风向的下侧。各种作物对不同有害气体的抗性不同，可合理调整工厂附近作物区的布局，以减少损失。

由于污染危害的程度是和受污染的时间和污染物浓度有关。所以居住区、作物生长区等希望能设在受污染时间短污染物浓度又低的位置。故确定工厂和居民区的相对位置时，要考虑风向、风速两个因素。为此定义污染系数为

污染系数＝风向频率/该风向的平均风速

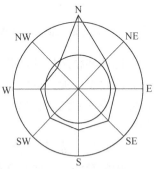

图 3-16　污染系数玫瑰图

某风向污染系数小，表示从该风向吹来的风所造成的污染小，因此，选择厂址的一般原则选在污染系数最小的方位。

表 3-12 是一个风向、风速的实测例子，图 3-16 是按表 3-12 的数据画出的污染系数玫瑰图。由表 3-12 可看出，若仅考虑风向，工厂应设在居住区东面（最小风频方向），但从污染系数考虑工厂应设在西北方向。

表 3-12　风向频率及污染系数

风　　　向	N	NE	E	S	SE	SW	W	NW	总　　　计
风向频率/%	14	8	7	15	12	17	15	13	100
平均风速/（m/s）	3	3	3	5	4	6	6	6	
污染系数	4.7	2.7	2.3	3	3	2.8	2.5	2.1	100

② 对大气稳定度考虑　由于一般污染物的扩散是在距地面几百米范围内进行的，所以离地面几百米范围内的大气稳定度对污染物的扩散稀释过程有重要影响，选厂时必须加以注意。一般气象台站没有近地层大气温度层结的详细资料，但可以根据帕斯奎尔或帕斯奎尔-特纳尔方法，对某地的大气稳定度进行分类，统计出每个稳定度级别所占的相对频率，并画出相应的图表。还应特别注意统计逆温的资料，如发生时间、持续时间、发生的高度、平均厚度及逆温强度等。

出现近地层 200～300m 以下的逆温层，对中小型工厂而言，往往是不利的条件；而对大型工厂，排放的烟气热量很大，往往具有更大的有效烟囱高度，对污染反而是有利的。如果能突破经常出现的逆温层高度而在逆温层以上扩散，这对防止污染是很有帮助的。如果经常出现上部逆温，对中、小型工厂在几公里范围内的扩散影响不大，但对大型工厂则往往是形成污染的主要因素。

③ 混合层厚度的确定　混合层厚度是影响污染物铅直扩散的重要气象参数。由于温度层结的昼夜变化，混合层厚度也随时间改变。受太阳直射的影响，下午混合层厚度最大，表

征了一天最大的铅直扩散能力。

霍尔萨维斯提出了用干绝热曲线上升法确定混合层厚度。在温度高度图上，从下午地面最高温度作干绝热线 γ_d 与早晨 7 点钟的温度曲线 γ 的交点的高度，即为最大混合层厚度 D，如图 3-17 所示。

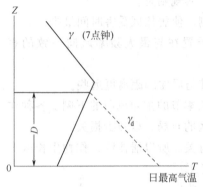

图 3-17 确定最大混合层厚度示意图

最大混合层厚度可以看成是气团做绝热上升运动的上限高度，具体地指示出污染物在铅直方向能够被热力湍流所扩散的范围。此法用于污染气候常年平均状况的研究是有效的。

大范围内的平均污染物浓度，可以认为与混合层高度和混合层内的平均风速的乘积成反比。因此通常定义 D 为通风系数。它表示单位时间内通过与平均风向垂直的单位宽度混合层的空气量。通风系数越大，污染物浓度越小。

除风和稳定度外，其他气象条件也要适当考虑。例如降水会溶解和冲洗空气中的污染物，降水多的地方空气往往较清洁。低云和雾较多的地方容易造成更大的污染。有的地方降雨时伴有固定的盛行风向，被污染的雨水被风吹向下风方向，在工厂设置中也应考虑这些问题。

（3）厂址选择中对地形的考虑

山谷较深，走向与盛行风向交角为 45°～135°时，谷风风速经常很小，不利于扩散稀释。若烟囱有效高度又不能超过经常出现静风及小风的高度时，则不宜建厂。

排烟高度不可能超过下坡风厚度及背风坡湍流区高度时，在这种地区不宜建厂。

四周山坡上有居民区及农田，排烟有效高度又不能超过其高度时，不宜建厂。四周地形很深的谷地不宜建厂。烟流虽能越过山头，仍会在背风面造成污染，因此居民区不宜设在背风面的污染区。

在海陆风较稳定的大型水域或与山地交界的地区不宜建厂。必须建厂时，应该使厂区与生活区的连线与海岸平行，以减少海陆风造成的污染。

由于地形对空气污染的影响是非常复杂的，这里给出的几条只是最基本的考虑，对具体情况必须做具体分析。在地形复杂的地方建厂，一般应进行专门的气象观测和现场扩散实验，或者进行风洞模拟实验，以便对当地的扩散稀释条件做出准确的评价，确定必要的对策或防护距离。

【课后思考题及拓展任务】

1. 已知某地区的大气环境参数为：大气压 $p = 101325Pa$，气温 $T = 298K$，相对湿度 $\varphi = 75\%$，试问该地区的大气含湿量、绝对湿度。

2. 在某高塔测得如下气温资料，试计算各层大气的气温直减率：$r_{1.5\sim10}$、$r_{10\sim30}$、$r_{30\sim50}$、$r_{1.5\sim50}$，并判断各层大气稳定度。

高度 Z/m	1.5	10	30	50
气温 T/K	293	292.8	292.5	292.3

3. 某一燃烧着的垃圾堆以 2.8g/s 的速率排放氮氧化物。在风速为 6m/s 的阴天夜里，污染源

的正下风方向 2km 处的平均浓度是多少？（假设这个垃圾堆是一个无有效源高的地面点源）

4. 某石油精炼厂自平均有效源高 120m 处排放的 SO_2 质量为 80g/s，有效源高处的平均风速为 6m/s，试估算冬季阴天正下风方向距烟囱 1000m 处地面上的 SO_2 浓度。

5. 某城市火电厂的烟囱高 80m，出口内径 5m。出口烟气流速 12.7m/s，温度 393K。烟囱出口处的平均风速 4m/s，大气温度 293K，大气压力 101.325kPa，试根据国家标准中规定的计算公式确定烟气抬升高度及烟囱的有效高度。

6. 一工厂建在平原郊区，其所在地坐标为 31°N、104°E。该厂生产中产生的 SO_2 废气通过高110m、出口内径为 2m 的烟囱排放。废气量为 $4 \times 10^5 m^3/h$（烟囱出口状态），烟气出口温度150℃，SO_2 排放量为 400kg/h，北京时间 7 月 11 日 13 时，当地气温 35℃，云量 2/2，地面风速3m/s，试求此时距烟囱正下风向 1000m 处的地面浓度和该厂造成的 SO_2 最大地面浓度及产生距离。

第4章 颗粒污染物控制技术

【案例四】 炼钢高炉袋式除尘系统工程实例及分析

某钢铁厂高炉炉容为 1200m³，日产铁量 2880t，出铁场的烟气量为 560000m³/h，浓度 500～1500mg/m³，烟气温度为 38～45℃。采用袋式除尘器，过滤风速为 1.101m/min，滤袋材质采用 ZLN 针刺涤纶滤气呢，过滤面积 9000m²，出口排放浓度小于 15mg/m³。

【案例分析】

（1）污染物的来源及特点

钢铁工业区废气污染的大户，全国钢铁企业每年废气排放量可达 1.2×10^{12} m³ 左右。钢铁工业的主要生产环节有采矿、选矿、烧结（球团）、焦化、炼铁、炼钢、连铸、轧钢、铁合金生产等，主要生产工艺如图 4-1 所示。整个工艺过程，都会产生大量的、数量不等的大气污染物，本部分以高炉炼铁为例来说明之。炼铁工艺是将含铁原料（烧结矿、球团矿或铁矿）、燃料（焦炭、煤粉等）及其他辅助原料（石灰石、白云石、锰矿等）按一定比例装入高炉，并由热风炉向高炉内鼓入热风助焦炭燃烧，原料、燃料随着炉内熔炼等过程的进行而下降。在炉料下降和煤气上升过程中，先后发生传热、还原、熔化、脱炭作用而生成生铁，铁矿石原料中的杂质与加入炉内的熔剂相结合而成渣，炉底铁水间断地放出装入铁水罐，送往炼钢厂。同时产生高炉煤气、炉渣两种副产品，高炉渣水淬后全部作为水泥生产原料。

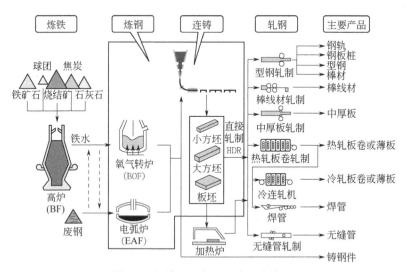

图 4-1 钢铁工业主要生产工艺流程

炼铁环节废气主要来源于打开铁口把铁水排出至铁罐的过程，此过程中的高温作用下，产生的无机烟尘气体主要有钻铁口粉尘、燃烧烟尘气喷射烟气。其中，主要的污染物是粉尘，这类粉尘颗粒细（多数在 1μm 以下），易成为吸附有害气体的载体；且多为含铁物质，具有一定回收价值。表 4-1 为该炼铁场烟尘的理化性质及分散度情况。

表 4-1　烟尘理化分析

样品	成分/%								
	SiO$_2$	Al$_2$O$_3$	总铁	FeO	CaO	MgO	P	S	Fe$_2$O$_3$
1 号	1.42	0.37	66.24	10.60	1.00	0.29	0.032	0.29	82.94
2 号	2.48	0.58	64.91	16.16	1.45	0.29	0.026	0.24	74.86

（2）废气治理工艺流程

高炉出铁场烟气处理工艺流程如图 4-2 所示。烟尘在风机抽力作用下，通过各吸尘点管道进入除尘系统，经过除尘袋过滤，粉尘被收集于滤袋表面，经定期清灰，沉积在集灰斗中，定期开动螺旋机将灰输送到集灰罐，最后由汽车运送到烧结配料仓综合利用。被净化的气体依次通过风机、烟道及烟囱排入大气中。

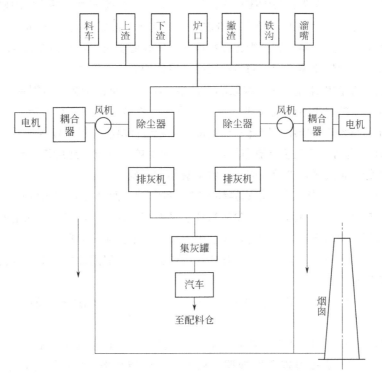

图 4-2　高炉出铁场烟气处理工艺流程

（3）袋式除尘机理

袋式除尘器是一种干式的高效除尘器，它利用纤维织物的过滤作用进行除尘。对 1.0μm 的粉尘，效率高达 98%～99%。滤袋通常做成圆柱形（直径为 125～500mm），有时也做成扁长方形，滤袋长度一般为 2m 左右。近年来，由于高温滤料和清灰技术的发展，袋式除尘器在冶金、水泥、化学、陶瓷、食品等不同的工业部门得到广泛应用。由于袋式除尘器的除尘效率高，如果净化空气的含尘浓度能达到卫生标准的要求，可直接返回车间再循环使用，以节省热能。

用棉、毛或人造纤维等加工制成的滤料是袋式除尘器的核心部件，它直接影响到滤料本身的网孔大小，一般为 20～50μm，表面起绒的滤料为 5～10μm。因此新滤布开始时除尘效率较低，使用一段时间以后，尘粒在滤布上由于筛滤、碰撞、拦截、扩散、静电及重力沉降等作用，粗尘粒首先被阻留，并在网孔之间集结形成孔径小的通气孔，逐渐在滤布表面形成一层粉尘初层，如

图 4-3 所示。粉尘初层的形成，使滤布成为对粗细尘粒皆可有效捕集的滤料，这时滤尘效率剧增，阻力也增大。随着粉尘在滤布上积聚，滤布两侧面的压力差增大，可能会把已附着在集尘层

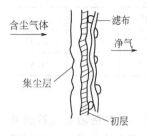

含尘气体 → 滤布
净气
集尘层
初层

图 4-3　滤布的滤尘过程

的细小尘粒挤压过去，使滤尘效率下降。另外，由于粉尘初层的过滤作用集尘层愈来愈厚，过滤网孔愈来愈小，除尘器阻力愈来愈高，除尘系统的气体处理量显著下降。因此，除尘器阻力达到一定数值后，要及时清灰。由此可见，袋式除尘器的防尘原理主要靠粉尘初层的过滤作用，滤布只对粉尘过滤层起支撑的骨架作用。

为进一步了解袋式除尘原理，下面分别讨论上述各种作用对尘粒的捕集机理。

① 筛滤作用　当尘粒直径大于滤布纤维网孔或沉积在滤布亡的尘粒间孔隙时，尘粒被阻留于滤布或集尘层上。新滤布纤维网孔大于尘粒粒径时，尘粒可以通过网孔，此时筛滤作用很小。但尘粒在滤布表面大量沉积形成粉尘初层后，筛滤作用显著增大。

② 惯性碰撞　当含尘气流接近滤布纤维时，气流将绕过纤维，而大于 $1\mu m$ 的尘粒由于惯性作用，离开气流流线前进，撞击到纤维上而被捕集，所有处于粉尘轨迹临界线内的大尘粒均可达到纤维表面被捕获。惯性碰撞作用，随尘粒粒径及流速的增大而增大。

③ 扩散作用　扩散作用发生在粒径较小尘粒中，小于 $1\mu m$ 的尘粒，特别是小于 $0.2\mu m$ 的亚微米粒子在气体分子的撞击下脱离流线，像气体分子一样做不规则的布朗运动，与纤维接触而被捕集，这种作用称为扩散作用。降低气流速度，尘粒粒径减小，扩散作用增强。

④ 拦截作用　当含尘气流接近滤布纤维时，较细尘粒随气流一起绕流，若尘粒半径大于尘粒中心到纤维边缘的距离时，尘粒则因与纤维接触而被拦截。

⑤ 静电作用　一般来说，尘粒和滤料都可能带有电荷，两者之间遵循同性相斥，异性相吸的原理。若尘粒与滤料所带电荷相反，尘粒有利于吸附在滤料上，可以提高除尘效率，但尘粒却难以清除。若尘粒与滤料所带电荷相同，情况则相反。静电效应一般在尘粒粒径小于 $1\mu m$，气流速度很低时，才显示出来。外加电场，可强化静电效应，从而提高除尘效率，这也是电袋组合除尘器的理论依据所在。

⑥ 重力沉降作用　粒径和密度大的尘粒进入除尘器后，当气速不大时，做缓慢运动沉降下来。

上述各种捕集机理，对一尘粒来说并非都同时有效，起主导作用的往往只是一种机理，或两三种机理的联合作用。其主导作用要根据尘粒性质、滤袋结构、特性及运行条件等实际情况确定。

（4）废气治理效果

采用上述袋式除尘工艺，达到了《工业炉窑大气污染物排放标准》（GB 9078—1996），达到了比较好的处理效果。整个出铁场废气粉尘去除率可达 97%，出铁场炉前岗位含尘浓度为 3.8～8.8mg/m³。

【任务四】　除尘装置的选择和初步设计

设计一除尘器用来处理某发电厂锅炉粉尘。若处理风量为 150000m³/h，入口含尘浓度为 3000mg/m³，要求出口含尘浓度降至 50mg/m³。

（1）选择除尘器类型；

（2）对所选择的除尘器进行初步设计。

4.1　除尘器的选择

从气体中去除或捕集固态或液态微粒的设备称为除尘装置，或除尘器。除尘器的种类和形式很多，各具有不同的性能和适用范围。正确地选择除尘器，是保证除尘设备正常运转并完成除尘任务的前提条件。

4.1.1　除尘器的选择原则

选择除尘器时，必须全面考虑除尘效率、压力损失、设备投资、占用空间、操作及对维修管理的要求等因素，其中最主要的是除尘效率。一般来说，选择除尘器时应该注意几个方面的问题。

（1）排放标准和除尘器进口含尘浓度

除尘系统中设置除尘器的目的是为了保证排至大气的气体含尘浓度能够达到相应排放标准。因此，不同行业和不同粉尘产生装置的粉尘排放标准是选择除尘器的首要依据。依照排放标准，根据除尘器进口气体的含尘浓度，确定除尘器的除尘效率。另外，如果废气的含尘浓度过高时，在静电除尘器或袋式除尘器前应设置低阻力的初级净化设备。

（2）粉尘的性质

粉尘的物理性质对除尘器的性能有较大影响。例如：黏性大的粉尘容易黏结在除尘器表面，最好采用湿式除尘器，不宜采用过滤除尘器和静电除尘器；对于纤维性和疏水性粉尘不宜采用湿法除尘；比电阻过大或过小的粉尘不宜采用电除尘；处理磨损性粉尘时，旋风除尘器内壁应衬垫耐磨材料，袋式除尘器应选用耐磨滤布；处理具有爆炸性危险的粉尘，必须采取防爆除尘器。

另外，选择除尘器时，必须了解处理粉尘的粒径分布和除尘器的分级效率。表 4-2 列出了典型粉尘对不同除尘器进行试验后得出的分级效率，可供参考。一般情况，当粒径较小时，应选择湿式、过滤式或电除尘器；当粒径较大时，可以选择机械式除尘器。图 4-4 表示出不同类型的除尘器可以捕集粉尘的大致区间，供参考。

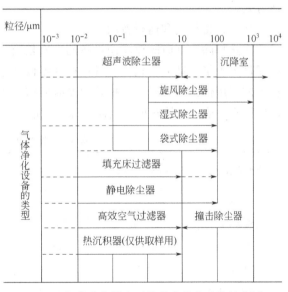

图 4-4　气体净化设备可能捕集的大致粒径范围

注：---表示可沿用的范围

表 4-2　除尘器的分级效率

除尘器名称	全效率/%	不同粒径（μm）时的分级效率/%				
		0～5 μm	5～10 μm	10～20 μm	20～44 μm	＞44 μm
带挡板的沉降室	56.8	7.5	22	43	80	90
普通的旋风除尘器	65.3	12	33	57	82	91
长锥体旋风除尘器	84.2	40	79	92	99.5	100

除尘器名称	全效率/%	不同粒径（μm）时的分级效率/%				
		0～5 μm	5～10 μm	10～20 μm	20～44 μm	＞44 μm
喷淋塔	94.5	72	96	98	100	100
电除尘器	97.0	90	94.5	97	99.5	100
文丘里除尘器	99.5	99	99.5	100	100	100
袋式除尘器	99.7	99.5	100	100	100	100

注：1.试验用的粉尘是二氧化硅尘，$\rho_p = 2700 kg/m^3$。
2.括号中的数值为粒子的粒径分布。

（3）含尘气体性质

对于高温、高湿的气体不宜采用袋式除尘器；当气体中含有 SO_2、NO_x 等有害气体时，当考虑用湿式除尘器，但要注意设备的防腐蚀。对于气体中含有 CO 等易燃易爆的气体时，应将 CO 转化为 CO_2 后再进行除尘。

（4）收集粉尘的处理

选择除尘器时，必须同时考虑收集粉尘的处理问题。有些工厂工艺本身设有泥浆废水处理系统，或采用水力输灰方式，此种情况下可以考虑采用湿法除尘，把除尘系统的泥浆和废水纳入工艺系统。另外，从水资源紧张趋势及粉尘资源化回收利用角度，尽可能首选干法输灰方式。

（5）设备投资和运行费用

在选择除尘器时既要考虑设备的一次投资（设备费、安装费和工程费），还必须考虑易损配件的价格、动力消耗、日常运行和维修费用等，同时还要考虑除尘器的使用寿命、回收粉尘的利用价值等因素。选择除尘器时要结合本地区和使用单位的具体情况，综合考虑各方面的因素。表 4-3 是各种除尘器的综合性能表，可供选用除尘器时作为参考。

表 4-3 各种除尘器的综合性能

除尘器名称	适用的粒径范围/μm	除尘效率/%	压力损失/Pa	设备费	运行费	投资费用和运行费用的比例
重力沉降室	＞50	＜50	50～130	低	低	—
惯性除尘器	20～50	50～70	300～800	低	低	—
旋风除尘器	5～30	60～70	800～1500	由	由	1:1
冲激式水浴除尘器	1～10	80～95	600～1200	由	由	1:1
旋风水膜除尘器	≥5	95～98	800～1200	由	由	3:7
文丘里除尘器	0.5～1	90～95	4000～10000	低	高	3:7
电除尘器	0.5～1	90～98	50～130	高	由	3:1
袋式除尘器	0.5～1	95～99	1000～1500	较高	较高	1:1

4.1.2 各类除尘器的适用范围

（1）机械式除尘器

机械式除尘器包括重力沉降室、惯性除尘器及旋风除尘器等。机械式除尘器造价比较低，维护管理方便，耐高温，耐腐蚀性，适宜含湿量大的烟气。但对粒径在 5 μm 以下的尘粒去除率较低，当气体含尘浓度高时，这类除尘器可作为初级预除尘，以减轻二级除尘的负荷。

其中，重力沉降室适宜尘粒粒径较大，要求除尘效率较低，场地足够大的情况；惯性除尘器适宜于排气量较小，要求除尘效率较低的地方；旋风除尘器适宜要求除尘效率较低的地方，主要用于 1～20t/h 的锅炉烟气的处理。

（2）湿式除尘器

湿式除尘器结构比较简单，投资少，除尘效率比较高，能除去小粒径粉尘；并且可以同时除去一部分有害气体，如工业锅炉脱硫除尘一体化等。其缺点是用水量比较大，泥浆和废水需进行处理，设备及构筑物易腐蚀，寒冷地区要注意防冻。

（3）过滤式除尘器

过滤式除尘器以袋滤器为主，其除尘效率高，能除掉微细的尘粒。对处理气量变化的适应性强，最适宜处理有回收价值的细小颗粒物。但袋式除尘器的投资比较高，允许使用的温度低，操作时气体的温度需高于露点温度，否则，不仅会增加除尘器的阻力，甚至由于湿尘黏附在滤袋表面而使除尘器不能正常工作。当尘粒浓度超过尘粒爆炸下限时也不能使用袋式除尘器。袋式除尘器广泛应用于各种工业生产的除尘过程，如冶金、建材、钢铁、粮食、化工、机械等行业的粉尘净化。

颗粒层除尘器适宜于处理高温含尘气体，也能处理比电阻高的粉尘，当气体温度和气体量变化较大时也能适用。其缺点是体积较大，清灰装置比较复杂，阻力较高。

（4）电除尘器

电除尘器具有除尘效率高，压力损失低，运行费用较低的特点。但是电除尘器设备复杂、占地面积大，对操作、运行、维护管理都有较高的要求，对粉尘的比电阻也有一定的要求。目前，电除尘器主要用于处理气体量大，对排放浓度要求较严格，又有一定维护管理水平的大企业，如燃煤发电厂、建材、冶金等行业。

4.1.3　主要粉尘污染行业除尘器的选择

（1）钢铁工业

钢铁工业的治理对象及除尘设备的选择见表 4-4。

表 4-4　钢铁工业的治理对象及除尘设备的选择

治理对象		宜选用的除尘设备
烧结厂	烧结原料准备系统	冲激式除尘器、泡沫除尘器、脉冲袋式除尘器
	混合料系统	冲激式除尘器
	烧结机废气	大型旋风除尘器和电除尘器
	整料系统	大风量袋式除尘器或电除尘器
	球团竖炉烟气	袋式除尘器或电除尘器
炼铁厂	炉前矿槽	袋式除尘器
	高炉出铁场	袋式除尘器
	碾泥机室	袋式除尘器
炼钢厂	吹氧转炉烟气	文丘里洗涤器或电除尘器
	电炉烟气	袋式除尘器或电除尘器
轧钢厂	轧机排烟	冲激式除尘器或泡沫除尘器
	火焰清理机废气	湿式电除尘器
	铅浴炉烟气	冲激式除尘器或袋式除尘器

续表

治 理 对 象		宜选用的除尘设备
铁合金厂	矿热电炉废气 钨铁电炉废气 钼铁车间废气 钒铁车间回转窑废气	袋式除尘器和文丘里洗涤器 反吹风袋式除尘器 喷淋除尘器和反吸风袋式除尘器 旋风除尘器和电除尘器
耐火材料厂	竖窑烟气 回转窑废气 沥青烟气	旋风除尘器和电除尘器或袋式除尘器 旋风除尘器和电除尘器或袋式除尘器 袋式除尘器

（2）有色冶金工业

有色冶金工业的治理对象及除尘设备的选择见表 4-5 。

表 4-5　有色冶金工业的治理对象及除尘设备的选择

治 理 对 象		宜选用的除尘设备
氧化铝厂	氧化铝生产炉窑废气 碳素电极生产废气	多管除尘器或电除尘器 袋式除尘器
重有色金属炼铁厂	烟气除尘（干法） 烟气除尘（湿法）	旋风除尘器、袋式除尘器和电除尘器 水膜旋风除尘器、冲激式除尘器、自激式除尘器等
稀有金属炼钢厂	金属粉尘 含铍废气 钼精矿焙烧烟气	旋风除尘器、袋式除尘器 旋风除尘器、袋式除尘器或电除尘器，高效湿式除尘器 袋式除尘器或旋风除尘器-电除尘器组合
有色金属加工厂	轻有色金属加工废气 重有色金属加工废气	袋式除尘器或电除尘器 旋风除尘器和袋式除尘器

（3）电力工业

电力工业主要是燃煤电厂锅炉烟气的治理，采用的除尘设备有旋风除尘器、电除尘器、袋式除尘器及电袋组合除尘器等。

（4）建材工业

建材工业的治理对象及除尘设备的选择见表 4-6 。

表 4-6　建材工业的治理对象及除尘设备的选择

治 理 对 象		宜选用的除尘设备
水泥厂	煅烧工艺废气 烘干工艺废气 粉磨工艺废气 破碎机粉尘 仓库粉尘	增湿塔-电除尘器系统或空气冷却塔-玻璃袋式除尘器系统 旋风除尘器-玻璃袋式除尘器或旋风除尘器-电除尘器组合 旋风除尘器-防爆型袋式除尘器或旋风除尘器-防爆型电除尘器 回转反吹风袋式除尘器或电除尘器 单机布袋除尘器或反吹风布袋除尘器
陶瓷工业	坯料制备过程废气 成型工艺过程废气 烧结废气 辅助材料加工过程废气	旋风除尘器、回转反吹风扁袋除尘器 旋风除尘器、CCJ 冲激式除尘机组、袋式除尘器 袋式除尘器 脉冲袋式除尘器

（5）化学工业和石油化学工业

化学工业和石油化学工业的治理对象及除尘设备的选择见表 4-7 。

表 4-7　化学工业和石油化学工业的治理对象及除尘设备的选择

治 理 对 象		宜选用的除尘设备
氮肥工业	尿素粉尘	湿法喷淋回收
磷肥工业	磷矿加工过程废气（干法） 磷矿加工过程废气（湿法） 高炉钙镁磷肥废气 辅助材料加工过程废气	旋风除尘器-袋式除尘器组合 旋风分离-水膜除尘或旋风分离-泡沫除尘 旋风除尘器-袋式除尘器组合或旋风除尘器-电除尘器组合 脉冲袋式除尘器
石油化工	催化裂化粉尘	旋风除尘器-电除尘器组合

（6）机械工业

机械工业的治理对象及除尘设备的选择见表 4-8。

表 4-8　机械工业的治理对象及除尘设备的选择

治 理 对 象	宜选用的除尘设备
铸造设备（混砂机、落砂机、喷抛丸清理机）除尘	回转反吹风袋式除尘器或气箱脉冲袋式除尘器
机床设备（车床、磨床、锯床）除尘	回转反吹风袋式除尘器或单机袋式除尘机组
物料破碎、筛分及输送设备（破碎机、筛分设备、输送机、包装机）除尘	脉冲袋式除尘器、回转反吹风袋式除尘器或单机袋式除尘机组

4.2　机械除尘器

机械除尘器通常是指利用质量力（重力、惯性力和离心力等）的作用使颗粒物与气流分离的装置，包括重力沉降室、惯性除尘器和旋风除尘器。

4.2.1　重力沉降室

（1）重力沉降室原理

重力沉降室是通过重力作用使尘粒从气流中沉降分离的除尘装置，其结构如图 4-5 所示。当含尘气体进入重力沉降室后，由于突然扩大了过流面积，而使气体流速迅速下降，在流经沉降室的过程中，较大的尘粒在自身重力作用下缓慢向灰斗沉降，而气体则继续前进，从而达到除尘的目的。

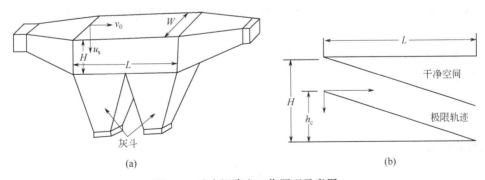

(a)　　　　　　　　　　　　　　　　(b)

图 4-5　重力沉降室工作原理示意图

假定沉降室内颗粒均匀分布于烟气中，忽略气体浮力，粒子仅受重力和阻力的作用。在沉降室内，尘粒一方面以沉降速度下降，另一方面则以气体流速度向前运动。沉降室的长宽高分别为 L、W、H，处理烟气量为 Q。

水平方向中，尘粒通过沉降室的时间为 τ

$$\tau = \frac{L}{u} \tag{4-1}$$

垂直方向上，尘粒从沉降室顶部到底部所需要的时间为 τ_s

$$\tau_s = \frac{H}{u_s} \tag{4-2}$$

要使尘粒不被气流带走，则必须：$\tau \geqslant \tau_s$

粒子的沉降速度可以用下式求得：

$$u_s = \frac{d^2 g (\rho_p - \rho_g)}{18\mu} \tag{4-3}$$

式中 d——尘粒的直径，m；

      ρ_p——尘粒的密度，kg/m³；

      ρ_g——气体的密度，kg/m³；

      μ——气体的黏度，Pa·s；

      g——重力加速度，9.18m/s²。

$$d_{min} = \sqrt{\frac{18u\mu H}{(\rho_p - \rho_g)gL}} \tag{4-4}$$

理论上 $d \geqslant d_{min}$ 的尘粒可以全部捕集下来，但在实际情况下，由于气流的运动状况以及浓度分布等因素的影响，沉降效率会有所下降。工程上一般用分级效率公式的一半作为实际分级效率：

$$d_{min} = \sqrt{\frac{36u\mu H}{(\rho_p - \rho_g)gL}} \tag{4-5}$$

分析式（4-5）可知，提高重力沉降室的捕集效率可以采取以下措施：降低沉降室内气流速度；降低沉降室的高度 H；增大沉降室长度 L。

应注意气流速度过小或 L 过长，都会使沉降室体积庞大，因此在实际工作中可以采用多层沉降室，如图 4-5（b）所示，在室内沿水平方向设置多层隔板，使其沉降高度降为原来 $H/(n+1)$。

（2）重力沉降室的设计计算及应用

沉降室的长度

$$L \geqslant \frac{uH}{u_s} \tag{4-6}$$

沉降室的宽度

$$W = \frac{Q}{uH} \tag{4-7}$$

对各种尘粒的分级除尘效率

$$\eta = \frac{\dfrac{L}{u}u_s}{H} \qquad (4\text{-}8)$$

重力沉降室的主要优点是：结构简单，投资少，压力损失小（一般为 50～100Pa），维护管理方便。适用于净化尘粒密度大，颗粒粗的含尘气体，特别是磨损性很强的粉尘。但它的体积庞大，效率低，能有效地捕集 $50\mu m$ 以上的尘粒，但不宜捕集 $20\mu m$ 以下的尘粒，且一般仅为 40%～70%。因此，只能作为高效除尘装置的一级处理或预处理，除去较大和较重的粒子。

4.2.2　惯性除尘器

（1）惯性除尘器工作原理

惯性除尘器是使含尘气体与挡板撞击或者急剧改变气流方向，利用惯性离心力分离并捕集粉尘的除尘设备。惯性除尘器的工作原理如图 4-6 所示。当含尘气流冲出到 B_1 板上时，惯性大的粗尘粒 (d_1) 首先被分离下来。被气流带走的尘粒 $(d_2$，且 $d_2 < d_1)$，由于挡板 B_2 使气流方向转变，借助离心力作用也被分离。若设该点气流的旋转半径为 R_2 切向速度为 u_1，则尘粒 d_2 所受离心力与 $d_2^2 \cdot \dfrac{u_1^2}{R_2}$ 成正比。惯性除尘器的除尘是惯性力、离心力和重力共同作用的结果。

（2）惯性除尘器的结构形式　惯性除尘器分为冲击式和反转式两种。

冲击式惯性除尘器一般是在气流流动的通道内增设挡板构成的，当含尘气流流经挡板时，尘粒借助惯性力撞击在挡板上，失去动能后的尘粒在重力的作用下沿挡板下落，进入灰斗中。挡板可以是单级，也可以是多级。多级挡板交错布置，一般可设置 3～6 排。在实际工作中多采用多级式，目的是增加撞击的机会，以提高除尘效率。图 4-7 为冲击式惯性除尘器结构的示意图，其中 a 为单级型，b 为多级型。在这种设备中，沿气流方向设置一级或多级挡板，使气体中的尘粒冲撞挡板而被分离。

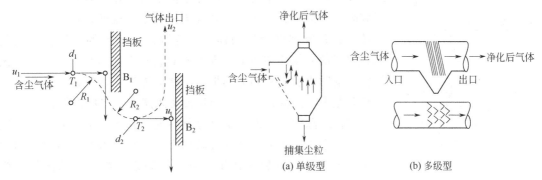

图 4-6　惯性除尘器工作原理示意图　　　图 4-7　冲击式惯性除尘器结构示意图

反转式惯性除尘器，又分为弯管型、百叶窗型和多层隔板塔型三种，是使含尘气体多次改变运动方向，在转向过程中把粉尘分离出来。图 4-8 为几种反转式惯性除尘器：（a）为弯管型，（b）为百叶窗型，（c）为多层隔板型。弯管型和百叶窗型反转式除尘装置和冲击式惯性除尘装置一样都适于烟道除尘，多层隔板型的塔式除尘装置主要用于烟雾的分离。

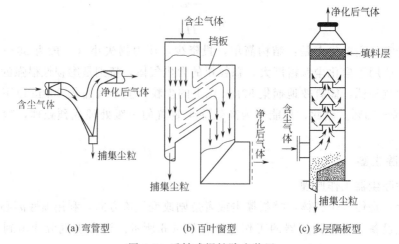

(a) 弯管型　　　　　(b) 百叶窗型　　　　　(c) 多层隔板型

图 4-8　反转式惯性除尘装置

（3）惯性除尘器的应用

对于惯性除尘器，当含尘气体在冲击或改变方向前的速度愈高，方向转变的曲率小，转变次数愈多，则净化效率愈高，但其阻力也愈大。惯性除尘器用于净化密度较大的金属或矿物粉尘，具有较高的除尘效率；对于黏结性和纤维性粉尘，易堵塞，不宜采用。

惯性除尘器结构简单，但净化效率也不会很高，多用于一级除尘或高效除尘器的前级除尘，以捕集 $10\sim20\mu m$ 以上的粗尘粒，压力损失为 $100\sim1000Pa$。

4.2.3　旋风除尘器

（1）旋风除尘器的工作原理

旋风除尘器是利用旋转气流的离心力使尘粒从气流中分离的装置。如图 4-9 所示，普通

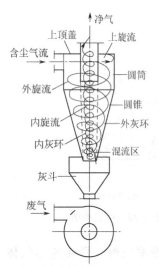

图 4-9　普通旋风除尘器
工作原理示意图

旋风除尘器是由进气管、筒体、锥体和排出管组成的。含尘气流从切线进口进入除尘器后，沿外壁由上向下做旋转运动，这股向下旋转的气流称为外旋流。外旋流到达锥体底部之后，转而向上旋转，最后经排出管排向体外。这股向上旋转的气流称为内旋流。向下的外旋流和向上的内旋流的旋转力向是相同的。气流做旋转运动时尘粒在离心力的推动下移向外壁，达到外壁的尘粒在气流和重力的共同作用下，沿壁面落入灰斗而得以去除。

气流从除尘器顶部向下高速旋转时，顶部压力下降。部分气流会带着细小的尘粒沿外壁旋转向上。到达顶部后，再沿排出管外壁旋转向下，最后到达排出管下端附近，被上升的内旋流带走。随着上旋流将有微量细尘粒被带走。这是设计旋风尘器结构时应注意的问题。

由于实际气体具有黏性，旋转气流与尘粒之间存在着摩擦损失，所以外旋流不是纯自由涡流而是所谓准自由混。内旋流类同于刚体的转动，称为强制涡旋。简单地说，外旋流是旋转向下的准自由涡流，同时有向心的径向运动。内旋流是旋转向上的强制涡流，同时有离心的径向

运动。为研究方便通常把内、外旋流的全速度分解成为三个速度分量：切向速度、径向速度和轴向速度。

① 切向进度　旋风除尘器内气流的切向速度分布如图 4-10 所示，可以看出，外旋流的切向速度 u_c 是随半径 r 的减小而增加，在内外旋流的交界处 v_c 达到最大值。可以近似认为：内、外旋流交界面的半径 $r_0 =（0.6 \sim 0.5）d_e$，其中 d_e 为排除管直径。内旋流的切向速度是随 r 的减小而减小的。

② 径向速度　假设内、外旋流的交界面是一个圆柱面，外旋流气流均匀地经过该圆柱面进入内旋流，那就可以近似地认为：气流通过这个圆柱面时的平均速度就是外旋流气流的平均径向速度 v_r。

$$v_r = \frac{Q}{2\pi r_0 h_0} \tag{4-9}$$

式中，r_0 和 h_0 分别为交界圆柱面的半径和高度，m。

③ 轴向速度　外旋流外侧的轴向速度向下，内旋流的轴向速度向上，因而在内、外旋流之间必然存在一个轴向速度为零的交界面。在内旋流中，随着气流的逐渐上升，轴向速度不断增大，在排除管底部达到最大值。

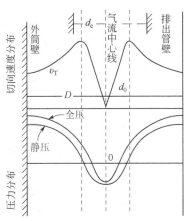

图 4-10　旋风除尘器内气流的
切向速度和压力分布

（2）旋风除尘器的主要性能指标

旋风除尘器的性能指标主要包括临界分割粒径、除尘效率和压力损失等。

① 临界分割粒径　旋风除尘器临界粒径的计算方法很多，下面以目前使用较多的筛分理论来探讨临界粒径的计算方法。

处于离心分离区的粉尘颗粒在径向同时受到了方向相反的两个力的作用，即颗粒作旋转运动时产生的离心惯性力 F_C 和径向气流汇流阻力 F_D。若 $F_C > F_D$，则颗粒移向外壁；若 $F_C < F_D$，则颗粒进入内涡旋；当 $F_C = F_D$ 时，有 50% 的可能进入外涡旋，即除尘效率为 50%。对于球形 Stokes 粒子，有：

$$\frac{\pi}{6} d_c^3 \rho_p \frac{V_{T0}^2}{r_0} = 3\pi \mu d_c V_r \tag{4-10}$$

则有分割粒径：

$$d_c = \left(\frac{18\mu V_r r_0}{\rho_p V_{T0}^2} \right)^{1/2} \tag{4-11}$$

② 除尘效率　除尘效率是旋风除尘器的主要性能参数，由于影响因素十分复杂，难以进行较为准确的理论计算，故目前多采用在模型实验基础上，根据某些假定条件导出近似计算公式。

第一种方法，在上述分割粒径 d_c 确定后，利用雷思-利希特模式计算其他粒子的分级效率：

$$\eta_i = 1 - \exp\left[-0.6931 \times \left(\frac{d_p}{d_c} \right)^{\frac{1}{n+1}} \right] \tag{4-12}$$

式中　n——旋风除尘器旋涡指数。

另一种方法，利用下列经验公式：$\eta_i = \dfrac{(d_{pi}/d_c)^2}{1 + (d_{pi}/d_c)^2}$ $\tag{4-13}$

③ 阻力损失　旋风除尘器阻力损失主要包括进口损失、出口损失及旋涡流场损失，其中排气管中的损失占较大分量。旋风除尘器阻力损失一般用下式表示：

$$\Delta p = \xi \frac{\rho u^2}{2} \tag{4-14}$$

式中　ξ ——旋风除尘器阻力系数；

　　　ρ ——流体密度，kg/m³；

　　　u ——流体入口风速，m/s。

（3）旋风除尘器的结构形式

目前，生产中使用的旋风除尘器类型很多，有 100 多种。旋风除尘器类型代号一律采用汉语拼音字母，以表示除尘器的工作原理和构造形式特点，对需要在类型代号后列入系列规格的，一律用阿拉伯数字表示，如除尘器额定风量（以 m³/h 单位）等。第一位字母表示除尘器按工作原理分类：X—旋风式，第二、三位字母以表示除尘器的构造、形式特点为主（L—立式、W—卧式、S—双级、T—筒式、C—长锥体、Z—直锥体及 P—旁路）。为避免同其他除尘器形式代号重复，必要时也可包括或表示工作原理方面的特点（P—平旋、M—水膜、G—多管、K—扩散、Z—直流）。类型代号一般不多于三个字母；或表示在除尘系统安装位置方面。根据除尘器在除尘系统安装位置不同分为吸入式（即除尘器在通风机之前），用 X 汉语拼音字母表示；压入式（除尘器安装在通风机之后）用 Y 表示。为了安装方便，于 X 型和 Y 型中，各设有 S 型和 N 型两种，S 型的进气按顺时针方向旋转，N 型进气按逆时针方向旋转。

下面仅介绍几种国内常用的旋风除尘器。

① XLT 型旋风除尘器（又称 CLT 型除尘器）　XLT 型除尘器是普通的旋风除尘器，也是应用最早的旋风除尘器，其结构如图 4-11 所示。这种除尘器制造方便，排气管直径较大，压力损失小，处理气量大。但是，它的分离效率低，对于 10μm 左右的尘粒分离效率一般低于 60%～70%。适用于捕集密度和颗粒较大的、干燥的非纤维性粉尘。表 4-9 和表 4-10 为 XLT 型旋风除尘器的主要性能和主要尺寸。

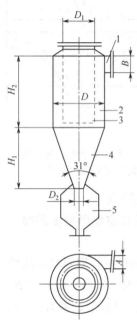

图 4-11　CLT 型
旋风除尘器

1—进口；2—筒体；3—排气管；4—锥体；5—灰斗

表 4-9　XLT 型旋风除尘器的主要性能

项　　目	型　　号	进口气速/（m/s）		
		12	15	18
气量/（m³/h）	XLT-5.5	1000	1200	1500
	XLT-7.6	2000	2500	3000
	XLT-9.6	3000	3800	4500
	XLT-11	4000	5000	6000
	XLT-12	4900	6100	7300
	XLT-13	5700	7100	8600
	XLT-14	6700	8400	10100

续表

项 目	型 号	进口气速/（m/s）		
		12	15	18
气量/（m³/h）	XLT-15	8300	10400	12500
	XLT-17	10000	12600	15200
	XLT-18	11500	15200	17200
压力损失	X 型	440	670	990
	Y 型	490	770	1110

表 4-10　XLT 型旋风除尘器的主要尺寸　　　　单位：mm

型 号	D	D_1	H_1	H_2	A	B	质量/kg	
							X 型	Y 型
XLT-5.5	552	322	705	950	115	110	94	84
XLT-7.6	762	442	1005	1350	160	110	161	145
XLT-9.6	966	566	1225	1640	200	110	262	235
XLT-11	1111	651	1405	1880	230	170	341	310
XLT-12	1230	726	1565	2090	250	170	416	376
XLT-13	1330	776	1665	2225	275	170	497	447
XLT-14	1445	841	1805	2420	300	170	568	512
XLT-15	1599	936	2005	2685	330	230	697	617
XLT-17	1765	1031	2205	2950	365	230	840	765
XLT-18	1890	1106	2365	3165	390	230	989	903

CLT/A 型是 CLT 型的改进型，又称 XLT/A 型旋风除尘器，结构将点是具有向下倾斜的螺旋切线型气体进口，顶板为螺旋型的导向板，导向板的角度越大，压力损失越小，而且有助于消除上旋流的带灰问题，但是除尘效率降低。一般情况下，螺旋下倾角为 16°，筒体和锥体均较长。其入口速度选用 12～18m/s，阻力系数 ξ 为 5.5～6.5，适用于干的非纤维粉尘和烟尘等的净化，除尘效率在 80%～90%。其主要性能及常见尺寸可查阅相关设计手册。

② XLP 型旋风除尘器　又称旁路式旋风除尘器。它是在一般旋风除尘器基础上增设分离室的一种除尘器。旁路式旋风除尘器有 A 类和 B 类两种：XLP/A 和 XLP/B，如图 4-12、图 4-13 所示，都带有灰尘隔离室，压力损失较小，对于 5 μm 以上的粉尘具有较高的除尘效率。

旁路式旋风除尘器具有螺旋型旁路分离室，进口位置低，使在除尘器顶部有充足的空间形成上旋涡并形成粉尘环，从旁路分离室引至锥体部分，可使二次气流变成能起粉尘集聚作用的上旋涡气流，从而提高了除尘效率；把旁路设计成螺旋型，使进入的含尘气体切向进入锥体，避免扰乱锥体内壁气流。XLP/A 型呈半螺旋型，XLP/B 型呈全螺旋型。

旁路式旋风除尘器外形呈特殊锥形体。XLP/A 型外形呈双锥体，上锥体圆锥角较大，形成突缩，有利于生成粉尘环，并可降低最大圆周速度值，减小设备阻力。并且，双锥体的设计使锥体更加细长，以降低径向速度，避免将分离出的粉尘带入区由中心气流排出。XLP/B 型是具有较小圆锥角的单锥体，锥体较长，能提高除尘效率，但相应的压力损失也较大。除尘效率及阻力系数参数见表 4-11 和表 4-12。部分旁路式旋风除尘器主要性能参数见表 4-13。表 4-14 和表 4-15 分别为 XLP/A 型和 XLP/B 型旋风除尘器的尺寸。

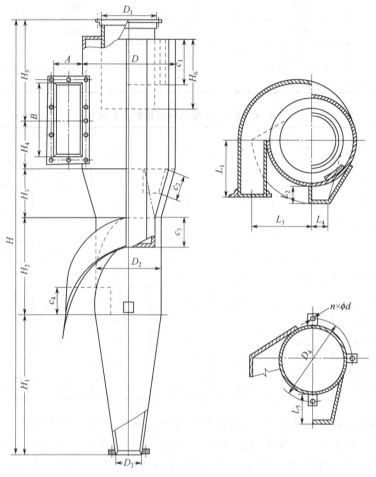

图 4-12　XLP/A 型旋风除尘器

表 4-11　旁路式旋风除尘器不同气速下的除尘效率

进口气速/（m/s）		8	9	10	11	12	13	14	15	16	17	18	19
除尘效率/%	XLP/A	90.8	91.7	92.5	93.2	93.8	94.3	94.7	95.0	95.2	95.3	95.4	95.5
	XLP/B	89.2	90.1	90.9	91.7	92.3	92.8	93.2	93.6	93.8	94.1	94.3	94.4

表 4-12　旁路式旋风除尘器不同出口形式条件下的阻力系数 ζ

型　号	出 口 形 式		
	出口不带蜗壳或风帽	出口带蜗壳	出口带风帽
XLP/A	7.0	8.0	8.5
XLP/B	4.8	5.8	5.8

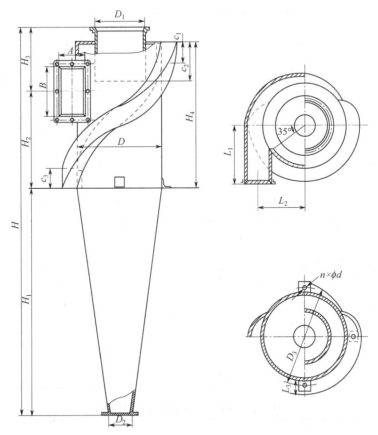

图 4-13　XLP/B 型旋风除尘器

表 4-13　部分旁路式旋风除尘器主要性能参数（气量）　　　　单位：m³/h

规　　格	进口气速/（m/s）			质量/kg		规　　格	进口气速/（m/s）			质量/kg	
	12	15	17	X 型	Y 型		12	16	20	X 型	Y 型
XLP/A-3.0	750	935	1060	52	42	XLP/B-3.0	630	840	1050	46	36
XLP/A-4.2	1460	1820	2060	94	77	XLP/B-4.2	1280	1700	2130	84	66
XLP/A-5.4	2280	2850	3230	151	122	XLP/B-5.4	2090	2780	3480	135	106
XLP/A-7.0	4020	5020	5700	252	204	XLP/B-7.0	3650	4860	6080	222	174
XLP/A-8.2	5500	6870	7790	347	279	XLP/B-8.2	5030	6710	8380	310	242
XLP/A-9.4	7520	9400	10650	451	366	XLP/B-9.4	6550	8740	10920	397	313
XLP/A-10.6	9520	11910	13500	601	461	XLP/B-10.6	8370	11170	13930	498	394

表 4-14　XLP/A 型旋风除尘器尺寸　　　　单位：mm

型　　号	尺　　寸										
	D	D_1	D_2	D_3	D_4	H	H_1	H_2	H_3	H_4	H_5	H_6
XLP/A-3.0	300	180	210	114	270	1380	420	300	150	170	340	230
XLP/A-4.2	420	250	300	114	360	1880	590	420	210	215	445	320

型　号	尺　寸											
	D	D_1	D_2	D_3	D_4	H	H_1	H_2	H_3	H_4	H_5	H_6
XLP/A-5.4	540	320	380	114	440	2350	750	540	270	250	540	400
XLP/A-7.0	700	420	500	114	580	3040	980	700	350	320	690	530
XLP/A-8.2	820	490	580	165	660	3540	1150	820	410	365	795	620
XLP/A-9.4	940	560	660	165	740	4055	1320	940	470	417.5	907.5	715
XLP/A-10.6	1060	630	650	165	830	4545	1480	1060	530	462.5	1012.5	805

型　号	尺　寸											
	L_1	L_2	L_3	L_4	L_5	c_1	c_2	c_3	c_4	A	B	n 孔 ϕd
XLP/A-3.0	190	50	190	58	95	151.5	75	96	96	80	240	3 孔 ϕ14
XLP/A-4.2	260	70	265	81	130	211.5	105	126	126	110	330	3 孔 ϕ14
XLP/A-5.4	350	90	340	104	170	271.5	135	166	166	140	400	3 孔 ϕ14
XLP/A-7.0	440	120	440	133	220	351.5	175	206	206	180	540	3 孔 ϕ18
XLP/A-8.2	500	140	515	156	260	411.5	205	246	246	210	630	3 孔 ϕ18
XLP/A-9.4	590	160	592.5	179	300	471.5	235	286	286	245	735	3 孔 ϕ18
XLP/A-10.6	670	180	667.5	200	335	531.5	265	316	316	275	825	3 孔 ϕ18

表 4-15　XLP/B 型旋风除尘器尺寸　　　　　　　　　　　单位：mm

型　号	尺　寸																	
	D	D_1	D_2	D_3	H	H_1	H_2	H_3	H_4	L_1	L_2	L_3	c_1	c_2	c_3	A	B	n 孔 ϕd
XLP/B-3.0	300	180	114	360	1360	780	335	245	510	200	167.8	50	75	145	75	90	180	3 孔 ϕ14
XLP/B-4.2	420	250	114	480	1675	1090	475	310	715	280	234.5	70	105	195	105	125	250	3 孔 ϕ14
XLP/B-5.4	540	320	114	600	2395	1405	610	380	920	360	301	90	135	255	135	160	320	3 孔 ϕ14
XLP/B-7.0	700	420	114	780	3080	1820	785	475	1190	470	391.5	116	175	340	175	210	420	3 孔 ϕ18
XLP/B-8.2	820	490	165	900	3600	2130	925	545	1400	550	458.5	135	205	395	205	245	490	3 孔 ϕ18
XLP/B-9.4	940	560	165	1020	4110	2440	1055	615	1600	630	525	156	235	450	235	280	560	3 孔 ϕ18
XLP/B-10.6	1060	630	165	1140	4620	2750	1185	685	1800	710	591.5	175	265	510	265	315	630	3 孔 ϕ18

③ XLK 型旋风除尘器（又称 CLK 型除尘器）　扩散式旋风除尘器又称 XLK 型或 CLX 型旋风除尘器。其主要构造特点是在器体下部安装有倒圆锥和圆锥形反射屏，如图 4-14 所示。在一般旋风除尘器中，有一部分气流与尘粒一起进集尘斗，当气流自下而上流向排出筒时，产生内旋流。由于内旋流的吸引作用力，使已经分离的尘粒被上旋气流重新卷起，并随出口气流带走。而在扩散式分离器内，含尘气流沿切线方向进入圆筒体后，由上而下地旋转到达反射屏。此时，已净化的气流大部分形成上旋气流从排出管排出。少部分气流则与因离心力作用已被分离出来的尘粒一起，沿着倒圆锥体壁螺旋向下，经反射屏周边的器壁的环隙间进入灰斗，再出反射屏中心小孔向上与旋气流汇合而排出。已分离的粉尘，沿着反射屏

的周边从环隙间落入灰斗。在反射屏上部，即除尘器底部中心部位则无粉尘聚积。由于反射屏的作用，防止了返回气流重新卷起粉尘，特别是把 $5 \sim 10 \mu m$ 的细微粉尘卷起带走，因此提高了粉尘效率。表 4-16 和表 4-17 分别为 XLK 型扩散式旋风除尘器选型和尺寸表。

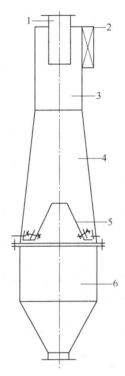

图 4-14　扩散式旋风除尘器结构示意图
1—排气管；2—进气管；3—筒体；4—锥体；5—反射屏；6—灰斗

表 4-16　XLK 型扩散式旋风除尘器选型

气量/（m³/h）		气速/（m/s）					
		10	12	14	16	18	20
公称直径/mm	150	210	250	295	335	380	420
	200	370	445	525	590	660	735
	250	595	715	835	955	1070	1190
	300	840	1000	1180	1350	1510	1680
	350	1130	1360	1590	1810	2040	2270
	400	1500	1800	2100	2400	2700	3000
	450	1900	2280	2660	3040	3420	3800
	500	2320	2780	3250	3710	4180	4650
	600	3370	4050	4720	5400	6060	6750
	700	4600	5520	6450	7350	8300	9200

表 4-17　XLK 型扩散式旋风除尘器系列尺寸　　　　　　　　单位：mm

公称直径 D	H	H₁	H₂	H₃	H₄	H₅	H₆	H₇	H₈	D₁	D₂	D₃	D₄	D₅	D₆	D₇	S	S₁
150	1210	50	250	450	300	30	168	108	130	113	75	7.5	250	346	106	146	3	6
200	1619	50	330	600	400	40	223	143	180	138	100	10	330	426	106	146	3	6
250	2039	50	415	750	500	50	278	178	180	163	125	12.5	415	511	106	146	3	6
300	2447	50	495	900	600	60	333	213	180	188	150	15	495	591	106	146	3	6
350	2866	50	580	1050	700	70	388	248	180	213	175	17.5	580	676	106	146	3	6
400	3277	50	660	1200	800	80	444	284	200	260	200	20	662	768	106	146	4	8
450	3695	50	745	1350	900	90	499	319	200	285	225	22.5	747	853	106	146	4	8
500	4106	50	825	1500	1000	100	554	354	220	310	250	25	827	943	106	146	4	8
600	4934	50	990	1800	1200	120	665	425	220	363	300	30	992	1110	106	146	5	8
700	5716	50	1155	2100	1400	140	775	490	220	413	350	35	1157	1285	150	191	5	8

公称直径 D	S₂	S₃	S₄	C₁	C₂	l₁	l₂	l₃	l₄	t₁	t₂	a	b	n₁d₁	n₂d₂	n₃d₃	n₄d₄	质量/kg
150	6	6	3	94.5	113	77	184	107	218	98.5	46	39	150	6孔φ9	6孔φ9	12孔φ9	4孔φ14	31
200	6	6	3	125.5	150	90	235	119	268	45	47	51	200	6孔φ9	6孔φ9	14孔φ9	4孔φ14	49
250	6	6	3	158	188	104	285	134	318	52	57	66	250	10孔φ12	6孔φ9	14孔φ12	4孔φ14	71
300	6	6	3	89	255	116	336	146	368	58	56	78	300	12孔φ12	6孔φ9	16孔φ12	4孔φ14	98
350	6	6	3	220	263	128	387	158	418	64	64.5	90	350	12孔φ12	6孔φ9	16孔φ12	4孔φ14	136
400	6	6	3	252.5	300	165	460	215	510	82.5	92	104	400	10孔φ14	6孔φ9	14孔φ14	4孔φ14	214
450	6	8	3	283.5	378	177	510	227	560	88.5	85	117	450	12孔φ14	6孔φ9	16孔φ14	4孔φ14	266
500	6	8	3	314.5	375	189	560	239	610	63	72	129	500	12孔φ14	6孔φ9	20孔φ14	4孔φ18	330
600	6	8	4	378	450	216	657	268	712	72	73	156	600	16孔φ14	6孔φ9	24孔φ14	4孔φ18	583
700	6	8	4	441.5	525	243	756	295	812	81	84	183	700	16孔φ14	6孔φ9	24孔φ14	4孔φ23	780

（4）影响旋风除尘器性能的因素

影响旋风除尘器性能的主要因素有以下几个方面。

① 进口和出口形式　旋风除尘器的入口形式大致可分为轴向进入式和切向进入式，如图 4-15 所示。切向进入式又分为直入式和蜗壳式。直入式的入口进气管外壁与筒体相切，蜗壳式进口进气管内壁与筒体相切，外壁采用渐开线的形式。不同的进口形式有着不同的性能、特点和用途。对于小型旋风除尘器多采用轴向进入式。就性能而言，试验表明，以蜗壳式结构的入口性能较好。

除尘器入口断面的宽高之比也很重要。一般认为，宽高比越小，进口气流在径向方向越薄，越有利于粉尘在圆筒内分离和沉降，收尘效率越高。因此，进口断面多采用矩形，宽高之比为 2 左右。

旋风除尘器的排气管口均为直筒形。排气管的插入深度与除尘效率有直接关系。插入加深，效率提高，但阻力增大；插入变浅，效率降低，阻力减小。这是因为短浅的排浅的排气管易形成短路现象，造成一部分尘粒来不及分离便从排气管排出。

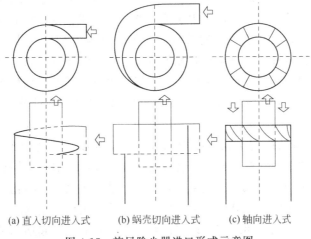

|(a) 直入切向进入式|(b) 蜗壳切向进入式|(c) 轴向进入式|

图 4-15　旋风除尘器进口形式示意图

② 除尘器的结构尺寸　由离心力计算公式可知，在相同的转速下，筒体的直径越小，尘粒受到的离心力越大，除尘效率越高。但若筒体直径过小，处理的风量大大降低，同时，流体阻力过大，使效率下降。筒体的直径一般不小于 0.15m。同时，为了保证除尘效率，筒体的直径也不要大于 1m。在要处理风量大的情况时，往往采用同型号旋风除尘器的并联组合或采用多管型旋风除尘器。

减小排气管直径可以减小内旋涡直径，有利于提高除尘效率，但减小排出管直径会加大出口阻力。一般排气管直径为筒体直径的 0.4~0.65 倍。

旋风除尘器的筒体高度和锥体高度，似乎增加了气体在除尘器内的旋转圈数，有利于尘粒的分离。实际上由于外旋流有向心的径向运动，当外旋流由上向下旋转时，气流会不断进入内流，同时筒体与锥体的高度过大，还会使阻力增加，实践证明，筒体和锥体的总高度不大于 5 倍筒体直径为宜。

③ 入口风速　提高旋风除尘器的入口风速，会使粉尘受到的离心力增大，分割粒径变小，除尘效率提高。但入口风速过大时，旋风除尘器内的气流运动过于强烈，会把有些已分离的粉尘重新带走，除尘效率反而下降。同时，旋风除尘器的阻力也会急剧上升。一般进口气速应控制在 12~25m/s 之间为宜。

④ 除尘器底部的严密性　旋风式除尘器在正压还是在负压下操作，其底部总是处于负压状态。如果除尘器的底部不严密，从外部漏入的空气就会把正落入灰斗的一部分粉尘重新卷入内旋涡并带出除尘器，使除尘效率显著下降。因此，在不漏风的情况下进行正常排尘，是保证旋风除尘器正常运行的重要条件。收尘量不大的除尘器，可在排尘口下设置固定灰斗，定期排放。对收尘量大并连续工作的除尘器可设置双翻板式或回转式锁气室，图 4-16 是两种不同锁气室示意图。

⑤ 粉尘的性质　当粉尘的密度和粒径增大时，除尘器效率明显提高。而气体温度和黏度增大除尘效率下降。

（5）旋风除尘器的选型方法和注意事项

1）旋风除尘器的选型方法　在选用旋风除尘器

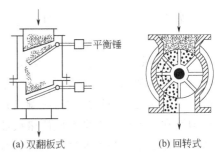

|(a) 双翻板式|(b) 回转式|

图 4-16　锁气室

85

时，首先要收集设计资料。之后，根据工艺提供或收集到的设计资料来确定其型号和规格。一般常采取计算法和经验法两种方法。由于除尘器结构形式繁多，影响因素又很复杂，因此难以找到通用计算公式；再加上人们对旋风除尘器内气流的运动规律还有待于进一步的认识，分级效率和粉尘粒径分布数据匮乏，相似放大计算方法还不成熟。所以，现在大多采用经验法来选择除尘器的型号和规格。用经验法选择除尘器的基本步骤如下。

① 根据气体的初始含尘浓度 C_i 和设计要求的出口浓度 C_o 计算出要求达到的除尘效率 η。

② 选择旋风除尘器的结构形式。根据烟气的含尘浓度、粒度分布、密度及除尘要求、允许的压降及加工条件等因素全面分析，合理地选择旋风除尘器的结构形式。从各类除尘器的结构特性来看，粗短型的旋风一般应用于阻力小、处理风量大、净化要求较低的场合；细长型的旋风除尘器，适于要求较高的场合。另外，在选用旋风除尘器时应使烟气流量的变化与旋风除尘器适宜的烟气流速相适应，以保证在由于工艺变化引起烟气量改变时，仍能取得比较好的除尘效果。

③ 根据除尘器使用时的允许压力降确定入口气速

$$u_i = \left(\frac{2\Delta p}{\rho \xi}\right)^{\frac{1}{2}} \tag{4-15}$$

式中　u_i——入口气速，m/s；

　　　Δp——旋风除尘器的允许压力降，Pa；

　　　ρ——出口气体的密度，kg/m³；

　　　ξ——旋风除尘器的阻力系数，可查表得到。

若缺少允许压力降的数据，一般可取进口气速为 $12\sim25$m/s。

④ 确定除尘器筒体直径 D。根据需要处理的含尘气体流量 Q 与求出的气体入口流速 u_i，查已选定形式的除尘器的性能表。在保证所选除尘器的处理气量 $Q_1 \geqslant Q$ 时，可确定除尘器的型号。

⑤ 校核选定型号的除尘器的压力降。根据选定型号的除尘器，可确定除尘器的进口截面积 A：

$$A = BH = \frac{Q}{u_1} \tag{4-16}$$

之后由需要处理的含尘气体流量 Q 和除尘器的进口截面积 A 可求得在实际工况下的气体进口气速 u_i'，然后根据下式可得到实际工况下的压力降 $\Delta p'$。

$$\Delta p' = \xi \frac{\rho u_i'^2}{2} \tag{4-17}$$

如果 $\Delta p' \leqslant \Delta p$，则说明选定的除尘器的形式和规格均符合净化要求。否则，重复步骤③~⑤，直至满足要求为止。

2) 旋风除尘器的安装　安装前应检查：除尘器型号、规格、核对标牌和产品合格证；除尘器本体和配套件是否齐全、完整；严格检查设备在运输中是否变形损坏，如有损坏应进行修复后安装，损坏严重时应调换；对于有特殊涂层的除尘器，应仔细检查涂料的光滑性、均匀性和完整性。除尘器应严格按照设计要求进行安装。在安装连接件各部法兰时，密封垫料应加在螺栓内侧以保证密封。为减小烟道的阻力，应尽可能缩短管路的长度和减少弯头，切忌在除尘器进口处安置弯头，以保证除尘器进出口气流平直均匀。连接管道管径应不小于除尘器芯管直径。对于多筒并联安装时，则均应配带出口蜗壳。有无蜗壳对除尘效率无影响，但带蜗壳的出口气流较均匀平直，其高度亦低于弯头连接。

3）旋风除尘器的运行与维护

① 在锅炉运行前应先检查收灰装置密封是否良好。在锅炉满负荷运行时可依照收集灰尘的量决定排灰间隔时间，一般可每 8h 排灰一次，排灰时必须将引风机停转后开启排灰口。排灰后，将排灰口重新盖严后，再开动引风机进行正常运行。

② 除尘器在除尘系统中的连接方式一般采用负压吸入式，可以减少尘粒对引风机的磨损，如设计要求或其他原因亦可采用正压压出式。除尘器在负压吸入式运行时要求严密不漏风，尤其是集尘装置，以免影响除尘效率。

③ 旋风除尘器多用于处理高浓度粉尘，且捕集的粉尘比较粗大而坚硬，所以装置磨损严重，易穿孔。应着重注意这些地方：受粉尘磨损最严重的地方是受到含尘气体高速碰撞的筒体内壁。当气流切线进入时，多造成平面磨损；而当气流以轴向进入时，因粉尘在叶轮处受离心力作用而在叶轮表面分离堆积，造成沟状磨损。

④ 在长期使用过程中，因粉尘堆积或除尘器的气密性不严等原因而使气体流量不能均匀分布，使细微粉尘由出口旋涡重新夹起而导致除尘效率下降，因此在使用过程中应对旋风除尘器各部位的气密性及气体流量和粉尘流量进行适当的检查。

⑤ 由于旋风除尘器一般用作预处理装置，其排气管内壁和轴向进入式的叶轮内侧等部位经常着很多粉尘，使处理气体的通道变窄，从而使压力损失增大。在处理高温烟气时，随着操作条件的变化及停车时处理气体温度的降低，气体中的冷凝组分容易引起粉尘在筒体异常堆积，造成粉尘附着、堵灰和腐蚀等问题。因此应在维修时将排气管、筒体以及叶片上面附着的粉尘及烟道和灰斗上堆积的粉尘尽量清除干净。

⑥ 对于寒冷地区，特别是间歇性使用的锅炉，当除尘器安装在室外时，应对除尘器采取保温措施，以免结露造成除尘器积灰堵塞。

⑦ 对于内壁涂有耐磨涂料的除尘器，切忌敲打除尘器，以免涂料层脱落。

4.3　湿式除尘器

4.3.1　概述

湿式除尘器，也叫洗涤式除尘器，是通过含尘气体与液膜的接触、撞击等作用，使尘粒从气流中分离出来的设备。湿式除尘器既能净化废气中的固体颗粒污染物，也能脱除气态污染物（气体吸收），同时还能起到气体降温的作用。

4.3.2　湿式除尘器的除尘机理

在除尘器内含尘气体与水或其他液体相碰撞时，尘粒发生凝聚，进而被液体介质捕获，达到除尘的目的。气体与水接触有如下过程：尘粒与预先分散的水膜或雾状液相接触；含尘气体冲击水层产生鼓泡形成细小水滴或水膜；较大的粒子在与水滴碰撞时被捕集，捕集效率取决于粒子的惯性及扩散程度。

因为水滴与气流间有相对运动，气体与水滴接近时，气体改变流动方向绕过水滴，而尘粒受惯性力和扩散的作用，保持原轨迹运动与水滴相撞。这样，在一定范围内尘粒都有可能与水滴相撞，然后由于水的作用凝聚成大颗粒，被水流带走。一般情况下，水滴小且多，比表面积加大，接触尘粒机会就多，产生碰撞、扩散、凝聚效率也高；尘粒的容重、粒径以及与水滴的相对速度愈大，碰撞、凝聚效率就愈高；但液体的黏度、表面张力愈大，水滴直径大，分散得不均匀，碰撞凝聚效率就愈低；亲水粒子比疏水粒子容易捕集，这是因为亲水粒子很容易通过水膜的缘故。

4.3.3 常见的湿式除尘器

根据除尘机理，可将湿式除尘器分为重力喷雾洗涤器、旋风洗涤除尘器、自激式喷雾洗涤器、泡沫洗涤器、填料床洗涤器、文丘里洗涤器及机械诱导喷雾洗涤器。根据气液分散的情况，分为液滴洗涤器，包括重力喷雾洗涤器、自激式喷雾洗涤器、文丘里洗涤器和机械诱导喷雾洗涤器；液膜洗涤器，包括填料床洗涤器、旋风水膜除尘器；液层洗涤器，包括泡沫洗涤器。

(1) 重力喷雾洗涤器

重力喷雾洗涤器又称喷雾塔或洗涤塔，是湿式洗涤器中最简单的一种，如图 4-17 所示。

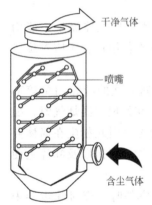

图 4-17　重力喷雾洗涤器

在塔内，含尘气体通过喷淋液体所形成的液滴空间时，由于尘粒和液滴之间的碰撞、拦截和凝聚等作用，使较均尘粒靠重力作用沉降下来，与洗涤液一起从塔底排走。为了防止气体出口夹带液滴，塔顶安装除雾器，被净化的气体排入大气，从而实现除尘的目的。

按照尘粒与水流流动方式不同可将重力喷雾洗涤器分为逆流式、并流式和横流式。一般通过喷雾洗涤器的水流速度与气流速度之比大致为 0.015～0.075，气体入口速度 0.6～1.2m/s，耗水量为 0.4～1.35L/m³。一般工艺中应设置沉淀池，使液体沉淀后上清液继续再用，但因为洗涤液有蒸发，应不断给予补充。

洗涤器的压力损失较小，一般在 250Pa 以下。对于 10μm 以下尘粒的捕集效率低，于净化大于 50μm 的尘粒。重力喷雾洗涤器具有结构简单、阻力小、操作方便等持水量大，设备庞大，占地面积大，除尘效率低。因此常被用于电除尘器入口前的烟气调质，以改善烟气的比电阻。也可用于处理含有害气体的烟气。

(2) 旋风洗涤除尘器

旋风洗涤除尘器与干式旋风除尘器相比，因为附加了水滴的捕集作用，除尘效率明显提高。在旋风洗涤除尘器中，含尘气体的螺旋运动产生的离心力将水滴甩向外壁形成壁流，减少了气流带水，增加了气液间的相对速度，提高惯性碰撞效率的同时，采用更细的喷雾还可以将离心力甩向外壁的粉尘立刻冲下，有效地防止了二次扬尘。

旋风洗涤器适用于净化大于 5μm 的粉尘。在净化亚微米范围的粉尘时，常将其串联在文丘里洗涤器之后，作为凝聚水滴的脱水器。含尘气体入口气速约为 15～22m/s，气流压力损失约为 500～750Pa，效率一般可达 90%～95%。另外，旋风洗涤器适用于处理烟气量大和含尘浓度高的废气除尘，可以单独使用，也可与文丘里洗涤器联合使用，安装在文丘里洗涤器后，兼有除尘和脱水功能。常用的旋风洗涤除尘器有旋风水膜除尘器和中心喷雾旋风除尘器。

① 旋风水膜除尘器　含尘气体从筒体下部进风口沿切线方向进入后旋转上升，使尘粒受到离心力作用被抛向筒体内壁，沿筒体内壁向下流动的水膜所黏附捕集，并从下部锥形除尘器。旋风水膜除尘器一般可分为立式旋风水膜除尘器和卧式旋风水膜除尘器两类。

立式旋风水膜除尘器是应用比较广泛的一种洗涤器，其构造如图 4-18 所示。在圆筒形的筒体上部，沿筒体切线方向安装若干个喷嘴，水雾喷向器壁，在器壁上形成薄的不断向下流动的水膜。含尘气体由筒体下部切向导入旋转上升，气流中的尘粒在离心力的作用下被甩向器壁，易滴和器壁上的液膜捕集，最终沿器壁向下注入集水槽，经排污口排出。净化后的气体由顶部排出。

立式旋风水膜除尘器的除尘效率随气体的入口速度增加和筒体直径减小而提高。但入口气速过高，会使阻力损失增加，有可能还会破坏器壁的水膜，使除尘效率下降。入口气速一般控制在 15～22m/s。为减少尾气对液滴的夹带，气出口气速应在 10m/s 以下。入口含尘浓度不宜过大，最大允许浓度为 $2g/m^3$。若用于处理含尘浓度大的废气时，需要设预除尘装置。水气比取 0.4～0.5L/m^3 为宜，一般情况下除尘效率为 90%～95%，设备阻力损失为 500～750Pa。

卧式旋风水膜除尘器也称旋筒式除尘器，如图 4-19 所示。它由外筒、内筒、螺旋导流片、集水槽等组成。除尘器的外筒和内筒横向水平放置，设在内筒壁上的导流片使外筒和内筒之间形成一个螺旋形的通道，除尘器下部为集水槽。含尘气体从除尘器一端沿切线方向进入，气体沿螺旋通道做旋转运动，在离心力的作用下，尘粒被甩向筒壁，气流冲击水面激起的水滴和尘粒碰撞，把一部分尘粒捕获，携带水滴的气流继续做旋转

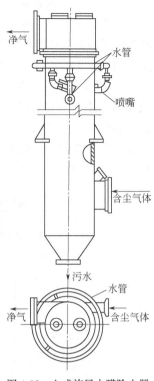

图 4-18　立式旋风水膜除尘器

运动，水滴被甩向器壁形成水膜，又把落在器壁上的尘粒捕获。由于这种卧式旋风除尘器综合了旋风、冲激式水浴和水膜三种除尘形式，因而其除尘效率可达 90% 以上，最高可达 98%。

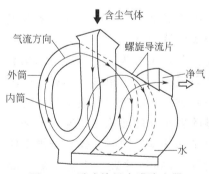

图 4-19　卧式旋风水膜除尘器

影响卧式旋风水膜除尘器效率的主要因素是气速和集水槽的水位。在处理风量一定的情况下，若水位过高，螺旋形通道的断面积减，通道的流速增加，使气流冲击水面过分激烈，造成设备阻力增加；反之，若水位过低，通道断面积增大，气体流速降低会使水膜形成不完全或者根本不能形成，使除尘效率下降。试验表明槽内水位至内筒底之间距离以 100～150mm 为宜，相应的螺旋形通道内的断面平均风速应为 11～17m/s。

② 中心喷雾的旋风洗涤器　旋风洗涤除尘器的另外一种形式，如图 4-20 所示，常称为中心喷雾的旋风洗涤器。含尘气体由筒体的下部切向注入，水通过安装的多头喷嘴喷出，径向喷出的水雾与螺旋形旋转气流相碰，使颗粒被捕集下来。因为出口气体含湿量比较大，所以一般在喷雾段上面留出足够的高度，以达到一定的除雾作用。

中心喷雾的旋风洗涤器结构简单，设备成本低，操作运行可靠。因为气流在塔内的运动路程比喷雾塔长，尘粒与液滴间相对速度大，所以粉尘被捕集概率高。一般情况下，这种除尘器对 $0.5\mu m$ 以下的粉尘捕集效率也达 95% 以上。

（3）自激喷雾式除尘器

液体形成雾滴需要消耗能量，凡是由具有一定动能的气流直接冲击到液体表面上以形成雾滴的湿式除尘器，都称为自激喷雾式除尘器。喷雾式除尘器在效果上与喷嘴喷雾不同，它具有处理高含尘浓度气体时仍能维持较高的气流量，耗水量较小，一般液气比低于 $0.13L/m^3$，压力损失范围在 $0.5\sim1.6kPa$。

图 4-21 为自激喷雾式除尘器的一种，在除尘器内部设置了 S 形通道，使气流冲击水面激起的泡沫和水花充满整个通道，从而增加了尘粒与液滴的接触机会。含尘气流进入除尘器后，转弯向下冲击水面，粗大的尘粒在惯性的作用下冲入水中被水捕集直接沉降在泥斗内；未被捕集的微细尘粒随着气流高速通过 S 形通道，激起大量水花，使粉尘与水滴充分接触，通过碰撞和截留，使得气体得到进一步的净化，净化后气体经挡水板脱水后排空。

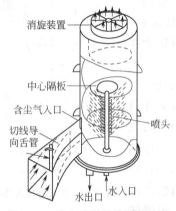

图 4-20　中心喷雾的旋风洗涤器

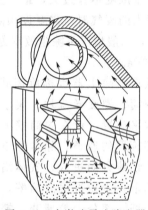

图 4-21　自激喷雾式除尘器

自激喷雾式除尘器结构紧凑，占地面积小，施工安装方便，负荷适应性好，耗水量少。缺点是价格较贵，压力损失大，一般在 $1000\sim1600Pa$。

（4）文丘里除尘器

文丘里除尘器如图 4-22 所示，它是一种高效湿式洗涤器，常用在高温烟气降温和除尘上。在文丘里除尘器中所进行的除尘过程，可分为雾化、凝聚和除雾三个阶段。其中前两阶段在文氏管里进行，后一阶段在除雾器内完成。在收缩管和喉管中气液两相间的相对速度很大，从喷嘴喷射出来的液滴在高速气流冲击下，进一步雾化成更细的雾滴。同时气体完全被水所饱和，尘粒表面附着的气膜被冲破，使尘粒被水湿润。因此，尘粒与液滴间进行着激烈的碰撞与凝聚。在扩散管中，气流的速度减小，压力回升，使凝聚作用发生得更快，凝聚后较大粒径的含尘液滴，很容易

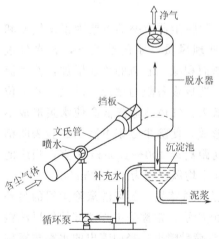

图 4-22　文丘里除尘器

被其他低能型洗涤器或除雾器捕集下来，从而实现高效除尘。

文氏管的结构形式有很多种，如图 4-23 所示。

要提高尘粒与水滴的碰撞效率，喉部的气体速度必须较大。在工程上一般保证此处气速 $50\sim80m/s$，而水的喷射速度控制在 $6m/s$，这是由于水的喷射速度过低，会被分散成细滴而

被气流带走；反之液滴喷射速度过高，则气液的相对速度较低，水则不可能很好地分散成小液滴，可能散落在收缩管壁上，这样都将会降低除尘效率。除尘效率还与水气比有关，一般为 $0.5 \sim 1 \mathrm{L/m^3}$。

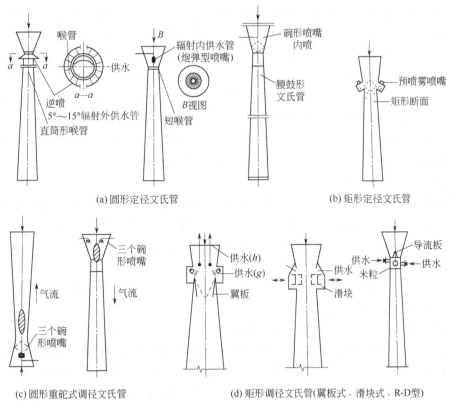

(a) 圆形定径文氏管　　　　　　　　　　　　　(b) 矩形定径文氏管

(c) 圆形重砣式调径文氏管　　　　(d) 矩形调径文氏管(翼板式、滑块式、R-D型)

图 4-23　文氏管的结构形式

　　由于文丘里洗涤器对细粉尘具有较高的净化效率，且对高温气体的降温也有很好的效果。因此，常用于高温烟气的降温和除尘，如对炼铁高炉、炼钢电炉烟气以及有色冶炼和化工生产中的各种炉窑烟气的净化方面都常使用。文丘里洗涤器具有体积小、构造简单、除尘效率高等优点，其最大缺点是压力损失大。

　　湿式除尘器具有设备投资少，构造简单，净化效率高的特点。设备本身一般没有可动部件，适用于净化非纤维性和不与水发生化学反应，不发生黏结现象的各类粉尘，尤其适宜净化高温、易燃、易爆及有害气体。

　　但是，湿式除尘器容易受酸碱性气体腐蚀，管道设备必须防腐；要消耗一定量的水，粉尘回收困难，污水和污泥要进行处理；使烟气抬升高度减小，冬季烟筒会产冷凝水；遇到疏水性粉尘，单纯用清水会降低除尘效率，往往需要加净化剂来改善除尘效率；在寒冷地区要考虑设备的防冻等问题。

4.4　过滤式除尘器

4.4.1　概述

　　过滤式除尘器是用多孔过滤介质将气固两相流体中的粉尘颗粒捕集分离下来的一种高效除尘

设备（简称过滤器）。根据过滤方式的不同，可分为表面过滤和内部过滤两种方式。目前采用表面过滤方式的除尘器主要是袋式除尘；采用内部过滤方式的除尘器则主要为颗粒层除尘器。

4.4.2　袋式除尘器

袋式除尘器是利用多孔纤维材料制成的滤袋，将含尘气流中的粉尘捕集下来的一种干式高效除尘装置。由于除尘效率高，尤其对微米或亚微米级粉尘颗粒具有较高的捕集效率，且不受粉尘比电阻的影响，具有运行稳定，对气体流量及含尘浓度适应性强；处理流量大，性能可靠，结构简单，便于回收干料，不存在污泥处理问题等优点，因此广泛使用于工业含尘废气净化工程。目前存在的主要问题是：袋式除尘器应用条件受滤布的耐温、耐腐等操作性能限制；滤布的使用温度要小于 300℃；另外袋式除尘器不适于黏结性强及吸湿性强的尘粒，否则会致使滤袋堵塞，破坏正常操作。但是，随着新技术、新工艺、新材料的发展和更严格的质量标准和排放要求，袋式除尘广阔的应用前景。

（1）袋式除尘器的分类

袋式除尘器主要由过滤装置和清灰装置两大部分组成，过滤装置的作用是捕集粉尘，清灰装置的作用是清除过滤元件上积附的粉尘，以保持除尘器的过滤能力。另外，还设有清灰控制装置、箱机及贮灰和卸灰装置等，它们是袋式除尘器的重要配套装置。袋式除尘器的种类较多，根据其特点可以进行不同的分类。

① 按清灰方式分类　清灰方式在很大程度上影响着袋式除尘器的性能，根据清灰方式进行分类，是最主要、最普遍的分类方法。

袋式除尘器的清灰方式有简易清灰、机械振动清灰、逆气流反吹清灰、气环反吹清灰、脉冲喷吹清灰、机械振动与反气流联合清灰及声波清灰等。图 4-24 是几种典型的清灰机型示意图。机械振动清灰和逆气流反吹清灰属于间歇式清灰方式，即将除尘器分为若干个过滤室，逐室切断气路，依次清灰。气环反吹清灰和脉冲喷吹清灰属于连续清灰方式，清灰时可以不切断气路，连续不断地对滤袋的一部分进行清灰。这种清灰方式压力损失稳定，适于处理高浓度含尘气体，近年来发展迅速，应用领域和市场份额增加很快。

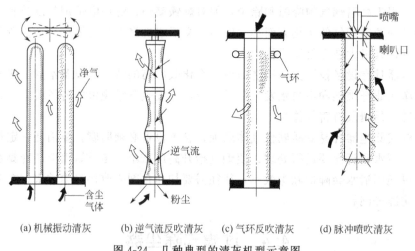

(a) 机械振动清灰　　(b) 逆气流反吹清灰　　(c) 气环反吹清灰　　(d) 脉冲喷吹清灰

图 4-24　几种典型的清灰机型示意图

② 按滤袋形式分类　可分为圆筒形或扁形。其中，圆袋应用较广泛，通常直径为 120～300mm，最大不超过 600mm，袋长一般为 2～12m。圆袋受力较好，支撑骨架及连接简

单，易获得比较好的清灰效果，且滤袋不易被粉尘堵塞
形、扁圆形及人字形等多种，其特点是外滤方式，内部
都有一定形状的骨架支撑。但扁袋形除尘器的结构较复
杂，制作要求高，且清灰较不方便。

扁袋有平板形、菱形、楔形、椭圆

③ **按过滤方向分类**　分为内滤式和外滤式，如图 4-25
所示。内滤式是使含尘气流进入滤袋内部，粉尘被截留
于滤袋内表面，净气穿过滤袋逸至袋外。机械振动、气
流反吹类清灰方式多采用内滤式。与之相反，采用外滤
式时，粉尘被截留于滤袋外表面，净气由袋内排走。外
滤式的滤袋内部通常设有支架，滤袋易磨损，维修困
难。脉冲喷吹类和高压反吹类多取外滤式。

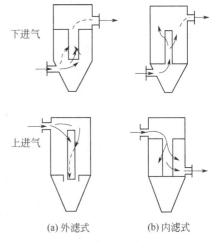

图 4-25　内、外滤式结构示意图

此外，还可以按照进风口的位置分类，可分为下进
风和上进风除尘器。前者进风口设于箱体下部或灰斗上
部，后者则多设于箱体中部或上部。

④ **按除尘器内的压力分类**　可分为吸入式（负压）和压入式（正压）两类。前者的除
尘器设在风机的负压段，要求除尘器采取密封结构，风机工作在干净气体中，因此较少出现
叶轮磨损及被粉尘附着等故障，在工程中应用较广泛。后者除尘器设在风机的正压段，除尘
器不需要采取密封结构，净化后的气体可直接排放，结构简单，造价低。但是，当粉尘浓度
较高时，或者粉尘有腐蚀性、磨损性或黏附性较强时，不宜采用，不宜处理高湿的或有毒有
害的含尘气体。

⑤ **国家标准对袋式除尘器的分类**　根据清灰方式的不同，可分类 5 大类 28 种，见
表 4-18。

表 4-18　袋式除尘器的分类

分　类	名　称	定　义	代　号
机械振动类 袋式除尘器	低频振动	振动频率低于 60 次/min，非分室结构	LDZ
	中频振动	摇动频率 60～700 次/min，非分室结构	LZZ
	高频振动	摇动频率大于 700 次/min，非分室结构	LGZ
	分室振动	各种振动频率的分室结构	LFZ
	手动振动	用手动振动实现清灰	LSZ
	电磁振动	用电磁振动实现清灰	LDZ
	气动振动	用气动振动实现清灰	LQZ
分室反吹类 袋式除尘器	分室二态反吹	清灰过程只有"过滤"、"反吹" 2 种工作状态	LFEF
	分室三态反吹	清灰过程有"过滤"、"反吹"、"沉降" 3 种工作状态	LFSF
	分室脉动反吹	反吹气流呈脉动供给	LFMF
喷嘴反吹类 袋式除尘器	气环反吹	喷嘴为环缝形，套在滤袋外面，经上下移动进行反吹	LQF
	回转反吹	喷嘴为条口形或圆形，经回转运动，依次与各滤袋净气出口相对，进行反吹清灰	LHF
	往复反吹	喷嘴为条口形，经往复运动，依次与各滤袋净气出口相对，进行反吹清灰	LWF
	回转脉动袋反吹	反吹气流呈脉动状供给的回转反吹式	LHMF
	往复脉动反吹	反吹气流呈脉动状供给的往复反吹式	LWMF

续表

分　类	名　称	定　义	代　号
振动反吹 并用类 袋式除尘器	低频振动反吹	低频振动与反吹并用	LDZF
	中频振动反吹	中频振动与反吹并用	LZZF
	高频振动反吹	高频振动与反吹并用	LGZF
脉冲喷吹类 袋式除尘器	逆喷低压脉冲	低压喷吹，喷吹气流从滤袋内净气流向相反，净气由上部净气箱排出	LNDM
	逆喷高压脉冲	高压喷吹，喷吹气流从滤袋内净气流向相反，净气由上部净气箱排出	LNGM
	顺喷低压脉冲	低压喷吹，喷吹气流与过滤后袋内净气流向一致，净气由下部净气箱排出	LSDM
	顺喷高压脉冲	高压喷吹，喷吹气流与过滤后袋内净气流向一致，净气由下部净气箱排出	LSGM
	对喷低压脉冲	低压喷吹，喷吹气流从滤袋上下同时射入，净气由净气联箱排出	LDDM
	对喷高压脉冲	高压喷吹，喷吹气流从滤袋上下同时射入，净气由净气联箱排出	LDGM
	环隙低压脉冲	低压喷吹，使用环隙形喷吹引射器的逆喷式脉冲	LHDM
	环隙低高脉冲	高压喷吹，使用环隙形喷吹引射器的逆喷式脉冲	LHGM
	分室低压脉冲	低压喷吹，袋室为分室结构，按程序逐室喷吹清灰，但只把喷吹气流喷入净气箱而不直接喷入滤袋	LFDM
	长袋低压脉冲	低压喷吹，滤袋长度超过 5.5m 的逆喷式脉冲袋式除尘器	LCDM

（2）影响袋式除尘器的因素

影响袋式除尘器除尘效率的因素有过滤风速、压力损失、滤料性质、清灰方式等。

① 过滤风速　袋式过滤器的过滤风速是指气体通过滤布时的平均速度。在工程上是指单位时间通过单位面积滤布含尘气体的流量，代表了袋式除尘器处理气体的能力，是一个重要的技术经济指标。其计算公式为：

$$u_f = \frac{Q}{60A} \tag{4-18}$$

式中　　u_f——过滤风速，$m^3/(m^2 \cdot min)$；

　　　　Q——气体的体积流量，m^3/h；

　　　　A——过滤面积，m^2。

过滤速度的选择因气体性质和所要求的除尘效率不同而不同。一般选用范围为 $0.6 \sim 1.0m/min$。提高过滤风速可以减少过滤面积，提高滤料的处理能力。但风速过高会把滤袋上的粉尘压实，使阻力加大，还会引起频繁的清灰，增加清灰能耗，减少滤袋的寿命等。风速低，阻力也低，除尘效率高，但处理量下降。因此，过滤风速的选择要综合考虑各种影响因素。

② 压力损失　袋式除尘器的压力损失是重要的技术经济指标之一，它不仅决定除尘器的能量消耗，同时也决定装置的除尘效率和清灰的时间间隔。除尘器的压力损失一般用下式表达：

$$\Delta p = \Delta p_c + \Delta p_f + \Delta p_d \tag{4-19}$$

其中，Δp_c 表示除尘器结构阻力，包括气体通过除尘器进、出口及灰斗内挡板等部位所消耗的能量，可按通常方法计算。在正常过滤速率下，该项一般为 $200 \sim 500Pa$。Δp_f 代表清洁滤料的阻力，可用下式计算：

$$\Delta p_{\rm f} = \xi_{\rm f} \mu u_{\rm f} \tag{4-20}$$

式中　$\xi_{\rm f}$ ——清洁滤料的阻力系数，m^{-1}；

　　　μ ——气体黏度，Pa·s。

　　　$\Delta p_{\rm d}$ 代表积附粉尘层的压力损失，可表示为：

$$\Delta p_{\rm d} = \alpha m \mu u_{\rm f} = \xi_{\rm d} \mu u_{\rm f} \tag{4-21}$$

式中　α ——粉尘层的平均比阻力，m/kg；

　　　m ——滤料上的粉尘负荷，kg/m^2。

由于过滤风速很低，气体流动属于黏性流，清洁滤料的压力损失、粉尘层的压力损失均与过滤风速和气体黏度构成正比，而与气体密度无关。

③ 滤料性质　过滤材料简称滤料，袋式除尘器的滤料是滤布。它是袋式除尘器的主要部件，其费用一般占设备费的 10%～15%。滤布的性能直接影响着除尘器的效率、阻力等。选用滤料时必须考虑含尘气体的特性，如粉尘和气体的性质、温度、粒径、湿度等。要求滤料应具有耐磨、耐腐、阻力低、成本低及使用寿命长等优点。滤料的特性除了与纤维本身的性质有关之外，还与滤料的表面结构有很大关系。例如，表面光滑的滤料和薄滤料，虽然容尘量小，清灰容易，但除尘效率低，适用于含尘浓度低、黏性大的粉尘，采用的过滤风速也不能太高；厚滤料和表面起绒的滤料，容尘量大，粉尘能深入滤料内部，过滤效率高，可以采用较高的过滤风速，但过滤阻力较大，应注意及时清灰。

袋式除尘器采用的滤料种类较多，按滤料的材质分为天然纤维、无机纤维和合成纤维等；按滤料的结构分为滤布和毛毯两类；按滤布的编织方法分为平纹编织、斜纹编织和缎纹编织。其中斜纹编织滤料的综合性能较好，过滤效率和清灰效果均能满足要求，透气性比平纹滤料好，但强度比平纹滤料差。

④ 清灰方式及清灰周期　当过滤介质表面积附粉尘层达到一定程度时，必须对过滤介质进行清灰或更换，以保护其持续工作所需要的透气性；同时注意不要破坏一次粉尘层（表面过滤除外），否则除尘效率会下降。过滤式除尘器正是在这种不断滤尘而以不断清灰或更换滤料的交替过程上进行除尘的。对于袋式除尘器的正常工作而言，清灰和过滤一样重要。图 4-26 为某袋式除尘器的在不同状态时的分级效率曲线。

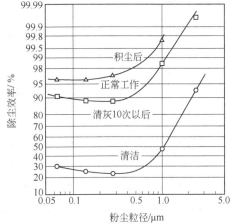

图 4-26　袋式除尘器的分级效率曲线

（3）滤料

袋式除尘器的滤料通常以棉、毛等天然纤维、合成纤维或无机纤维为原料制成。天然纤维制作的滤料至今仍在一些场合应用。合成纤维价格低廉，耐高湿和耐化学性能好，且纤维较细，因而广泛用于制作袋式除尘器。但近年来，也出现了以塑料、金属及陶瓷制成的微孔过滤元件，或以硅酸盐纤维制作的过滤元件，但目前绝大多数袋式除尘器仍采用纤维滤料。表 4-19 为制作袋式除尘器滤料的常用纤维的理化特性。

表 4-19　制作袋式除尘器滤料的常用纤维的理化特性

纤维类别	学名	商品名	英文	连续 干	连续 湿	瞬间上限	抗拉	抗磨	抗折	无机酸	有机酸	碱	氧化剂	有机溶剂	水介稳定性	阻燃性
天然纤维	棉	棉	cotton	75		90	3	2	2	4	1	1~2	3	1	2	4
	羊毛	羊毛	wool	80		95	4	2	2	2	2		4	2	2	4
合成纤维	聚丙烯	丙纶	polyploplene	85		100	1	2	2	1~2	1	1~2	2	1	1	4
	聚酰胺	尼龙	polyamide	105		100	1	2	2	3~4	3	2	3	1~2	4	3
	共聚丙烯腈	亚克力	complymer	125		115	2	2	2	1~2	1	3	2	1~2	2	4
	均聚丙烯腈	Dolarit^R	polyacrylonitrilehomopolymer	125		140	2	2	2	2	1	3	2	1~2	2	4
	聚酯	涤纶	polyester	130	90	150	2	2	1	2	1~2	2~3	2	2	4	4
	亚酰胺（芳香族聚酰胺）	Metamax	m-aramid	190	170	230	1	1	1	2	1~2	2~3	2~3	2	3	2
	聚乙基二胺	Kermel^R	—	180	160	220	1	1	1	3	2	2~3	2	3	3	2
	聚对苯酰胺	芳砜纶	polysulfone	190	160	230	1	2	2	3	2	2~3	2	3	3	2
	聚苯基1,3,4-噁二唑	聚噁二唑	—	180	160	220	3	3	2	3	2	3	2	1	3	2
	聚苯硫醚	PPS	polyphenylenesiulfide	190		220	2	2	2	1	1	1~2	4	1	1	1
	聚酰亚胺	P84	polyimide	240		260	2	2	3	2	1	1~2	2	1	2	1
	聚四氟乙烯	特氟纶	polytetrafluorethylene	250		280	3	3	2	1	1	1	1	1	1	1
	膨化聚四氟乙烯	Restex^R	—	250		280	2	2	4	1	1	1	1	1	1	1
无机纤维	无碱纤维	铝硼硅酸盐玻纤	glass	220~260		290	1	2	1	3	3	4	1	2	1	1
	中碱纤维	钠钙硅酸盐玻纤	—	220~260		270	1	2	1	1	2	2	1	2	1	1
	不锈钢纤维	Bekinox^R	stainless steel	450	400		1	1	2	1	1	1	2	2	1	1

注：表中的 1、2、3、4 表示纤维理化特性的优劣排序，依次表示：优、良、一般、劣。

　　滤料是袋式除尘器实现气固分离的关键材料，应满足如下要求：捕尘效率高，对细微粉尘也有很好的捕集效果；粉尘剥离性好，清灰容易；透气性适宜，阻力低；具有足够的强度、抗拉、抗折及耐磨性；尺寸稳定性好，使用过程中变形小；具有良好的耐温、耐化学腐蚀和耐水解性；原料来源广泛，性能稳定可靠；价格低，寿命长。这些性能取决于滤料所用材质的理化性质，也取决于滤料结构及后处理。一般情况下，对袋式除尘器滤料的技术要求及相应的测试方法，可参考《袋式除尘器用滤料及滤袋技术条件》（GB 12625—2007）。当然，在选择滤料材质时，还要考虑粉尘的类别及其性质。常见粉尘及适用滤料、过滤气速见表 4-20。

表 4-20　常见粉尘种类及清灰方式

粉尘种类	纤维种类	清灰方式	过滤气速/(m/min)	粉尘比阻力系数/[N·min/(g·m)]
飞灰（煤）	玻璃、聚四氟乙烯	逆气流、脉冲喷吹、机械振动	0.58～1.8	1.17～2.51
飞灰（油）	玻璃	逆气流	1.98～2.35	0.79
水泥	玻璃、丙烯酸系聚酯	机械振动	0.46～0.64	2.00～11.69
钢	玻璃、丙烯酸系	机械振动、逆气流	0.18～0.82	2.51～10.86
电炉	玻璃、丙烯酸系	逆气流、机械振动	0.46～1.22	7.5～119
硫酸钙	聚酯		2.28	0.067
炭黑	玻璃、诺梅克斯、聚四氟乙烯、丙烯酸系聚酯	逆气流、机械振动	0.34～0.49	3.67～9.35
白云石	聚酯	逆气流	1.00	112
飞灰（焚烧）	玻璃	逆气流	0.76	30.00
石膏	棉、丙烯酸系	机械振动	0.76	1.05～3.16
氧化铁	诺梅克斯		0.64	20.17
石灰窑	玻璃	逆气流	0.70	1.50
氧化铅	聚酯	逆气流、机械振动	0.30	9.50
烧结尘	玻璃	逆气流	0.70	2.08

（4）袋式除尘器的设计

① 基本参数及条件的确定　在进行除尘器选型设计前，首先需确定有关的基本参数及工作条件，主要包括污染源废气排放量、废气含尘浓度及性质（包括温度、湿度、粒度及化学性质）、场地面积及高度、投资及设备维修能力、当地实施的污染控制标准等。

② 袋式除尘器的选型　确定除尘器基本形式，其内容主要包括除尘器类型、具体形式等的选择及确定。其基本原则是：袋式除尘器主要用于过滤 $1\mu m$ 左右的微粒；当气体含尘浓度超过 $15g/m^3$ 时、最好增加预收尘器；含尘浓度较高或粉尘颗粒较细时，选用较低的过滤风速，粒较粗时，应选用较高的过滤风速；若设备安装高度受到限制，应考虑选择下进风袋式除尘器；若安装面积比较狭窄，则扁袋除尘器是较好的选择；若含尘气流温度较高，应选用耐高温的滤料，此外也可采取降温措施，如系统内增加热交换设备或简单地采用掺冷风的方法来降低温度；当含尘气流湿度较大时，考虑选用气环反吹袋式收尘器，此外还应采取保温或加温的措施，防止水汽在除尘器内结露，产生糊袋现象；含尘气体中有害物质（如二氧化硫、氮氧化物及其他化学物质）超标时，除对过滤方式及滤料有进一步要求外，系统中还应考虑有害物质的净化问题。

③ 袋式除尘器型号规格的确定　若袋式除尘器采用定型产品，根据上述选型原则，即可初步确定除尘器类型及过滤方式，然后根据处理风量、过滤风速、产品样本计算过滤面积：

$$A = \frac{Q}{60u_f} \tag{4-22}$$

式中 A——过滤面积，m^2；

   Q——处理风量，m^3/h；

   u_f——过滤风速，m/min。

过滤面积确定后，即可选定袋式除尘器的型号规格。

④ 确定滤料及清灰方式 确定采用的除尘器型号后，例如对除尘效率要求高、厂房面积受限制、投资和设备订货皆有条件的情况，可以采用脉冲喷吹袋式除尘器，否则采用机械振动清灰、逆气流清灰或其他简单袋式除尘器。其次根据含尘气体特性，选择合适的滤料，如气体温度在 410～530K 时，可选用玻璃纤维滤袋；对纤维状粉尘则应选用表面光滑的油料，如平绸、尼龙等；对一般工业性粉尘，可采用涤纶布、棉绒布等。根据除尘器形式、滤料种类、气体含尘浓度、允许的压力损失等便可初步确定清灰方式。

若自行设计时，其主要步骤如下：确定滤袋尺寸，即确定滤袋的直径和高度；计算每只滤袋面积；计算滤袋只数；排列滤袋。

常用的滤袋排列方式有三角形排列和正方形排列，如图 4-27 所示。前者占地面积小，但检修不方便，不利空气流通；后者更常用，滤袋直径 150mm、210mm、230mm ，相应的间距取 180～190mm、250～280mm、280～300mm。滤袋条数多时将滤袋分成若干组，最多由 6 列组成一组，组间 400mm 宽检修通道，边排滤袋和壳体留间距 200mm 宽检修通道。确定尺寸及排列方法后，可确定除尘器简易平面尺寸。

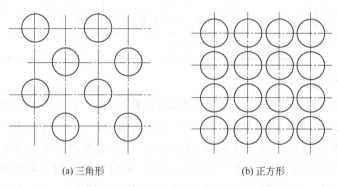

(a) 三角形   (b) 正方形

图 4-27 常见滤袋排列方式和布置方式

⑤ 确定气体分配室 气体分配室应有足够空间，净空高不应小于 1000～1200mm，保证气体均匀地分配给各个滤袋。

$$F=\frac{Q}{v_i} \tag{4-23}$$

v_i 气体分配室进口气速，一般取 1.5～2.0m/s。

⑥ 确定排气管直径和灰斗高度 排气管直径按排气速度为 2～5m/s 确定。灰斗高度根据粉尘性质而选取的灰斗倾斜角进行计算确定。另外，还要进行除尘箱体、检修孔、操作平台、粉尘的输送、回收及综合利用系统等的设计，包括回收有用粉料和防止粉尘的再次飞扬。

⑦ 确定过滤周期 过滤周期的长短应根据压力损失和烟气流量的变化确定，随着粉尘层厚度的变化而变化。它们都与除尘系统采用的风机的特性和总能耗有关。

$$t = \frac{\Delta p_d}{\alpha C_i \mu v} \tag{4-24}$$

式中　　Δp_d——滤料上积附粉尘层阻力，Pa；

α——粉尘层的平均比阻力，m/kg；

C_i——除尘器进口气体含尘浓度，kg/m³；

μ——气体动力黏度，Pa·s；

v——气体过滤速度，m/s。

⑧ 提出风机和管道的相应技术要求

⑨ 经济核算

（5）滤筒式除尘器

滤筒式除尘器的最大特点是不采用常规滤袋，则是将滤料预制成筒状过滤元件。滤筒采用多褶式结构，滤料在滤筒的外圆和内圆之间反复折叠，如图 4-28 所示，因此有效过滤面积大大增加。为了保持滤筒的尺寸，在筒体的外部和内部均设有金属保护网，用于制作滤筒的滤料通常都是表面过滤材料，其表面孔隙直径仅为 $0.12 \sim 0.6 \mu m$，可把大部分亚微米级的尘粒阻

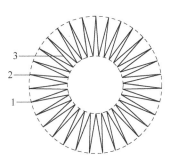

图 4-28　滤筒的断面形状
1—内金属网；2—外金属网；
3—滤料

挡在滤料表面，从而获得高效率的、低阻力除尘效果。这种除尘器的缺点有：进入滤筒折缝中的粉尘不易清除，并使部分过滤面积损失；横向放置、多层叠加的滤筒式除尘器上层滤筒清离的粉尘易落在下层滤筒的表面，又会增加损失的过滤面积。滤筒式除尘器结构见图 4-29。

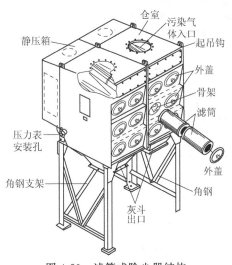

图 4-29　滤筒式除尘器结构

4.4.3　颗粒层除尘器

颗粒层除尘器是利用颗粒状物料（如硅石、砾石、焦炭等）作为填料层的一种内滤式除尘装置，如图 4-30 所示。在除尘过程中，气体中的粉尘粒子主要是在惯性碰撞、截留、扩散、重力沉降和静电力等多种力的作用下分离出来。由于其具有耐高温、耐腐蚀、耐磨损；除尘效率不受粉尘比电阻的影响；能够净化易燃易爆的含尘气体；维修方便，滤料价廉易得及维护费用低等优点，目前在陶瓷、炼焦、冶金及化学等工业领域得到了越来越广泛的应用。

存在的主要问题是：对微细粉尘捕集效率相对较低，阻力损失大，过滤气速不能过高，在处理相同烟气量时过滤面积比袋式除尘器大等。

结构形式主要有移动床颗粒层除尘器和梳耙式颗粒层除尘器。移动床颗粒层除尘器分平行流式和交叉流式；更多用交叉流式，洁净颗粒；滤料均匀、稳定地向下移动，含尘气流经过气流分布扩大斗水平运动，均匀分布于床层中。最常用的是带梳耙反吹清灰旋风式颗粒层除尘器。单层梳耙式颗粒层除尘器见图 4-31。

颗粒层除尘器的性能指标有除尘效率、床层阻力、过滤风速等。主要影响因素有床层颗粒的粒径、床层厚度和过滤风速。对单层旋风颗粒层除尘器，颗粒粒径以 $2 \sim 5mm$ 为宜，其

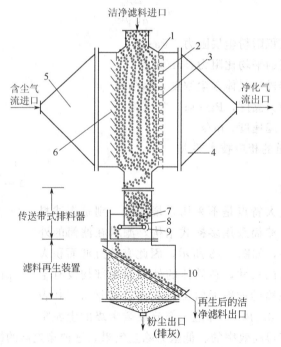

图 4-30　交叉流式移动床颗粒层除尘器示意图

1—颗粒滤料层；2—支撑轴；3—可移动式环状滤网；4，5—气流分布扩大斗；
6—百叶窗式挡板；7—可调式挡板；8—传送带；9—转轴；10—过滤滤网

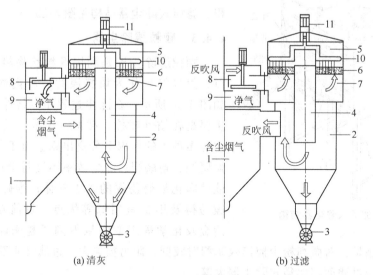

(a) 清灰　　　　　　　　　(b) 过滤

图 4-31　单层梳耙式颗粒层除尘器

1—含尘气体总管；2—旋风管；3—卸灰阀；4—插入管；5—过滤室；6—过滤床层；
7—干净气体室；8—换向阀；9—干净气体总管；10—梳耙；11—电动机

中小于 3mm 粒径的颗粒应占 1/3 以上。颗粒层厚度一般为 100～200mm，颗粒常用表面粗糙的硅石（颗粒粒径为 1.5～5mm），其耐磨性和耐腐蚀性都很强。过滤风速取 30～40m/min，除尘器总阻力约 1000～1200Pa，对 0.5μm 以上的粉尘，过滤效率＞95％。

【课后思考题及拓展任务】

1. 简述除尘器的选择原则。

2. 列举常见的除尘器类型，并说明其适用范围。

3. 简述常见机械除尘器的工作原理及特点。

4. 已知处理气量 $Q = 5000 \text{m}^3/\text{h}$，空气的密度 $\rho = 1.2 \text{kg/m}^3$，允许压力损失 $\Delta p = 1500 \text{Pa}$，试选用 CLK 扩散式旋风除尘器。

5. 简述湿式除尘器的工作原理，并列举常见湿式除尘器及其特点。

6. 袋式除尘器的清灰方式有哪些？各有什么特点？

7. 影响袋式除尘器除尘效率的因素有哪些？各是如何影响的？

8. 某水泥厂用袋式除尘器净化烟气，烟气量 $14630 \text{m}^3/\text{h}$，袋式除尘器由 40 个布袋组成，每条袋的直径 200mm，长 4.5m。试计算每条滤袋过滤面积？该袋式除尘器的过滤速度？$C_i = 10 \text{g/m}^3$，$C_o = 150 \text{mg/m}^3$，计算袋式除尘器的通过率？

9. 什么是滤筒式除尘器？它有什么特点？

10. 简述颗粒层除尘器的工作原理及其特点。

4.5 静电除尘器

电除尘器（Electrostatic Precipitation）是含尘气体在通过高压电场进行电离的过程中，使尘粒荷电，并在电场力的作用下使尘粒沉积在集尘极上，将尘粒从含尘气体中分离出来的一种除尘设备。电除尘过程分离力（主要是静电力）直接作用在粒子上，而不是作用在整个气流上，这就决定了它具有分离粒子能耗少、气流阻力小的特点。由于作用在粒子上的静电力相对较大，所以即使对亚微米级的粒子也能有效地捕集。电除尘器主要用于火电工业、水泥工业和钢铁工业等部门，其中燃煤电厂是头号用户，目前占我国总需求量的 70%。

4.5.1 电除尘器的除尘机理

电除尘的基本原理主要包括电晕放电和尘粒的荷电、带电粒子在电场中的迁移、捕集和粉尘清除等几个基本过程。

（1）电晕放电

电除尘器实质上是由两个极性相反的电极组成的，其中一个是表面曲率很大的线状电极，即电晕极；另一个是管状或板状电极，即集尘极。一般情况下，电晕极接直流电源的负极，集尘极接直流电源的正极，两极之间形成高压电场。电极间的空气离子在电场的作用下，向电极移动，形成电流。当电压升高到一定值时，电晕极表面出现青紫色的光，并发出嘶嘶声，大量的电子从电晕线不断逸出，这种现象成为电晕放电。电子撞击电极间的气体分子，使之产生电离，生成大量的自由电子和正离子，电子在电场力的作用下，向极性相反的电极运动，运动过程中与气体分子碰撞使之离子化，其结果是产生更多的电子。把电子能引起气体分子离子化的区域称为电晕区。图 4-32 为静电除尘器的工作原理示意。

如果在电晕极上加的是负电压，则产生的是负电晕；反之，则产生的是正电晕。因为产生负电晕的电压比产生正电晕的电压低，而且电晕电流大，所以工业应用的电除尘器，均采用负电晕放电的形式。

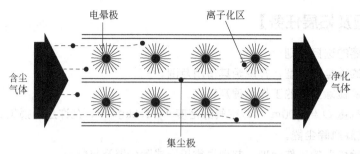

图 4-32　静电除尘器的工作原理

在达到起始电晕电压的基础上，如果进一步升高电压，则电晕电流急剧增加，电晕放电更加激烈。当电压升至某一值时，电场击穿，发生火花放电，电路短路，电除尘器停止工作。在相同的情况下，负电晕的击穿电压比正电晕的击穿电压高得多。正是由于负电晕起晕电压低，电晕电流大，击穿电压高，所以工业采用的电除尘器，均采用稳定性强的负电晕极。但是，正电晕产生的臭氧量小，从维护人体健康来考虑，用于空气调节的小型电除尘器大多采用正电晕极。

电晕特征取决于许多因素，包括：①电极的形状、电极间的距离；② 气体组成、压力、温度；③气流中要捕集的粉尘的浓度、粒度、比电阻以及它们在电晕极和集尘极上的沉积等。

（2）尘粒的荷电

尘粒的荷电机理有两种，一种是电场荷电，另一种是扩散荷电。电场荷电是指电晕电场中的电子在电场力的作用下做定向运动，与尘粒碰撞后使尘粒荷电的方式。扩散荷电是指电子由于热运动与尘粒粉尘颗粒表面接触，使粉尘荷电的方式。

尘粒的荷电方式与粒径有关。对粒径大于 $0.5\mu m$ 的尘粒以电场荷电为主，小于 $0.2\mu m$ 的尘粒以扩散荷电为主。由于工程中应用的电除尘器，处理粉尘的粒径一般大于 $0.5\mu m$，而且进入电除尘器的粉尘颗粒大多凝并成团，所以尘粒的荷电方式主要是电场荷电。

（3）荷电尘粒的运动和捕集

在电晕区内，气体正离子向电晕极运动的路程极短，因此它们只能与极少数的尘粒相遇并使之荷正电，因而荷正电的极少数尘粒沉降在电晕极上；在负离子区内，大量荷负电的粉尘颗粒在电场力的驱动下向集尘极运动，它们到达极板失去电荷后，沉降在集尘极上。

当尘粒所受的静电力和尘粒的运动阻力相等时，尘粒向集尘极做匀速运动，此时的运动速度就称为驱进速度，用 ω 表示。表 4-21 给出了各种粉尘的有效驱进速度。

表 4-21　各种粉尘的有效驱进速度

粉 尘 种 类	驱进速度/（m/s）	粉 尘 种 类	驱进速度/（m/s）	粉 尘 种 类	驱进速度/（m/s）
锅炉飞尘	0.08~0.122	焦油	0.08~0.23	氧化铅	0.04
水泥	0.0945	石英石	0.03~0.055	石膏	0.195
铁矿烧结灰尘	0.06~0.20	镁砂	0.047	氧化铝熟料	0.13
氧化亚铁	0.07~0.22	氧化锌	0.04	氧化铝	0.084

（4）被捕集粉尘的清除

集尘极表面的灰尘沉积到一定厚度后，为了防止粉尘重新进入气流，需要将其除去，使其落入灰斗中。电晕极上也会附有少量的粉尘，它会影响电晕气流的大小和均匀性，隔一段时间也要清灰。

电晕极的清灰一般采用机械振动的方式。集尘极清灰方法在干式和湿式除尘器中是不同的。在干式除尘器中，沉积在集尘极上的粉尘是由机械撞击或电极振动产生的振动力清除的。现代的电除尘器大多采用电磁振打或锤式振打清灰，两种主要常用的振打器是电磁型和挠臂锤型。湿式电除尘器的清灰一般是用水冲洗集尘板，使极板表面经常保持一层水膜，粉尘落在水膜上时，被捕集并顺水膜流下，从而达到清灰的目的。湿法清灰的主要优点是已除去的粉尘不会重新进入气相造成反混。同时，也会净化部分有害气体。湿式清灰的主要缺点的极板腐蚀和对含水污泥的处理而使流程复杂。

4.5.2 电除尘器的常用术语

（1）一般术语

台，具有一个完整的独立外壳的电除尘器称为一台。

室，有壳体（或隔墙）所围城的一个气流的流通空间称为室。只有一个室的电除尘器称为单室电除尘器；如果把两个单室并联在一起，则称为双室电除尘器。

电场，沿气流流动方向将各室分为若干个区，每一区有完整的收尘极和电晕极，并配以相应的一组高压电源装置，称每个独立区为收尘电场。卧式电除尘器一般设有 3～6 个电场。有时为了获得更高的除尘效率，或受高压整流装置规格的限制，也可将每个电场再分成 2 个独立区或 3 个独立区。每个独立区配一组高压电源供电。

电场高度（m），一般将收尘极板的有效高度（即除去上下两端夹持端板的收尘极高度）称为电场高度。

电场通道数，电场中两排极板之间的空间称为通道，电场中的极板总排数减一称为电场通道数。

电场宽度（m），一般将一个电场最外两排阳极板中心平面之间的距离。称为电场宽度。它等于电场通道数于同极距（相邻两排极板中心距）的乘积。

电场截面（m²），一般将电场高度于电场宽度的乘积称为电场截面。它是表示电除尘器规格大小的主要参数之一。

电场长度（m），在一个电场中，沿气流方向一排收尘极板的长度（即每排极板第一块极板的前端到最后一块极板末端的距离）称为单电场长度。沿气流方向向各单电场长度之和，称作电除尘器的总电场长度，简称电场长度。

处理烟气量（m³/s），即被净化的烟气量。通常指工作状态下电除尘器入口处烟气流量的平均值。它等于工作状态下电除尘器入口处的烟气流量与除尘器的漏风量的一半之和。

电场风速（m/s），烟气在收尘电场中的平均流速称为电场风速。它等于进入电除尘器的烟气量（m³/s）与电场截面积之比。

停留时间（s），烟气流经电场长度所需要的时间称为停留时间，它等于电场长度与风速之比。

收尘极板面积（m²），只收尘极板的有效投影面积。由于收尘极板的两个侧面都起收尘作用，所以两侧的收尘面积都应计入。每一排收尘极板的收尘面积为电场长度与电场高度乘积的 2 倍。每一个电场的收尘面积为一排极板的收尘面积与通道数的乘积。一个室的收尘面积为单电场收尘面积与该室电场数的乘积。一台电除尘器的收尘面积多指一台电除尘器的总收尘面积。

比收尘面积（$m^2 \cdot s/m^3$），单位流量的烟气所分配到的收尘面积称为比收尘面积。它等于收尘极板面积（m^2）与烟气流量（m^3/s）之比。比收尘面积的大小对电除尘器的除尘效果影响很大，它是电除尘器的重要结构参数之一。

驱进速度（m/s），荷电尘粒在电场力作用下向收尘极板表面积运动的速度称为尘粒驱进速度。它是对电除尘器性能进行比较和评价的重要参数，也是电除尘器设计的关键数据。

气流分布，是反映电除尘器内部气流分布均匀程度的一个指标。它一般是通过测定电除尘器入口截面上的平均气流速度分布来确定的。如果个点的气流速度与整个截面上的平均气流速度（其值等于所有各点速度的算术平均值）越接近，其气流分布就越平均。

漏风率，电除尘器本体漏入或漏出壳体的气体流量与进口烟气流量之比，用百分百比表示。

火花率，单位时间内出现火花放电的次数。

二次飞扬或称为二次扬尘，由于各种原因使已沉积下来的粉尘重返气流的现象。

（2）电压类术语

电源电压，给电除尘器高、低压供电控制设备提供的工频交流电压，也称额定输入电压。

额定输出电压，高压供电设备带上额定负载后所能输出的最高直流电压。

一次电压，施加于高压整流变压器一次绕组的交流电压（有效值）。

二次电压，高压整流变压器施加于电除尘器电场的直流电压（平均值）。

峰值电压，二次电压的最大瞬间值。

空载电压，施加于空气介质的电除尘器电场的二次电压。

起晕电压，在电极之间刚开始出现电晕电流时的二次电压。

击穿电压，在电极之间刚开始出现火花放电时的二次电压。

（3）电流类术语

额定电流，有发热条件所决定的，允许高、低压供电设备的最大输入（或输出）电流。

一次电流，通过高压整流变压器一次绕组的交流电流（有效值）。

二次电流，高压整流变压器通向电除尘器电场的直流电流（平均值）。

电晕电流，电晕放电时，流向电极间的电流。

空载电流，当以空载电压施加于电场时流过的二次电流。

电流极限，由人为设定的允许高压整流变压器输出的最大二次电流。

电流密度，流过单位面积收尘极板或单位长度电晕线的电流。

（4）放电类术语

尖端放电，在高电压的作用下，在电极端发生的放电现象。

电晕放电，在相互对置的电晕极（放电极）和收尘电极之间，通过高电压直流电建立起极不均匀的电场，在电晕线（或芒刺间断）附近的场强最大。当外加电压升高到某一临界值（即电场达到了气体击穿的强度）时，在电晕附近很小范围内会出现蓝白色辉光并伴有嘶嘶的响声，这种现象称为电晕放电。它是由于电晕极附近的高电场强度将其附近的气体局部击穿引起的。外加电压越高，电晕放电越强烈。

火花放电，在产生电晕放电之后，当极间的电压继续升高到某一值时，两极间产生一个接一个的、瞬间的、流过整个间隙的火花闪络和劈啪声，闪络是沿着各个弯曲的、或多或少呈枝状的窄路到达除尘极，这种现象称为火花放电。火花放电的特征是电流迅速增大。

电弧放电，在火花放电之后，若再提高外加电压，就会使气体间隙强烈击穿，出现持续的放电，爆发出强光和强烈的爆炸声并伴有高温。这种强光会击穿电晕极与收尘极两极间的整个间隙。它的特点是电流密度很大，而电压降温很小。这种现象就是电弧放电。电除尘器应避免产生电弧放电。

电晕封闭，在电晕线附近带负电的粒子的浓度高到一定值时，抑制电晕发生，使电晕电流大大降低，甚至会趋于零的现象。

反电晕，沉积在收尘极表面的高比电阻粉尘层内部的局部放电现象。

4.5.3　电除尘器除尘效率的影响因素

假定：除尘器中气流为紊流状态；横断面在垂直于集尘极表面任一横断面上；粒子浓度和气流分布是均匀的；粉尘粒径是均一的，且进入除尘器后立即完成荷电过程；忽略电风和二次扬尘的影响。

多依奇（Dertsch）在上述假定的基础上，提出了理论捕集效率的计算公式。

$$\eta = 1 - \frac{C_2}{C_1} = 1 - \exp\left(-\frac{A\omega}{Q}\right) \tag{4-25}$$

式中　C_1——电除尘器进口含尘气体的浓度，g/m^3；
　　　C_2——电除尘器出口含尘气体的浓度，g/m^3；
　　　A——集尘极总面积，m^2；
　　　Q——含尘气体流量，m^3/s；
　　　ω——尘粒的驱进速度，m/s。

尽管电除尘器是一种高效除尘器，但并非任何条件下都能达到最高的除尘效率，而是受到许多因素的制约，影响除尘效率的主要因素如下。

（1）粉尘的特性

粉尘的特性主要包括粉尘的粒径分布、密度、堆积密度、黏附性和比电阻等，其中最主要的是粉尘的比电阻。从图 4-33 可以看出，在 A 段，粉尘的比电阻小于 $10^4\Omega\cdot cm$，导电性能好，且随着比电阻的减小，除尘效率大大下降，而电流消耗大大增加。在 B 段，比电阻在 $10^4\sim 10^{10}\Omega\cdot cm$ 之间，除尘效率较高，电流消耗比较稳定。在 C、D 段，粉尘的比电阻大于 $10^{10}\Omega\cdot cm$ 时，随着比电阻的增大，除尘效率急剧下降。因此，粉尘的比电阻过高或过低均不利于电除尘，最适合于电除尘器捕集的粉尘，其比电阻的范围大约是 $10^4\sim 10^{10}\Omega\cdot cm$ 之间。

影响粉尘比电阻因素很多，但主要是气体的温度和湿度。所以，对于比电阻偏高的粉尘，往往可以通过改变烟气的温度和湿度来调节，具体的方法是向烟气中喷水，这样可以同时达到增加烟气湿度和降低烟气温度的双重目的。为了降低烟气的比电阻，也可以向烟气中加入 SO_3、NH_3 以及 Na_2CO_3 等化合物，以使尘粒的导电性增加。

（2）烟气特性

烟气特性主要包括温度、压力、成分、含尘浓度、

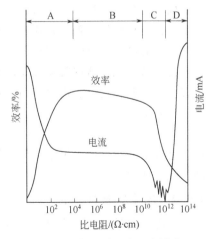

图 4-33　粉尘的比电阻与除尘效率和电晕电流的关系

断面气流速度和分布等。

① 含尘浓度　由于电晕放电在除尘电场中产生大量的电子，使进入其间的粉尘荷电。荷电粉尘形成的空间电荷会对电晕极产生屏蔽作用，从而抑制了点晕放电。随着含尘浓度的提高，点晕电流逐渐减少，这种效应称为电晕阻止效应。当含尘浓度增加到某一数值时，电晕电流基本为零，这种现象称为电晕闭塞。此时，电除尘器失去除尘能力。

为了避免产生电晕闭塞，进入电除尘器的气体含尘浓度应小于 $20g/m^3$。当气体含尘浓度过高时，除了选用曲率大的芒刺型电晕电极外，还可以在电除尘器前串接除尘效率较低的机械除尘器，进行多级除尘。

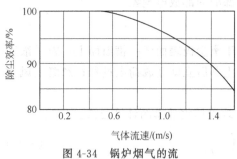

图 4-34　锅炉烟气的流速与除尘效率的关系

② 除尘器断面除尘速度　从电除尘器的工作原理不难得知，除尘器断面气流速度越低，粉尘荷电的机会越多，除尘效率也就越高。从图 4-34 可以看出，当锅炉烟气的气流速度低于 0.5m/s 时，除尘效率接近 100%。当烟气流速高于 1.6m/s 时，除尘效率只有 84%。可见，随着气流速度的增大，除尘效率也就大幅度下降。

从理论上讲，低流速有利于提高除尘效率，但气流速度过低的话，不仅经济上不合理，而且管道易积灰。实际生产中，断面上的气流速度一般为 0.6~1.5m/s。

③ 气体的温度和湿度　含尘气体的温度对除尘效率的影响主要表现为对粉尘比电阻的影响。在低温区，由于粉尘表面的吸附物和水蒸气的影响，粉尘的比电阻较小，随温度的升高，作用减弱，使粉尘的比电阻增加。在高温区，主要是粉尘的本身起作用，因而随温度的升高，粉尘的比电阻降低。

当温度低于露点时，气体的湿度会严重影响除尘器的除尘效率。主要会因捕集到的粉尘结块黏结在降尘极和电晕极上，难于振落，而是除尘效率下降。当温度高于露点时，随着湿度的增加，不仅可以使击穿电压增高，而且可以使部分粉尘的比电阻降低，从而使除尘效率有所提高。

④ 断面气流分布　电除尘器断面气流速度分布均匀与否，对除尘效率有很大影响。如果断面气流分布不均匀，在流速较低的区域，就会存在局部气流停滞，造成集尘极局部积灰严重，使运行电压变低；在流速较高的区域，又会造成二次扬尘。因此，除尘器断面上的气流速度差异越大，除尘效率越低。

为了解决除尘器内气流分布问题。一般采取在除尘器的入口或在出口同时设置气流分布装置。为了避免在进、出口风道中积尘，应控制风道内气流速度在 15~20m/s 之间。

（3）清灰

由于在电除尘器工作过程中，随着集尘极和电晕极上堆积粉尘厚度的不断增加，运行电压会逐渐下降，使除尘效率降低。因此，必须通过清灰装置使粉尘剥落下来，使除尘器保持高的除尘效率。

4.5.4　电除尘器的类型

电除尘器的结构形式很多，可以根据不同的特点，分成不同的类型。根据集尘极的形式可以分为管式和板式两种；根据气流的流动方式，可以分为立式和卧式两种；根据粉尘在电除尘器内的荷电方式及分离区布置的不同，可以分为单区和双区电除尘器；根据除尘方式的不同，可以分为干式和湿式电除尘器。

（1）管式和板式电除尘器

最简单的管式电除尘器为单管电除尘器（图 4-35），它是在圆管的中心放置电晕极，而把圆管的内壁作为集尘极，集尘极的截面形状可以是圆形或六角形。管径一般为 150～300mm，管长 2～5m，电晕线用重锤悬吊在集尘极圆管中心。含尘气体由除尘器下部进入，净化后的气体由顶部排出。由于单管电除尘器通过的气量少，在工业上通常采用多管并列组成的多管电除尘器（图 4-36）。为了充分利用空间，可以用六角形管代替圆管。

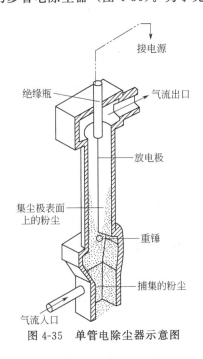

图 4-35 单管电除尘器示意图

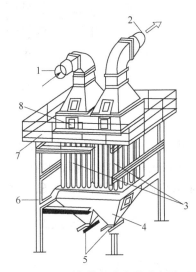

图 4-36 多管电除尘器示意图

1—含尘气体入口；2—净气出口；3—管状电除尘器；

4—灰斗；5—排尘口；6—支架；7—平台；8—人孔

板式电除尘器（图 4-37）是在一系列平行金属板间（作为集尘极）的通道中设置电晕极。极板间距一般为 200～400mm，极板高度为 2～15m，极板总长度可根据对除尘效率高低的要求而定。通道数视气量而定，少则几十，多则几百。板式电除尘器由于它的几何尺寸灵活因而在工业除尘中广泛应用。

（2）立式和卧式电除尘器

立式电除尘器通常做成管式，垂直安装。含尘气体由下部进入，自下而上流过电除尘器。立式电除尘器由于高度发展，因而占地面积小；在高度较高时，可以将净化后的烟气直接排入大气而不另设烟囱，但检修不如卧式方便。

卧式电除尘器多为板式，气体在其中水平通过。每个通道内沿气流方向每隔 3m 左右（有效长度）划分成单独电场，常用的是 2～4 个电场（根据除尘效率确定）。卧式电除尘器安装灵活，维修方便，适用于处理烟气量大的场合。

（3）单区和双区电除尘器

在单区电除尘器里，尘粒的荷电和捕集在同一电场中进行，即电晕极和集尘极布置在同一电场区内（图 4-38）。这种单区电除尘器是应用最广泛的一种电除尘器，通常用于工业除尘和烟气净化。

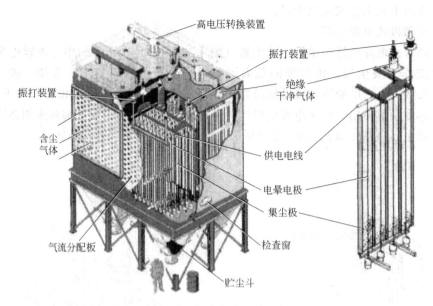

图 4-37　板式电除尘器示意图

　　在双区电场区内，尘粒的荷电和捕集分别在两个不同的区域内进行。安装电晕极的电晕区主要完成对尘粒的荷电过程，而在装有高压极板的集尘区主要是捕集已荷电的粉尘（图 4-39）。双区电除尘器可以防止反电晕的现象，这种电除尘器一般用于空调送风的净化系统。

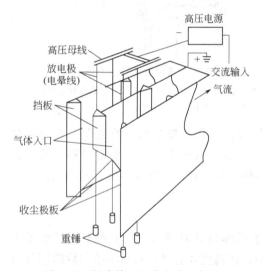

图 4-38　板式单区电除尘器示意图

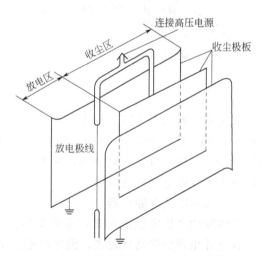

图 4-39　板式双区电除尘器示意图

　　（4）干式和湿式电除尘器

　　干式电除尘器（如图 4-40）是通过振打的方式使电极上的积尘落入灰斗中。含尘气体的电离、粒子荷电、集尘及振打清灰等过程，均是在干燥状态下完成的。这种清灰方式简单，便于粉尘的综合利用，但易造成二次扬尘，降低除尘效率。目前，工业上应用的电除尘器多为干式电除尘器。

　　湿式电除尘器（如图 4-41）是采用溢流或均匀喷雾的方式使集尘极表面经常保持一层水

膜，用以清除被捕集的粉尘。这种方式不仅除尘效率高，而且避免了二次扬尘。此外，由于没有振打装置，运行比较稳定。主要缺点是对设备有腐蚀，泥浆后处理复杂。

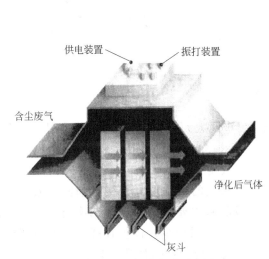

图 4-40　干式电除尘器示意图

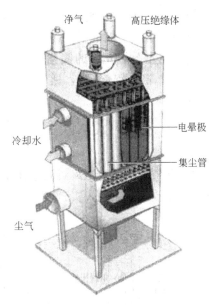

图 4-41　湿式电除尘器示意图

近年来，为了进一步提高电除尘器的效率，出现了许多新型结构的电除尘器。例如：超高压宽间距电除尘器；原式电除尘器；三极预荷电器和横向极板电除尘器等。这些新型电除尘器的特点是：提高尘粒的有效驱进速度；减轻反电晕的影响；减少二次扬尘；提高除尘效率等。随着科学技术的进步，以及各国对环境保护的要求日益严格，新型电除尘器将会不断的研制出来并在工业上使用。

4.5.5　电除尘器的结构组成

电除尘器的结构由除尘器本体、供电装置和附属设备组成。除尘器的主体包括电晕极、集尘极、气流分布装置、高压供电装置、清灰装置、除尘器外壳和灰斗等。

（1）电晕极

电晕极是产生电晕放电的电极，应具有良好的放电性能（起晕电压低、击穿电压高、电晕电流大等）较高的机械和耐腐蚀性能。

电晕极有多种形式，最简单的是圆形导线，圆形导线的直径越小，起晕电压越低、放电强度越高，但机械强度也较低，振打时容易损坏。工业电除尘器中一般使用直径为 2～3mm 的镍铬线作为电晕极，上部自由悬吊，下端用重锤拉紧。也可以将圆导线做成螺旋弹簧形，适当拉伸并固定在框架上，形成框架式结构。

芒刺形和锯齿形电晕极属于尖端放电，放电强度高。在正常情况下比星形电晕极产生的电晕电流大一倍，起晕电压比其他形式的低。此外，由于芒刺或锯齿尖端放电产生的电子流和离子流特别集中，在尖端伸出方向，增强了电风，这对减弱和防止因烟气含尘浓度高时出现的电晕闭塞现象是有利的。因此芒刺形和锯齿形电晕极适合于含尘浓度高的场合，如在多电场的电除尘器中用在第一电场和第二电场中。图 4-42 所示是几种常见的芒刺形电晕极。

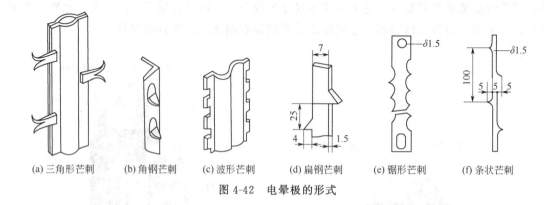

(a) 三角形芒刺　　(b) 角钢芒刺　　(c) 波形芒刺　　(d) 扁钢芒刺　　(e) 锯形芒刺　　(f) 条状芒刺

图 4-42　电晕极的形式

相邻电晕极之间的距离对放电强度影响较大。极距太大减弱电场强度；极距过小也会因屏蔽作用降低放电强度。实验表明，最优间距为 200～300mm。

(2) 集尘极板

集尘极板的结构形式直接影响除尘效率，对集尘极板的基本要求是振打时二次扬尘少；单位集尘面积金属用量少；极板较高时，不易产生变形；气流通过极板空间时阻力小等。

集尘极板的形式有平板形、Z 形、C 形、波浪形、曲折形等 (图 4-43)。平板形极板对防止二次扬尘和使极板保持足够刚度的性能较差。除平板形极板外其他极板是将极板加工成槽沟的形状。当气流通过时，紧贴极板表面处会形成一层涡流区，该处的流速较主气流流速要小，因而当粉尘

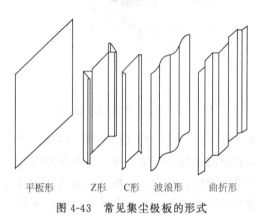

平板形　　Z 形　C 形　波浪形　曲折形

图 4-43　常见集尘极板的形式

进入该区时易沉积在集尘极表面。同时由于板面不直接受主气流冲刷，粉尘重返气流的可能性以及振打清灰时产生的二次扬尘都较少，有利于提高除尘效率。

极板之间的间距，对电场性能和除尘效率影响较大。在通常采用的 60～72kV 变压器的情况下，极板间距一般取 200～350mm。

集尘极和电晕极板的制作和安装质量对电除尘器的性能有很大影响。安装前极板、极线必须调直，安装时要严格控制极距，安装偏差要在 ±5％ 以内。极板的挠曲和极距的不均匀会导致工作电压降低和除尘效率下降。选择极板的宽度要与电晕线的间距相适应。例如，C 形和 Z 形极板，若每块对应一根电晕线时，则极板宽度可取 180～220mm。若极板宽为 380～400mm 时，则对应两根电晕线。

(3) 气流分布装置

气流分布的均匀程度与除尘器进口的管道形式及气流分布装置有密切关系。在电除尘器安装位置不受限制时，气流应设计成水平进口，即气流由水平方向通过扩散形变径管进入除尘器，然后经 1～2 块平行的气流分布板后进入除尘器的电场。在除尘器出口渐缩管前也常常设一块分布板。被净化后的气体从电场出来后，经此分布板和与出口管相连接的渐缩管，然后离开除尘器。

气流分布板一般为多孔薄板，孔型分为圆孔或方孔，也可以采用百叶窗式孔板。电除尘器正式运行前，必须进行测试调整，检查气流分布是否均匀，其具体标准是：任何一点的流

速不得超过该断面平均流速的±40%；任何一个测定断面上，85%以上测点的流速与平均流速不得相差±25%。如果不符合要求，必须重新调整。

（4）高压供电装置

高压供电装置主要用于提供尘粒荷电和捕集所需要的电晕电流。对电除尘器供电系统的要求是对除尘器提供一个稳定的高电压并具有足够的功率。供电装置主要包括升压变压器、高压整流器和控制装置。

在电除尘系统中，要求供电装置自动化程度高，适应能力强，运行可靠，使用寿命在20年以上。

（5）清灰装置

电除尘器的集尘极与电晕极保持清洁，除尘效率才能保证，因此需要及时清除积灰。常用的方式主要有干式和湿式两种。其中干式锤击振打装置清灰效果较好、应用最广。振打强度直接影响除尘效果，振打强度太小难以使沉积在电极上的粉尘脱离，电晕极常处于污染状态，造成金属线肥大，电晕放电减弱，除尘效率降低；振打强度过大，则会使已捕集的粉尘再次飞回气流或使电极变形，改变电极间距，影响电除尘器的正常工作。

（6）除尘器外壳

除尘器外壳必须保证严密，减少漏风。漏风将使进入除尘的风量增加，风机负荷加大，电场内风速过高，除尘效率下降。特别是处理高温湿烟气时，冷空气漏入会使烟气温度降至露点以下，导致除尘器内构件粘灰和腐蚀。电除尘器的漏风应控制在3%以下。

（7）灰斗

灰斗通常设计成漏斗形。内部垂直于气流方向装有三块阻流板，防止烟气短路和因烟气短路在灰斗中产生的二次飞扬。阻流板中间一块尺寸较大，约占灰斗总高度的2/3以上，其余两块尺寸较小并且有一个倾斜角度。灰斗阻流板在安装时间接或通过一根角钢间接焊在灰斗壁上。为了保证灰斗内不积灰，灰斗内壁与水平面的夹角一般设计为60°～65°，有时甚至更大。

① 灰斗外壁敷设保温层，防止热粉尘落入灰斗后温度下降。

② 保温层外用镀锌铁皮或铝合金板作为外壳保护。

③ 插板箱外壁保温材料采用石棉，既可以保温又可以起一定的密封作用，防止冷空气进入灰斗。

④ 灰斗外壁安装加热装置，使粉尘温度保持在露点温度以上。加热装置可用电加热装置或蒸汽加热装置。电加热一般安装在每个灰斗四个侧壁外表面的下部，外敷保温层；蒸汽加热一般在灰斗下部直接焊接蒸汽加热管路，也同样在灰斗外壁敷设保温层。蒸汽加热管路分为进气管和回水管。蒸汽压力一般为0.5～0.6MPa，蒸汽温度约为150～350℃，视电厂的具体情况而定。

⑤ 灰斗侧壁与水平面夹角大于灰的安息角，一般为60°～65°。

⑥ 灰斗内壁侧壁交角处加弧形板，弧形板与侧壁的焊缝要保证光滑，不得有焊渣、毛刺等。

⑦ 有的灰斗在一个侧壁上装有一个检查门。当灰斗堵灰或有异物时，可由此捅灰或取出异物。

⑧ 灰斗下部外侧焊有承击砧，以备堵灰时将灰振落。灰斗设计上主要需满足容灰能力、结构强度及排灰通畅三项要求。

⑨ 在每个灰斗上一般需要设上、下两个料位计，上料位计用于发出开始排灰的信号，下料位计用于发出停止排灰的信号。

⑩ 灰斗还可设手动搅动器，当灰斗中有棚灰时可用搅动器将粘住的灰捅落；当灰板结时，可用搅动器使灰松动。

4.5.6 电除尘器性能参数的确定

电除尘器的设计主要是根据需要处理的含尘气体流量和净化要求，确定集尘极面积、电场断面面积、电场长度、集尘极和电晕极的数量和尺寸等。电除尘器有平板型和圆筒型，本小节只介绍平板型电除尘器的有关设计计算。

(1) 粉尘的驱进速度

荷电的粉尘在电场中，受到库仑力 qE_p（q 为粉尘的荷电量，E_p 为集尘区的电场强度）的作用，以速度 ω 向集尘极移动，同时又受到与粉尘的驱进速度 ω 成正比的气体的阻力 F 的作用，根据斯托克斯公式，即

$$F = 6\pi\mu d\omega \tag{4-26}$$

式中 F——气体的阻力，N；

μ——气体的黏滞系数，在 20℃标准大气压下，空气的黏滞系数为 $1.8 \times 10^{-5} \text{Pa·s}$。

在电场中沿电力线运动的电子对于粉尘颗粒的碰撞，使粉尘荷电，其饱和荷电量可按下式计算

$$q_e = 4\pi\varepsilon_0\phi E_0 d^2 \tag{4-27}$$

式中 q_e——饱和荷电量，C；

π——圆周率；

ε_0——真空的介电常数，为 $8.842 \times 10^{-12} \text{F/m}$；

ϕ—— $\phi = \dfrac{3\varepsilon_s}{\varepsilon_s + 2}$，其中 ε_s 为粉尘的介电常数，可以从表 4-22 中查出；

E_0——荷电区的电场强度，V/m；

d——粉尘颗粒半径，m。

表 4-22　粉尘的介电常数

名　称	陶瓷、石英、硫黄	石　膏	金属氧化物	水	良　导　体
ε_s	4	5	12~18	80	∞

当气体对粉尘的阻力 F 与粉尘受到的库仑力 $q \cdot E_p$ 达到平衡时，粉尘向集尘极做匀速运动，根据式（4-26）和式（4-27），即得到驱进速度 ω（m/s）：

$$\omega = \frac{2}{3}\frac{\varepsilon_0\phi E_c E_p d}{\mu} \tag{4-28}$$

由于各种因素的影响，理论计算与实际测量往往有较大的差异。为此，实际中常常根据在一定的除尘器结构形式和运行条件下测得的总捕集效率值，代入德意希方程式中反算出相应的驱进速度值，并称为有效驱进速度，以 ω_e 表示。可利用有效驱进速度表示工业电除尘器的性能，并作为类似除尘器设计的基础。

对于工业电除尘器，有效驱进速度变化于 0.02~0.2m/s 范围内。表 4-23 列出了各种工业粉尘的有效驱进速度。

表 4-23　各种工业粉尘的有效驱进速度

粉 尘 种 类	驱进速度/（m/s）	粉 尘 种 类	驱进速度/（m/s）
煤粉（飞灰）	0.01～0.14	冲天炉（铁焦比＝10）	0.03～0.04
纸浆	0.08	水泥生产（干法）	0.06～0.07
平炉	0.06	水泥生产（湿法）	0.10～0.11
酸雾（H$_2$SO$_4$）	0.06～0.08	多层床式焙烧炉	0.08
酸雾（TiO$_2$）	0.06～0.08	红磷	0.03
飘悬焙烧炉	0.08	石膏	0.16～0.20
催化剂粉尘	0.08	二级高炉（80%生铁）	0.125

许多电除尘器效率的实际测量表明，对于粒径在微米区间的粒子，除尘效率有增大地趋势。例如粒径为 1μm 粒子的捕集效率为 90%～95%，对于粒径 0.1μm 的粒子，捕集效率可能上升到 99% 或者更高，这说明电除尘过程是去除微小粒子的有效办法。测量表明，在许多情况下最低捕集效率发生在 0.1～0.5μm 的粒径区间。

（2）比集尘表面积的确定

根据运行和设计经验，确定有效驱进速度 ω_e，按德意希方程式求得比集尘表面积 A/Q

$$\frac{A}{Q} = \frac{1}{\omega_e}\ln\frac{1}{1-\eta} = \frac{1}{\omega_e}\ln\frac{1}{P} \tag{4-29}$$

例如，现场测得某电站用电除尘器捕集高比电阻飞灰的有效驱进速度为 5.22cm/s，参考该数据，若给定要求的除尘效率，就可以确定新电除尘器的比集尘表面积。

（3）长高比的确定

电除尘器长高比定义为，集尘板有效长度和高度之比，它直接影响振打清灰时二次扬尘的多少。与集尘板高度相比，假如集尘板不够长，部分下落粉尘在到达灰斗之前可能被烟气带出除尘器，从而降低了除尘效率。当要求除尘效率大于 99% 时，除尘器的长高比至少要 1.0～1.5。

（4）气流速度的确定

虽然在集尘区气流速度变化较大，但除尘器内平均流速却是设计和运行中的重要参数。通常由处理烟气量和电除尘器过气断面积，计算烟气的平均流速。烟气平均流速对振打方式和粉尘的重新进入量有重要影响。当平均流速高于某一临界速度时，作用在粒子上的空气动力学阻力会迅速增加，进而使粉尘的重新进入量亦迅速增加。对于给定的集尘板类型，这个临界速度的大小取决于烟气流动特征、板的形状、供电方式、除尘器的大小和其他因素。当捕集电站飞灰时，临界速度可以近似取为 1.5～2.0m/s。

（5）气体的含尘浓度

电除尘器内同时存在着两种空间电荷，一种是气体离子的电荷，一种是带电尘粒的电荷。由于气体离子运动速度（约 60～100m/s）大大高于带电尘粒的运动速度（一般在 60cm/s 以下），所以含尘气流通过电除尘器时的电晕电流要比通过清洁气流时小。如果气体含尘浓度很高，电场内尘粒的空间电荷很高，会使电除尘器的电晕电流急剧下降，严重时可能会趋近于零，这种情况称为电晕闭塞。为了防止电晕闭塞的发生，处理含尘浓度较高的气体时，必须采取一定的措施，如提高工作电压，采用放电强烈的芒刺形电晕极，电除尘器前增设预净化设备等。一般，当气体含尘浓度超过 30g/m³ 时，宜加设预净化设备。

（6）除尘器本体设计

根据除尘器的比电阻、驱进速度、含尘气体的流量，以及预期要达到的除尘效率即可进行本体设计。

① 平板形除尘器　设集尘室有 n_p 个通道（每两块集尘极之间为一个通道），则可得到下面计算式。

a.除尘器断面的气流速度

$$v = \frac{Q}{2bhn_p} \tag{4-30}$$

式中　v——除尘器断面气流速度，m/s；

　　　Q——含尘气体的流量，m^3/s；

　　$2b$——通道宽度（集尘极间距），m；

　　　h——集尘极的高度，m。

b.除尘器断面积

$$A' = \frac{Q}{v} = 2bhn_p \tag{4-31}$$

c.集尘面积　可根据式（4-29）换算得：

$$A = \frac{1}{\omega}\ln\frac{1}{1-\eta}Q \tag{4-32}$$

　　或　　　　　　　　　　　　$A = 2Lhn_p \tag{4-33}$

式中　L——集尘极沿气流方向的长度，m。

d.集尘时间和集尘极沿气流方向的长度

$$t = \frac{L}{v} \tag{4-34}$$

式中　t——集尘时间，s。

同时，气流通过电场所用的时间（集尘时间），应大于或等于粉尘颗粒从电晕极漂移到集尘极所需的时间，即：

$$t \geqslant \frac{b}{\omega} \tag{4-35}$$

联立式（4-34）和式（4-35），则沿气流方向的长度为：

$$L \geqslant \frac{b}{\omega}(m) \tag{4-36}$$

② 圆筒形除尘器　设除尘器由 n_t 个圆筒集尘极组成，圆筒的长度为 L_t，圆筒的内半径为 R。其计算方法与平板型大致相同。

a.除尘器断面的气流速度

$$v = \frac{Q}{\pi R^2 n_t}(m/s) \tag{4-37}$$

b.除尘器断面积

$$A' = \frac{Q}{v} = \pi R^2 n_t(m^2) \tag{4-38}$$

c.集尘面积［推算方法同式（4-32）］

$$A = 2\pi R L_t n_t(m^2) \tag{4-39}$$

d. 集尘时间和圆筒电极长度 [参照式(4-34)与式(4-35)]

$$t \geqslant \frac{L_t}{v} \quad \text{(s)} \tag{4-40}$$

$$L_t \geqslant \frac{R}{\omega}v \quad \text{(m)} \tag{4-41}$$

由于电除尘器受到本体结构、电源特性、粉尘物性、气体温度、湿度、压力、气流速度，诸多因素的影响，尽管国内外的学者从事了大量的实验研究，但直到现阶段尚有一些问题没有弄清楚，对于电除尘器的理论计算与设计，还不能像其他除尘器那样准确。因此以上所介绍的设计方法，以及所阐述的有关电除尘的一些基本物理现象，仅作为设计和操作人员正确判断和处理实际问题的参考依据。

③ 其他参数

a. 集尘室的通道个数 由于每条集尘极之间为一通道，则集尘室的通道个数 n 可由下式确定。

$$n = \frac{Q}{bhv} \tag{4-42}$$

$$n = \frac{A_e}{bh} \tag{4-43}$$

式中　b——集尘极间距，m；

　　　h——集尘极高度，m；

　　　Q——气体流量，m^3/s。

b. 电场长度

$$L = \frac{A}{2nH} \tag{4-44}$$

式中　L——集尘极沿气流方向的长度，m；

　　　H——电厂高度，m。

c. 工作电压　根据实际需要，工作电压 U 一般可按下式计算。

$$U = 250b \tag{4-45}$$

d. 工作电流　工作电流 I 可由集尘极的面积 A 与集尘极的电流密度 I_d 的乘积来计算。

$$I = AI_d \tag{4-46}$$

到目前为止，电除尘器的选择和设计主要采用经验公式类比方法。表 4-24 概括了通用的电除尘器设计参数，同时给出了捕集燃煤飞灰时的取值范围。对于给定的设计，这些参数取决于粒子和烟气性质、需处理烟气量和要求的除尘效率。

表 4-24　捕集飞灰的电除尘器主要设计参数

参　　数	符　　号	取 值 范 围	参　　数	符　　号	取 值 范 围
板间距	S	23～38cm	比电晕功率	P_c/Q	1800～18000W (1000m³/min)
驱进速度	ω	3～18cm/s	电晕电流密度	I_c/Q	0.05～1.0mA/m²
比集尘表面积	A/Q	300～2400m² (1000m³/min)	平均气流速度		
气流速度	v	1～2m/s	烟煤锅炉	v	1.1～1.6m/s
长高比	L/H	0.5～1.5	煤锅炉	v	1.8～2.6m/s

4.5.7　电除尘器型号的选择

电除尘器的型号和配置需根据含尘气体的性质及处理要求决定，其中最重要的因素是粉尘比电阻。

如果粉尘的比电阻适中（$10^5 \sim 10^{10}\Omega \cdot cm$），则采用普通干式除尘器。对于比电阻高的粉尘，宜采用宽极距型和高温电除尘器，如仍然采用普通型电除尘器，则应在含尘气体中加入适量的调理剂（如 NH_3、H_2O 等），以降低粉尘的比电阻。对于比电阻低的粉尘，由于在电场中产生跳跃，一般的干式电除尘器难于捕集，可以在电除尘器后加一个旋风除尘器或过滤式除尘器。

湿式电除尘器既能捕集比电阻高的粉尘，也能捕集比电阻低的粉尘，而且具有较高的除尘效率。其缺点是会带来污水处理及通风管道和除尘器的腐蚀问题，一般不采用。但在治理输煤系统的大量粉尘时，采用荷电水雾除尘技术，既可以消除使用静电除尘器带来的煤尘爆炸隐患，又可以解决高浓度粉尘可能出现的高压电晕闭塞、反电晕及高压电绝缘易遭破坏等问题。

目前国内市场上销售的电除尘器的型号很多，主要有 SHWB 系列电除尘器、RWD（KFH）型电除尘器、CDG 系列高压电除尘器、CDGB 系列板卧式高压电除尘器、CDPK 系列宽间距电除尘器、CDLG（H）型宽间距电除尘器、CJHA 和 CJHB 系列高压静电除尘器、CJmA 和 CJmB 型高压静电除尘器、DBPX 系列小型锅炉静电除尘器、DCF 系列旋伞式高压静电除尘器、GXCD 系列管状静电除尘器、JYC 系列电除尘器、RWD/KFH 型电除尘器、SZD-1370 型组合电除尘器、JG 型单管静电除尘器、QLD-抗结露型立式电除尘器等。

由于不同型号的电除尘器有不同的特性和适用范围，因此，应根据废气的性质及处理的工艺流程等来选择合适的电除尘器。

4.5.8　电除尘器的特点

电除尘器的优点是：

① 除尘性能好（可捕集细微粉尘及雾状液滴）；

② 除尘效率高（粉尘粒径大于 $1\mu m$ 时，除尘效率可达 99%）；

③ 气体处理量大（单台设备每小时可处理 $10^5 \sim 10^6 m^3$ 的烟气）；

④ 适用范围广（可在 $350 \sim 400℃$ 的高温下工作）；

⑤ 能耗低，运行费用少。

电除尘器的缺点是：

① 设备造价高；

② 除尘效率受粉尘物理性质影响很大，不适宜直接净化高浓度含尘气体；

③ 对制造、安装和运行要求比较严格；

④ 占地面积较大。

4.5.9　电除尘器运行管理

（1）电除尘器的安装

电除尘器的安装应该遵照一般机械设备的安装要求，除此之外，还应该注意以下几个各方面：

① 安装前要检查好设备是否完好、齐全。

② 应该具有良好的密闭性。为了保证密闭性，壳体的所有焊接应采用连续焊缝。

③ 安装基础必须保持水平。

④ 集尘电极与电晕电极的间距必须严格保证。

⑤ 必须除去所有的毛刺、飞边等。

（2）电除尘器的调试

电除尘器安装完毕后，应该检查各个部件的安装质量，进行适当调试，通常在冷态下进行，具体包括以下几个方面：

① 在冷态下通风运行，检查第一电场前端电场断面的气流分布均匀性。要求任何一点的气流流速不得超过该断面平均流速的 40%；任何一个测定断面，85% 以上的测点流速与平均流速不得相差 25%。如果不符合要求，应进行调整。

② 启动两级的振打装置，运转 8h，检查运转是否正常。

③ 启动排灰装置和锁风装置，运行 4h，检查是否运转正常。

④ 关闭各个检查门，对除尘器通风，测定进出口气体量，计算漏风率，要求漏风率小于 7%。

⑤ 接通高压硅整流器，向电场送电，逐步升高电压。除尘器电场应该能升到 65kV 而不发生击穿，否则应该进行调整。

（3）运行操作步骤

① 启动电除尘器之前的准备工作　在启动电除尘器之前，首先应将高压控制柜上的"输出电流选择键"全部复位，然后合上高压控制柜上的空气开关，此时电源指示灯亮起，再按下高压控制柜上的"自检"按钮并保持二次电流表、二次电压表和一次电压表均有读数（二次电流表的读数一般很小），表明回路正常。

② 电除尘器启动　电除尘器投入使用前，应启动保温箱内的电加热器，对绝缘套加热 4h，然后自动水封拉链运输机，使其连续运行。启动电除尘器的各个振打装置，启动工艺系统的排风机，使烟气通入电除尘器。最后再启动高压供电装置，向电场送电。具体操作步骤是先按下高压控制柜上的"高压"按钮，"高压"指示灯亮起，再扳动"输出电流选择"键，逐步增加输出电流，直到电场主体上的电压出现饱和或电场即将产生闪络为止。

③ 收尘器正常操作　在电除尘器的正常运行过程中，至少每 4h 检查一次各个振打装置和排灰传动机构的运行情况，岗位工作人员每 1h 记录每个电场高压供电装置的低压电流和电压值、高端电流和电压值等。记录各个振打装置、排灰机构的运行情况，是否出现故障等。每隔 2h 进行一次排灰操作。

④ 电除尘器的关机　先将高压控制柜上的"输出电流选择"键逐一复位，再按下"关机"按钮，关上空气开关，停止工艺排风机，继续开动各振打装置、排灰机构 30min，使机内积灰及时排除，调节控制箱输出电流、电压指示表为零，再关上电源开关。

⑤ 静电除尘器的常见故障及处理方法　静电除尘器的常见故障产生原因及处理方法见表 4-25。

表 4-25　静电除尘器的常见故障产生原因及处理方法

故 障 现 象	产 生 原 因	处 理 方 法
一次工作电流大，二次电压升不高，甚至接近于零	1. 收尘极板和电晕极之间短路 2. 石英套管内壁冷凝结露，造成高压对地短路 3. 电晕极振打装置的绝缘瓷瓶破坏，对地短路	1. 清除短路杂物或剪去折断的电晕线 2. 擦抹石英套管，或提高保温箱内温度 3. 修复损坏的绝缘瓷瓶

117

故障现象	产 生 原 因	处 理 方 法
一次工作电流大，二次电压升不高，甚至接近于零	4.高压电缆或电缆终端接头击穿短路 5.灰斗内积灰过多，粉尘堆积至电晕极框架 6.电晕极断电，线头靠近收尘极	4.修复损坏的电缆或电缆接头 5.清除下灰斗内的积灰 6.剪去折断的电晕线头
二次工作电流正常或偏大，二次电压升至较低电压变发生闪络	1.两级间的距离局部变小 2.有杂物挂在集尘极板或电晕极上 3.保温箱或绝缘室温度不够，绝缘套内部受潮漏电 4.电晕极振打装置绝缘套受潮积灰，造成漏电 5.保温箱内部出现正压，含湿量较大的烟气从电晕极支撑绝缘套管内向外排出 6.电缆击穿或漏电	1.调整极间距 2.清除杂物 3.擦抹绝缘套管内壁，提高保温箱内温度 4.提高绝缘套管内温度 5.采取措施，防止出现正压或增加一个热风装置，鼓入热风 6.更换电缆
二次电压正常，二次电流显著降低	1.收尘极板积灰过多 2.收尘极或电晕极的振打装置未开或失灵 3.电晕线肥大，放电不良 4.烟气中粉尘浓度过大，出现电晕闭塞	1.清除积灰 2.检查并修复振打装置 3.分析肥大原因，采取必要措施 4.改进工艺流程，降低烟气的粉尘含量
二次电压和一次电流正常，二次电流无读数	1.整流输出端的避雷器或放电间隙击穿 2.毫安表并联的电容损坏，造成短路 3.变压器至毫安表连接导线在某处接地 4.毫安表的指针被卡住	1.修复或更换 2.更换电容 3.查找电路 4.修复或更换毫安表
二次电流不稳定，毫安表指针急剧摆动	1.电晕线折断，其残留段受到风吹摆动 2.烟气湿度过小，造成粉尘比电阻值上升 3.电晕极支撑绝缘套对地产生放电	1.剪去残留段 2.由工作人员进行适当处理 3.处理放电部位
过电压跳闸	1.外部连线有松动或断开 2.电网输入的电压太高 3.工况变化，电场呈现高阻状态	1.接好松动或断开的线 2.适当减少输出电压 3.适当减少输出电流
一次二次电压和电流正常，但收尘效率降低	1.气流分布板被堵塞 2.灰斗的阻流板脱落，气流发生短路 3.靠出口的排灰装置严重漏风	1.检查气流分布板的振打装置是否失灵 2.检查阻流板，并做适当处理 3.加强排灰装置的密闭性
排灰装置卡死或保险跳闸	1.有掉锤故障 2.机内有杂物掉入排灰装置 3.若是拉链机，则可能发生断链故障	停机修理

4.6　除尘器性能及其测定

4.6.1　袋式除尘器性能测定

4.6.1.1　实训的意义和目的

袋式除尘器利用织物过滤含尘气体使粉尘沉积在织物表面上以达到净化气体的目的，它是一种广泛使用的高效除尘器。袋式除尘器的除尘效率和压力损失必须由实验测定。通过本实训，进一步提高学生对袋式除尘器结构形式和除尘机理的认识；掌握袋式除尘器主要性能的实验方法；了解过滤速度对袋式除尘器压力损失及除尘效率的影响。

4.6.1.2　实训原理

袋式除尘器的性能与其结构形式、滤料种类、清灰方式、粉尘特性及其运行参数等有关。本实训是在其结构形式、滤料种类、清灰方式和粉尘特性已定的前提下，测定袋式除尘器主要性能指标，并在此基础上，测定运行参数 Q、V_F 对袋式除尘器压力损失（Δp）和除尘效率（η）的影响。

（1）处理气体流量和过滤速度的测定和计算

1）处理气体流量的测定和计算

采用动压法测定袋式除尘器处理气体流量（Q），应同时测出除尘器进口、出口连接管道中的气体流量，取其平均值作为除尘器的处理气体量：

$$Q = \frac{1}{2}(Q_1 + Q_2)\,(\text{m}^3/\text{s}) \tag{4-47}$$

式中，Q_1、Q_2 分别表示袋式除尘器进、出口连接管道中的气体流量，m^3/s。

除尘器漏风率（δ）按下式计算：

$$\delta = \frac{Q_1 - Q_2}{Q_1} \times 100\% \tag{4-48}$$

一般要求除尘器的漏风率小于 $\pm 5\%$。

2）过滤速度的计算　若袋式除尘器总过滤面积为 F，则过滤速度 V_F 按下式计算：

$$V_F = \frac{Q_1}{F}(\text{m/min}) \tag{4-49}$$

（2）压力损失的测定和计算

袋式除尘器压力损失（Δp）为除尘器进口管、出口管中气流的平均全压之差。当袋式除尘器进、出口管断面面积相等时，则可采用其进、出口管中气体的平均静压之差计算，即：

$$\Delta p = p_{S1} - p_{S2}(\text{Pa}) \tag{4-50}$$

式中　p_{S1}——袋式除尘器进口管道中气体的平均静压，Pa；

　　　p_{S2}——袋式除尘器出口管道中气体的平均静压，Pa。

袋式除尘器的压力损失与其清灰方式和清灰制度有关。本实验装置采用手动清灰方式，实验应在固定清灰期（1～3min）和清灰时间（0.1～0.2s）的条件下进行。当采用新滤料时，应预先带尘运行一段时间，使新滤料处在反复过滤和清灰过程中，残余粉尘基本达到稳定后再开始实验。

考虑到袋式除尘器在运行过程中，其压力损失随运行时间产生一定变化。因此，在测定压力损失时，应每隔一定时间连续测定（一般可以考虑 5 次），并取其平均值作为除尘器的压力损失（Δp）。

（3）除尘效率的测定和计算

除尘效率采用质量浓度法测定，即采用等速采样法同时测出除尘器进、出口管道中气流平均含尘浓度 C_1 和 C_2，按下式计算：

$$\eta = \left(1 - \frac{C_2 Q_2}{C_1 Q_1}\right) \times 100\% \tag{4-51}$$

由于袋式除尘器除尘效率高，除尘器进、出口气体含尘浓度相差较大，为保证测定精度，可在除尘器出口采样中，适当加大采样流量。

（4）压力损失、除尘效率与过滤速度关系的分析测定

为了求得除尘器的 V_F-η 和 V_F-Δp 的性能曲线，应在除尘器清灰制度和进口气体含尘浓度（C_1）相同的条件下，测定出除尘器在不同过滤速度（V_F）下的压力损失（Δp）和除尘效率（η）。

过滤速度的调整可通过改变风机入口阀门开度实现，利用动压法测定过滤速度。

为保持实验过程中 C_1 基本不变，可根据发尘量（S）、发尘时间（τ）和进口气体流量（Q_1）按下式计算除尘器入口含尘浓度（C_1）：

$$C_1 = \frac{S}{\tau Q_1}(\mathrm{g/m^3}) \tag{4-52}$$

4.6.1.3 实训装置、流程和仪器

（1）实训装置与流程

本实训系统流程如图 4-44 所示。

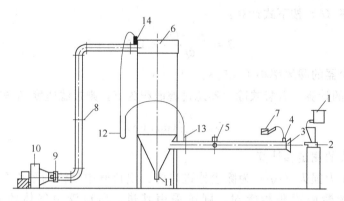

图 4-44　袋式除尘器性能实验流程

1—粉尘供给装置；2—粉尘分散装置；3—喇叭形均流管；4—静压测孔；5—除尘器进口测定断面；
6—袋式除尘器；7—倾斜微压计；8—除尘器出口测定断面；9—阀门；10—风机；11—灰斗；
12—U 形管压差计；13—除尘器进口静压测孔；14—除尘器出口静压测孔

除尘系统入口的喇叭形均流管 3 处的静压测孔 4 用于测定除尘器入口气体流量，也可用于在实验过程中连续测定和检测除尘系统的气体流量。

通风机入口前设有阀门 9，用来调节除尘器处理气体流量和过滤流速。

（2）仪器

① 干湿球温度计：1 支。

② 空盒式气压表：DYM3，1 个。

③ 钢卷尺：2 个。

④ U 形管差压计：1 个。

⑤ 倾斜微压计：YYT-200 型，3 台。

⑥ 毕托管：2 支。

⑦ 烟尘采烟管：2 支。

⑧ 烟尘测试仪 SYC-1 型：2 台。

⑨ 秒表：2 个。

⑩ 分析天平：分度值 0.001g，2 台。

⑪ 托盘天平：分度值为 1g，1 台。

⑫ 干燥器：2 个。

⑬ 鼓风干燥箱：DF-206 型，1 台。

⑭ 超细玻璃纤维无胶滤筒：20 个。

4.6.1.4 实训方法和步骤

袋式除尘器性能的测定方法和步骤如下。

① 测量记录室内空气的干球温度（即除尘系统中气体的温度）、湿球温度及相对湿度，计算空气中水蒸气体积分数（即除尘器系统中气体的含湿量）。测量、记录当地的大气压力。记录袋式除尘器型号规格、滤料种类、总过滤面积。测量、记录除尘器进出口测定断面直径和断面面积，确定测定断面分环数和测点数，做好实验准备工作。

② 将除尘器进出口断面的静压测孔 13、14 与 U 形管压差计 12 连接。

③ 将发尘工具和称重后滤筒准备好。

④ 将毕托管、倾斜压力计准备好，待测流速流量用。

⑤ 清灰。

⑥ 启动风机和发尘装置，调整好发尘浓度，使实验系统达到稳定。

⑦ 测量进出口流速和测量进出口的含尘量，进口采样 1min，出口 5min。

⑧ 在采样的同时，每隔一定时间，连续 5 次记录 U 形管压力计的读数，取其平均值近似作为除尘器的压力损失。

⑨ 隔 15min 后重复上面测量，共测量 3 次。

⑩ 停止风机和发尘装置，进行清灰。

⑪ 改变处理气量，重复步骤 6～10 两次。

⑫ 采样完毕，取出滤筒包好，置入鼓风干燥箱烘干后称重。计算出除尘器进、出口管道中气体含尘浓度和除尘效率。

⑬ 实训结束。整理好实验用的仪表、设备等。计算、整理实训资料，并填写实训报告。

4.6.1.5 实训数据记录和整理

（1）处理气体流量和过滤速度

按表 4-26 对数据记录和整理。计算除尘器处理气体量、除尘器漏风率、除尘器过滤速度。

表 4-26 除尘器处理风量测定结果记录表

测定日期＿＿＿＿＿＿＿＿＿＿　　测定人员＿＿＿＿＿＿＿＿＿＿

除尘器型号规格	除尘器过滤面积	当地大气压力	烟气干球温度	烟气湿球温度	烟气相对湿度	烟气密度

测定次数	微压计倾斜系数	比托管系数	除尘器进气管					除尘器排气管					除尘器处理气量	除尘器过滤速度	除尘器漏风率
			微压计读数	静压	管内流速	横截面积	风量	微压计读数	静压	管内流速	横截面积	风量			
1-1															
1-2															
1-3															
2-1															
2-2															
2-3															
3-1															
3-2															
3-3															

（2）压力损失

按表 4-27 记录整理数据。计算压力损失，并取 5 次测定数据的平均值（Δp）作为除尘器压力损失。

表 4-27　除尘器效率测定结果记录表

测定次数	每次间隔时间	静压测定结果					除尘器压力损失
		1	2	3	4	5	
1-1							
1-2							
1-3							
2-1							
2-2							
2-3							
3-1							
3-2							
3-3							

（3）除尘效率

除尘效率测定数据按表 4-28 记录整理。计算除尘效率。

表 4-28　除尘器效率测定结果记录

测定次数	除尘器进口气体含尘浓度						除尘器出口气体含尘浓度						除尘器全效率
	采样流量	采样时间	滤筒初质量	滤筒总质量	除尘浓度	粉尘浓度	采样流量	采样时间	滤筒初质量	滤筒总质量	除尘浓度	粉尘浓度	
1-1													
1-2													
1-3													
2-1													
2-2													
2-3													
3-1													
3-2													
3-3													

（4）压力损失、除尘效率和过滤速度的关系

整理 3 组不同（v_F）下的 Δp 和 η 资料，绘制 v_F-Δp 和 v_F-η 实验性能曲线，并分析过滤速度对袋式除尘器压力损失和除尘效率的影响。对每一组资料，分析在一次清灰周期中，压力损失、除尘效率和过滤速度随过滤时间的变化情况。

4.6.1.6　实训结果讨论

① 用发尘量求得的入口含尘浓度和用等速采样法测得的入口含尘浓度，哪个更准确？为什么？

② 测得袋式除尘器压力损失，为什么要固定其清灰制度？为什么要在除尘器稳定运行状态下连续 5 次读数并取其平均值作为除尘器压力损失？

③ 试根据实训性能曲线 v_F-Δp 和 v_F-η，分析过滤速度对袋式除尘器压力损失和除尘效率的影响。

④ 总结在一次清灰周期中，压力损失、除尘效率和过滤速度随过滤时间的变化规律。

4.6.2　文丘里洗涤器性能测定

4.6.2.1　能力训练目标仪器和目的

文丘里除尘器利用高速气流雾化产生的液滴捕集颗粒以达到净化气体的目的，它是一种广泛使用的高效除尘器。影响文丘里除尘器性能的因素很多，为了使它在合理的操作条件下达到较高的除尘效率，需要通过实训研究各因素影响除尘器性能的规律。

通过本实训，进一步提高对文丘里除尘器结构形式和除尘机理的认识，掌握文丘里除尘器主要性能指标的测定方法；学习湿式除尘器动力消耗的测定方法；了解除尘器性能测定中的不同实训方法。

4.6.2.2　实训原理

文丘里除尘器性能（处理气体流量、压力损失、除尘效率及喉口速度、液气比、动力消耗等）与其结构形式和运行条件密切相关。本实训是在除尘器结构形式和运行条件已定的前提下，完成除尘器性能的测定。

（1）处理气量和喉口速度的测定和计算

1）处理气体量测定和计算　测定文丘里除尘器处理气体量，应同时测出除尘器进、出口的气体流量（Q_{G1}、Q_{G2}），取平均值作为除尘器的处理气体量（Q_G）

$$Q_G = \frac{1}{2}(Q_{G1} + Q_{G2}) \tag{4-53}$$

通常气体流量的测定可以采取动压法。

除尘器漏风率（δ）则按下式计算：

$$\delta = \frac{Q_{G1} - Q_{G2}}{Q_{G1}} \times 100\% \tag{4-54}$$

当系统漏风率小于 5% 时，也可采用静压法测定 Q_G，即根据测得的系统喇叭形入口均流管处平均静压（p_S）按下式计算：

$$Q_G = \varphi_v A \sqrt{\frac{2|p_S|}{\rho}} \tag{4-55}$$

式中　φ_v——喇叭形入口均流管系数；

　　　A——测定断面的面积；

　　　ρ——管道中气体密度。

对于湿式文丘里除尘器来说，如果雾沫分离器的除雾效率不高，则除尘器出口管道中的残余液滴往往会干扰测定的精度。而且本实验在测定其他项目时，一般需要同时测定记录除尘器处理气体量（Q_G）。此时，采用静压法测定 Q_G 就比动压法更合适。

2）喉口速度的测定和计算　文丘里除尘器喉口断面积为（A_T），则其喉口平均气流速度（v_T）为：

$$v_T = \frac{Q_G}{A_T} \tag{4-56}$$

（2）压力损失的测定和计算

文丘里除尘器压力损失（Δp_G）为除尘器进口、出口平均全压差。本实验装置中除尘器进口、出口连接管道的断面积相等，故其压力损失可用除尘器进口、出口管道中气体的平均静压差（Δp_{S12}）来表示，即

$$\Delta p_G = \Delta p_{S12} - \sum \Delta p_i \tag{4-57}$$

或

$$\Delta p_G = \Delta p_{S12} - (lR_L + \Delta p_m) \tag{4-58}$$

式中 Δp_G——文丘里除尘器压力损失；

    Δp_{S12}——文丘里除尘器进、出口管道中气体的平均静压差；

    $\sum \Delta p_i$——文丘里除尘器系统的压力损失之和；

    l——文丘里除尘器系统的管道长度；

    R_L——单位长度管道的摩擦阻力，即比摩阻；

    Δp_m——除尘器系统的管道局部阻力。

应该指出，除尘器压力损失随操作条件变化而改变，本实验的压力损失测定应在除尘器稳定运行（v_T，液气比 L 保持不变）的条件下进行，并同时测定记录的数据。

（3）耗水量及液气比的测定和计算

文丘里除尘器的耗水量（Q_L）可通过设在除尘器进水管上的流量计直接读数。在同时测得除尘器处理气体量（Q_G）后，即可有下式直接求出液气比（L）：

$$L = Q_L/Q_G \tag{4-59}$$

（4）除尘效率的测定和计算

文丘里除尘器除尘效率（η）的测定亦应在除尘器稳定运行的条件下进行，并同时记录（v_T、L）等操作指标。

文丘里除尘器的除尘效率常用质量密度法测定，即在除尘器进、出口测定断面上，用等速采样法同时测出气流含尘浓度，并按下式计算：

$$\eta = \left(1 - \frac{\rho_2 Q_{G2}}{\rho_1 Q_{G1}}\right) \times 100\% \tag{4-60}$$

式中，ρ_1、ρ_2 分别为文丘里除尘器进、出口气流含尘浓度。

考虑到雾沫分离器不可能收集全部液滴，文丘里除尘器进、出口气体中含量一般偏高，故在进、出口测定断面同时采样时，宜使用湿式冲击瓶作为除尘装置。

（5）除尘器动力消耗的测定和计算

文丘里除尘器动力消耗（E）等于通过除尘器气体的动力消耗与加入液体的动力消耗之和，计算式如下：

$$E(\text{kW} \cdot \text{h}/1000\text{m}^3) = \frac{1}{3600}\left(\Delta p_G + \Delta p_L \frac{Q_L}{Q_G}\right) \tag{4-61}$$

式中 Δp_G——通过文丘里除尘器气体的压力损失，Pa（3600 Pa＝1kW·h/1000m³）。

    Δp_L——加入除尘器液体的压力损失，即供水压力，Pa；

    Q_L——文丘里除尘器耗水量，m³/s；

    Q_G——文丘里除尘器处理气体量，m³/s。

上式中所列的 Δp_G、Δp_L、Q_L、Q_G 已在试验中测得。因此，只要在除尘器进水管上的压力表读得 Δp_L，便可计算除尘器动力消耗（E）。

应当注意的是，由于操作指标（v_T、L）对动力消耗（E）影响比较大，所以，本实验所测得的动力消耗（E）是针对某一操作状况而言的。

4.6.2.3　实训装置和仪器

（1）装置与流程

文丘里除尘器性能实训装置与流程如图 4-45 所示。主要由文丘里凝聚器 6、旋风雾沫分离器 7、粉尘定量供给装置 1、粉尘分散装置 2、通风机 11、水泵 12 和管道及其附件所组成。

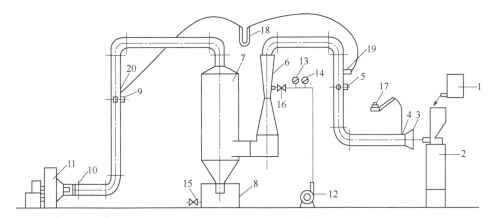

图 4-45　文丘里除尘器性能实训装置与流程

1—粉尘定量供给装置；2—粉尘分散装置；3—喇叭形均流管；4—均流管处静压测孔；5—除尘器进口测定断面 1；
6—文丘里凝聚器；7—旋风雾沫分离器；8—水槽；9—除尘器出口测定断面 2；10—调节阀；11—通风机；
12—水泵；13—流量计；14—水压表；15—排污阀；16—供水调节阀；17—倾斜微压计；
18—U 形管压差计；19—除尘器进口管道静压测孔；20—除尘器出口管道静压测孔

粉尘定量供给装置 1 可采用 ZGP-Φ200 微量盘式给料机，粉尘流量调节主要通过改变刮板半径位置及圆盘转速而实现定量加料。

粉尘分散装置 2 可采用乐牌吹尘器（VC-40）或压缩空气作为动力，将装置 1 定量供给的粉尘试样分散到进气中。

通风机 11 是实训系统的动力装置，由于文丘里除尘器压力损失较大，本实训宜选用 9-27-12 型高压离心通风机。水泵 12 是供水系统动力装置，本实训可选用 IS50-32-125A 型离心水泵。

实训系统入口喇叭形均流管 3 要求加工平滑，并预先测得其流量系数（φ_v）在实训系统入口喇叭形均流管管壁上开有静压测孔 4，可用与连续测量和监控除尘器入口气体流量。

文丘里除尘器由文丘里凝聚器 6 和旋风雾沫分离器 7 组成。由于目前尚无标准系列设计，可根据文丘里除尘器结构设计的一般规定以及实训的具体要求，自行设计、加工。

除尘器进、出口连接管道宜采用相同的管径，以便采用静压法测定气体流量。除尘器处理量是通过调整通风机入口前阀门 10 的开度而进行调节的。除尘器供水调节阀 16 为内螺纹暗杆闸阀（Z15T-10K），水槽排污阀为 Z44H-16Dg50。

（2）仪器

① 干湿球温度计：1 个。

② 空盒式空气表：DYM-3 型，1 个。

③ 钢卷尺：2 个。

④ U 形管压差计：1 个。

⑤ 倾斜式微压计：YYT-20 型，3 台。

⑥ 毕托管：2 支。

⑦ 烟尘采样管：2 个。

⑧ 烟尘测试仪：SYC-1 型，2 台。

⑨ 湿式冲击瓶：2 个。

⑩ 旋片式真空泵：2XZ-2 型，2 个。

⑪ 秒表：2 个。

⑫ 分析天平：分度值 1/10000g，1 台。

⑬ 托盘天平：分度值 1g，1 台。

⑭ 鼓风干燥箱：DF-206 型，1 台。

⑮ 干燥器：2 个。

⑯ 弹簧压力表：Y-60TQ 型，1 支。

⑰ 转子流量计：IZB-50 型，1 支。

湿式冲击瓶通常使用蒸馏水捕集尘粒物质，其结构如图 4-46 所示。冲击瓶管嘴直径为 2.3mm，管嘴末端同瓶底间的空隙约为 5mm。冲击瓶容积是 300mL，通常放入 75～125mL 蒸馏水。当含尘气流通过接近瓶底部的玻璃管时，可冲击到瓶底，形成许多小气泡，尘粒由于主动方向的改变及同液体的接触而被捕集下来。

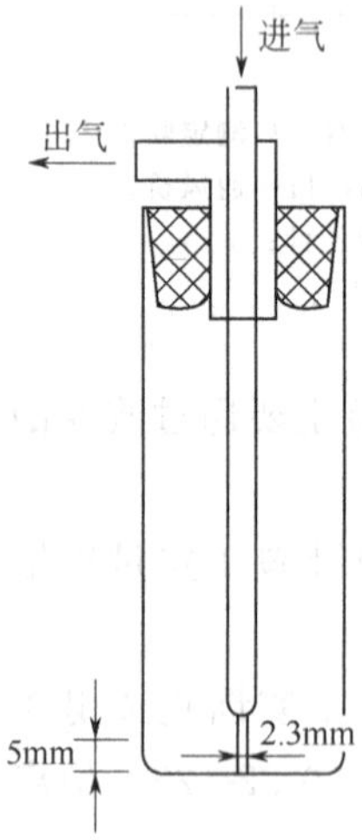

图 4-46 湿式冲击瓶结构

4.6.2.4 实训方法和步骤

文丘里除尘器性能测定的实训方法和步骤如下。

① 测量记录室内的干球温度（即除尘系统中气体的温度）、湿球温度和相对湿度，计算空气中水蒸气体积分数（即除尘系统中气体的含湿量）；测量记录当地大气压力；测量记录文丘里除尘器进口、出口测定断面直径和喉管直径；确定测定断面分环数和测点数，做好实训准备工作。

② 将除尘器进、出口测定断面的静压测孔 19、20 与 U 形管压差计 18 连接；将除尘系统入口喇叭形均流管处静压测孔 4 与倾斜式微压计 17 连接，记录均流管流量系数（φ_v），做好各断面气体静压的测定准备。

③ 启动风机，调整风机入口阀门 10，使之达到实验所需的气体流量，并固定阀门 10。

④ 测量气体流量。在除尘器进口、出口测定断面 5 和 9 同时测量记录各测点的气流动压，断面平均静压及入口均流管 3 处气流的静压（$|p_s|$）。关闭风机。

⑤ 计算各测点气流速度，各断面平均气流速度，除尘器处理气体（Q_G）及其漏风率（δ）和喉口速度（v_T）。

⑥ 用托盘天平称好一定量尘样（S），做好发尘准备工作。

⑦ 计算各测点所需采样流量和采样时间，做好采样准备工作。

⑧ 启动风机（此时应保证系统风量与测流速时相同）。启动水泵，调整调节阀 16 至液气化（L）在 0.7～1.0L/m³ 范围内。启动发尘装置，调整发尘浓度至 3～10g/m，并注意保持实训系统在此条件下稳定运行。

⑨ 测量记录下列参数：从 U 形管压差计 18 读取除尘器压力损失（Δp_G），从水压表 14

读取供水压力（Δp_L），从流量计 13 读取供水量（Q_L），从入口均流管静压测孔连接的倾斜式微压计 17 读取静压（$|p_\text{s}|$）。

⑩ 按烟气含尘浓度测定的实训要求，在除尘器进、出口测定断面 5 和 9 同时进行采样，并记录有关采样数据。

⑪ 重复步骤⑨和步骤⑩两次，即连续采样 3 次。

⑫ 停止发尘，关闭水泵和风机。

⑬ 将采集的尘样放在鼓风干燥箱里烘干，再用天平称重，就可得到采集的尘量。整理好实训用的仪表和设备。整理实验资料并填写实训报告。

4.6.2.5　实训数据记录与处理

文丘里除尘器性能测定记录于表 4-29。

表 4-29　文丘里除尘器性能测定记录表

测定日期　　　　　　　　　　　测定人员

当地大气压力 p/kPa	烟气干球温度/℃	烟气湿球温度/℃	烟气相对湿度 Φ/%	进口断面面积/m²	出口断面面积/m²	喉口面积 A_T/m²	均流管流量系数

测定次数	微压计读数			微压计倾斜角系数 k	静压	管内流速	风管横截面积	处理风量	除尘器喉口速度	耗水量	液气比	除尘器压力损失	除尘器供水压力	除尘器动力消耗
	初读数	末读数	实际											
1														
2														

测量次数	除尘器进口						除尘器出口						除尘器全效率
	采样流量	采样时间	采样体积	滤筒初质量	滤筒总质量	粉尘密度	采样流量	采样时间	采样体积	滤筒初质量	滤筒总质量	粉尘密度	
1													
2													

4.6.2.6　实训结果讨论

① 为什么文丘里除尘器性能测定实验应在操作指标固定的运行状态下进行？

② 根据实验结果，试分析影响文丘里除尘器除尘效率的主要因素。

③ 根据实训结果，试说明文丘里除尘器动力消耗的主要途径。

【课后思考题及拓展任务】

1. 简答题

(1) 电除尘的基本原理？包括哪些基本过程？

(2) 电除尘器本体由哪些主要部件组成？它们的作用分别是什么？

(3) 粉尘比电阻过高和过低时对电除尘器除尘效率有何影响？电除尘器处理粉尘最适宜的比电阻范围是多少？若粉尘的比电阻过高，应采取哪些措施调整其比电阻？

2. 计算题

利用一板式电除尘器捕集烟气中的粉尘，该除尘器由 4 块集尘板组成，板高和板长均为 3.66m，板间距为 0.25m，烟气的体积流量为 7200m³/h，操作压力为 1atm（101325Pa），粉尘粒子的驱进速度为 12.2cm/s。试确定：

(1) 烟气速度分布均匀时的除尘效率?

(2) 由于烟气分布不均匀，某一通道内烟气量占烟气总量的50%，其他两通道的烟气量各占25%时除尘器的除尘效率?

3. 设计一电除尘器用来处理某发电厂锅炉粉尘。若处理风量为160000m³/h，入口含尘浓度为3200mg/m³，要求出口含尘浓度降至350mg/m³。试计算该除尘器所需极板面积、电场断面面积、通道数和电场长度。（取有效驱进速度为0.12m/s，取电场风速为1.0m/s，通道宽30cm，高为6m）

第5章 气态污染物控制技术

【案例五】 锅炉烟气石灰/石灰石-石膏法脱硫系统案例及分析

山东潍坊化工厂、南宁化工集团公司和重庆长寿化工厂先后引进了 35t/h 锅炉的简易石灰/石灰石－石膏法烟气脱硫系统，该系统脱硫装置的设计、制造、运输及现场运行调试由日本三菱重工提供技术指导。土建、设备安装等工作由化工厂自行完成。

【案例分析】

（1）工艺流程及设备

图 5-1 是潍坊化工厂引进的 35t/h 锅炉的简易石灰/石灰石－石膏法烟气脱硫系统工艺流程图。从锅炉空气预热器来的烟气经水膜除尘器除尘后通过引风机导入吸收塔。经过吸收塔处理后的烟气除雾后直接从安装在塔顶的烟囱排放。

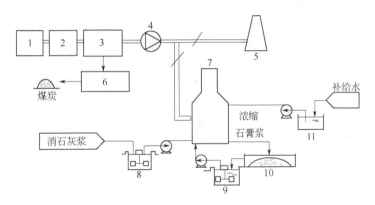

图 5-1　潍坊化工厂的 FGD 工艺流程

1—蒸汽发生器；2—空气预热器；3—水膜式除尘器；4—IDF；5—原有烟囱；6—沉淀槽；
7—烟囱组合型吸收塔；8—消石灰浆液槽；9—滤液槽；10—石灰槽；11—补给水槽

系统的烟囱组合型简易脱硫装置采用了对流式液柱吸收塔（简称液柱塔），如图 5-2 所示。从吸收塔下部导入的烟气在塔内上升的过程中与吸收液接触，烟气中的 SO_2 和烟尘被有效地脱除，吸收液通过设置在吸收塔下部的单层喷管向上喷出，在上部散开后落下。在喷上落下的过程中，形成了较大的气流接触面，促进了烟气中 SO_2 及烟尘的脱除。这种烟囱组合型液柱吸收塔内部结构简单，压损小，维修方便；烟囱安装在塔顶，占地面积小，不需要烟道，也无需对原有烟囱进行改造或防腐处理。

在吸收塔下部的液室中鼓入空气，将吸收 SO_2 生成的 HSO_3^- 氧化为 SO_4^{2-}。SO_4^{2-} 在吸收塔内与连

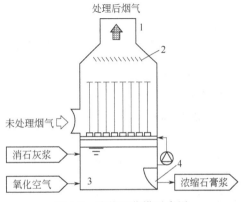

图 5-2　液柱吸收塔示意图

1—烟囱；2—除雾器；3—吸收塔液室；4—浓缩槽

续送入的电石渣浆进行反应，生成可以利用的副产品－石膏。

　　塔内生成的石膏浆在设置于吸收塔内的浓缩槽中被浓缩后，送入石膏槽，如图 5-3 所示。浓缩槽设置在吸收塔液室中，进入浓缩槽的石膏浆靠重力作用自然沉降浓缩，浓缩的性能可由通入空气来调整。这样，能将经过一定程度浓缩、粒径较大的石膏有选择地从吸收塔抽出。

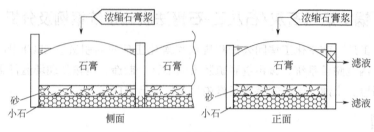

图 5-3　石膏槽简图

　　石膏槽底部铺有小石子和砂，加入浓缩的石膏浆后，滤液可同时从上、下排出。经过振动器的振动，可将石膏脱水至可装卸的程度，这样就省去了带式压滤机、离心分离机等石膏脱水设备。脱水后的石膏用机铲挖出，装车外运。

　　在脱硫装置专用的控制室中设有脱硫控制台、监视器及打印机。当现场的各台设备启动后，通过脱硫控制台可对各台设备的运行状态、吸收液的 pH 值、进出口 SO_2 浓度以及电石渣浆的投入量等进行自动控制与监视。各个数据及其随时间的变化趋势图都可在监视器上显示，并可存储在计算机内或打印出来进行分析。

　　（2）脱硫性能

　　见表 5-1。

表 5-1　系统脱硫性能测试结果

项　目	设 计 值	实 验 值
锅炉负荷	100%	100%
脱硫装置入口烟气		
流量/（m³/h）	100000	93300
温度/℃	68	66
烟尘浓度/（mg/m³）	148	189
压力/Pa	784	225
SO_2 浓度（干）/［（mg/m³）$\times 10^{-6}$］	1500	1050
脱硫装置出口烟气		
流量/（m³/h）	103255	96500
温度/℃	51.8	41
烟尘浓度/（mg/m³）	70	80
压力/Pa	0	－176
SO_2 浓度（干）/［（mg/m³）$\times 10^{-6}$］	450 以上	185
脱硫率	70% 以上	82.4%
脱硫装置烟气压损/Pa	784	总计 225

（3）脱硫成本

根据厂方提供的数据，不考虑设备折旧、不计脱硫剂（电石渣）成本的前提下，脱硫系统的年运行费用为 65.48 万元，年脱除 SO_2 量 1589t，则脱除 1t SO_2 的成本为 412 元。

（4）特点及问题

① 脱硫装置集吸收、氧化、石膏初浓缩和烟囱于一体，体积小，压损低，占地少，投资和运行费用较低；自动化程度高，电脑画面控制，运行稳定；性能可靠，维修费用低；脱硫效率达到设计要求。

② 装置投运后，由于除雾器能力有限，烟囱出现下酸雨现象；石膏槽中人工手持振动器脱水劳动强度大。经过改进，这些问题已基本得到解决。

③ 运行中液气比较大，使进一步降低电耗困难。

【任务五】 烟气脱硫净化系统的选取和工艺运行

选择一烟气脱硫净化系统用来处理某发电厂产生的含二氧化硫的烟气。若处理烟气量为 $120000 m^3/h$，入口烟气二氧化硫浓度为 $1500 mg/m^3$，要求脱硫率在 70% 以上。

1. 选择烟气脱硫净化系统。

2. 制定工艺运行规程。

5.1　净化气态污染物的方法

5.1.1　吸收法

（1）吸收的概念

利用吸收剂将混合气体中的一种或多种组分有选择地吸收分离过程称为吸收。具有吸收作用的物质称为吸收剂，被吸收的组分称为吸收质，吸收操作得到的液体称为吸收液，剩余的气体称为吸收尾气。吸收法净化气体污染物是利用混合气体中各成分在吸收剂中的溶解度不同，或与吸收剂中的组分发生选择性化学反应，从而将有害组分从气流中分离出来。该法是分离、净化气体混合物最重要方法之一，被广泛用于净化 SO_2、NO_x、HF、HCl 等废气。吸收可以分为物理吸收和化学吸收两种。

（2）吸收法的基本原理

1）气液平衡-亨利定律　吸收进行时，吸收解吸同时进行，一段时间后，气液两相达到动态平衡。此时气相中吸收质的分压称为平衡分压，液相中所溶解的吸收质浓度称为平衡浓度，简称溶解度。

在一定温度下，当压力不高时，对于稀溶液的吸收符合亨利定律，即吸收质在液体中的溶解度与气相中的平衡分压成正比，表达式为

$$c = Hp$$

式中　c——吸收液中某种组分的浓度，g/100g；

　　　H——亨利系数；

　　　p——气体中该组分的分压力，Pa。

2）吸收过程-双膜理论

"双膜理论"假定：

① 在气液两相接触面（界面）附近，分别存在着不发生对流作用的气膜和液膜，被吸

收组分必须以分子扩散方式连续通过此两薄膜，因此传质速率主要决定于分子扩散。一般假定两膜均呈滞留状态，即使气液两相主体都呈湍流时，仍可认为界面上此两层薄膜是滞留膜。

② 滞留膜的厚度随各相主体的流速和湍流状态而变，流速越大，膜厚度越薄。但一般认为膜的厚度极小，在膜中和相界面上无溶质的积累，故吸收过程可以看作是固定膜的固定扩散。

③ 在界面上气液两相呈平衡状态，即液相的界面浓度是和在界面处的气相组成呈平衡状态的饱和浓度，亦可理解为在相面上无扩散阻力。

④ 在两相主体中吸收质的浓度均匀不变，仅在薄膜中发生浓度变化，两相薄膜中的浓度差就等于膜外的气液两相的平均浓度差。

根据以上假定，认为混合气体中某可溶组分由气相溶入液相的过程首先是靠分子扩散穿过气膜到达界面，由于在此之前界面上气液两相随时都处于平衡状态，当气体组分穿过气膜到达界面之后，界面上气相分子增加，破坏了平衡状态，于是使一部分分子转入液相，以达到新的平衡，液相分子再靠扩散，由界面到达液层。如此连续进行，直到气液两相完全平衡后，传质停止，此时再继续传质的条件是气相分压增加，或液相中该组分浓度降低。

通过上述分析可以看出传质的推动力来自可溶组分的分压差和在溶液中该组分的浓度差，而传质的阻力主要来自气膜和液膜，该组分在气相主体中的分压为 y，而在界面上的分压为 y_i，则传质在气相中的推动力为 $y-y_i$；在界面上与 y_i 相平衡的液相浓度为 c_i (x_i)，而液相主体浓度为 c (x)，则传质在液相中的推动力为 c_i (x_i) $-c$ (x)。只要 $y>y_i$，c_i (x_i) $>c$ (x) 则传质就不停地按图 5-4 中所指方向进行。传质过程的阻力来自双膜，膜越厚、阻力越大，这与气、液相的流速有直接的关系。

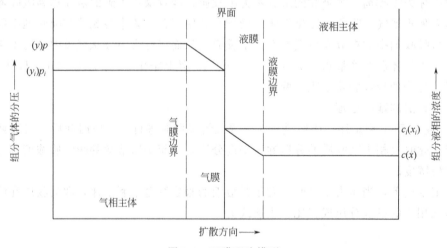

图 5-4 双膜理论模型

（3）吸收剂

1）常用吸收剂　水是常用的吸收剂，用水吸收可以除去废气中的 SO_2、HF、NH_3、HCl 及煤气中的 CO_2 等。碱金属及碱土金属的盐类、铵盐等属于碱性吸收剂，由于它能与 SO_2、HF、HCl、NO_x 等气体发生化学反应，从而使吸收能力大大增强。硫酸、硝酸等属于酸性吸收剂，可以用来吸收 SO_3、NO_x 等。表 5-2 列出了工业上净化有害气体所用的吸收剂。

表 5-2 常见气体的吸收剂

有害气体	吸收过程中所用的吸收剂
SO_2	H_2O，NH_3，$NaOH$，Na_2CO_3，$Ca(OH)_2$，$CaCO_3/CaO$，碱性硫酸铝，MgO，ZnO，MnO
NO_x	H_2O，NH_3，$NaOH$，Na_2SO_3，$(NH_4)_2SO_3$，$FeSO_4$-EDTA
HF	H_2O，NH_3，Na_2CO_3
HCl	H_2O，$NaOH$，Na_2CO_3
Cl_2	$NaOH$，Na_2CO_3，$Ca(OH)_2$
H_2S	NH_3，Na_2CO_3，乙醇胺，环丁砜
含 Pb 废气	CH_3COOH，$NaOH$
含 Hg 废气	$KMnO_4$，$NaClO$，浓 H_2SO_4，KI-I_2

2）吸收剂的选择 一般来说，选择吸收剂的基本原则是：吸收容量大；选择性高；饱和蒸气压低；适宜的沸点；黏度小，热稳定性高，腐蚀性小，廉价易得。

在选择吸收剂时要根据吸收剂的特点权衡利弊，有的吸收剂虽然具有很好的性能，但不易得到或价格昂贵，使用就不经济。有的吸收剂虽然吸收能力强，吸收容量大，但不易再生或再生时耗能较大，在选择时应慎重。

（4）吸收设备

1）吸收设备的分类 工业上常用的吸收设备可分为表面吸收器、鼓泡式吸收器和喷洒式吸收器三大类。

① 表面吸收器 凡能使气液两相在固定的接触面上进行吸收操作的设备称为表面吸收器。常见的表面吸收器如填料塔、液膜吸收器、水平表面吸收器等。

② 鼓泡式吸收器 鼓泡式吸收器内均有液相连续的鼓泡层，分散的气泡在穿过鼓泡层时有害组分被吸收。常见的设备有鼓泡塔和各种板式吸收塔。净化气态污染物应用较多的是鼓泡塔和筛板塔。

③ 喷洒式吸收器 用喷嘴将液体喷射成为许多细小的液滴，以增大气-液相的接触面，完成传质过程。比较典型的设备是空心喷洒吸收器和文丘里吸收器。

2）常用吸收设备

① 填料塔 填料塔是一种重要的气液传质设备。它结构简单，如图 5-5 所示，塔内充填一定高度填料，下方有支撑栅板，上方为填料压板，上方为填料压板及液体分布装置。液体自填料层顶部分散后沿填料表面流下而润湿填料表面。气体在压强差推动下，通过填料间的空隙由塔的一端流向另一端。气液两相间的传质通常是在填料表面的液体与气体间的界面上进行。填料塔不

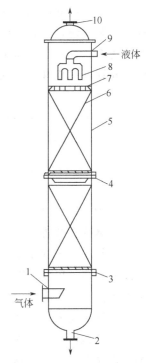

图 5-5 填料塔结构简图
1—气体入口；2—液体出口；
3—支撑栅板；4—液体再分
布器；5—塔壳；6—填料；
7—填料压网；8—液体分布装置；
9—液体入口；10—气体出口

仅结构简单，且阻力小和便于用耐腐蚀材料制造等优点，尤其对于直径较小的塔。处理有腐蚀性的物料或要求压强较小的真空蒸馏塔系统，填料塔都表现出良好的优越性。另外，对于液气比甚大的蒸馏或吸收操作，若采用板式塔，则降液管将占用过多的塔截面积，此时应采用填料塔。

填料

a.对填料的基本要求　为使填料塔发挥良好的效能，填料应符合以下几项要求：要有较大的比表面积（δ，m^2/m^3），良好的润湿性能及有利于液体均匀分布的形状；要有较高的空隙率（ε，m^3/m^3）；要求单位体积填料的重量轻，造价低，坚牢耐用，不易堵塞，有足够的机械强度，对于气液两相介质都有良好的化学稳定性等。

b.填料类型　填料的种类很多，大体可分为实体填料与网体填料两大类。实体填料包括环形填料（如拉西环、鲍尔环和阶梯环）和鞍形填料（如弧鞍、矩鞍）以及栅板填料、波纹填料等。网体填料主要是由金属丝网制成的各种填料（如鞍形网、θ网、波纹网等）。具体填料的形状见有关参考资料。

c.填料选择　填料尺寸：所选填料的直径要与塔径符合一定比例。若填料直径与塔径之比过大，容易造成液体分布不良。一般说来，塔径与填料直径之比 D/d 有下限没有上限。因此，计算所得 D/d 的值不能小于表5-3中列出的最小值，否则应改选较小的填料进行调整。对于一定的塔径，满足径比下限的填料可能有几种尺寸，因此尚需按经济因素进行选择。填料的通过能力：填料的极限通过能力就是液泛的空塔气速。各种填料的相对通过能力，可对比其液泛气速求得。根据实验数据，几种常用的填料在相同压力降时，通过能力为：拉西环＜矩鞍环＜鲍尔环＜阶梯环＜鞍环。

表5-3　塔径与填料直径之比的最小值

填 料 种 类	$(D/d)_{min}$
拉西环	20～25
金属鲍尔环	8
矩鞍	8～10

液体分布装置

填料塔的正常操作要求在任一塔截面上保证气液的均匀分布。气速的均匀分布取决于液体的分布均匀程度。因此，液体在塔顶的初始均匀分布，是保证填料塔达到预期分离效果的重要条件。液体的均匀分布装置的结构形式很多，先将常用的几种介绍如下。

a.管式喷淋器　图5-6为管式喷淋器的示意图，其中（a）为弯管式；（b）为直管缺口式；这两种分布器分布的均匀性较差，适用于直径在0.3m以下的小塔，为避免液体直接冲击填料，可在液体流出口下方设一溅液板；（c）为多孔直管式；（d）为多孔盘管式，两种形式均可在管子底部钻2～4排直径为3～6mm的小孔，并使孔的总面积大致与管截面积相等。多孔直管式用于直径为0.6m以下的塔，多孔盘管式用于直径1.2m以下的塔。

b.莲蓬头式喷洒器　图5-7所示为一种常用的莲蓬头式喷洒器，通常取莲蓬头直径 D 为塔径的1/3～1/5；球面半径为（0.5～1.0）D；喷洒角 $\alpha < 80°$。喷洒外圈距塔壁70～100mm，小孔直径为3～10mm。莲蓬头式喷洒器一般用于直径小于0.6m的塔。

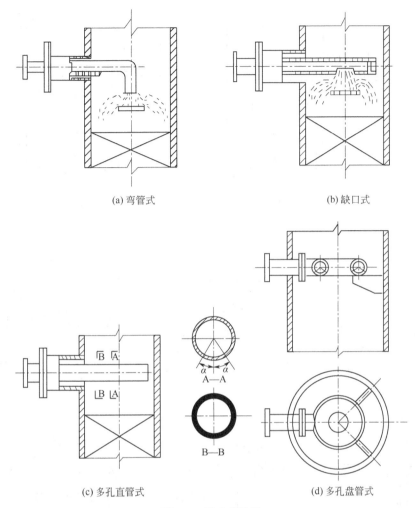

(a) 弯管式　　　　　　　　　　　　(b) 缺口式

(c) 多孔直管式　　　　　　　　　　(d) 多孔盘管式

图 5-6　管式喷淋器

　　c. 盘式分布器　图 5-8 为盘式分布器的示意图，液体从进口管加到分布盘上，盘上装有筛孔或装有溢流管，使液体通过这些筛孔或溢流管分布在整个塔截面上。这种分布器适用于直径大于 0.8m 的塔。

　　d. 液体再分布器　壁流是因为塔壁的形状与填料形状的差异而导致流动阻力在壁面处小于中心处，液体会向壁面集中。任何程度的壁流都会降低效率，液体再分布器是用来改善液体在填料层中向塔壁流动的效应的，在每隔一定高度的填料层上设置一再分布器，将沿塔壁流下的液体导向填料层内。图 5-9 所示为常用的截锥式液体再分布器。(a) 图的截锥内没有支撑板，能全部堆放填料，不占空间；(b) 图设有支撑板，截锥下隔一段距离再堆填料，可以分段卸出填料；(c) 图为升气管式支撑板，适用较大直径的塔。

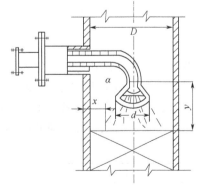

图 5-7　莲蓬头式喷洒器

　　设置液体再分布器的填料高度由经验确定。一般为了避免出现壁流的现象，若填料层的

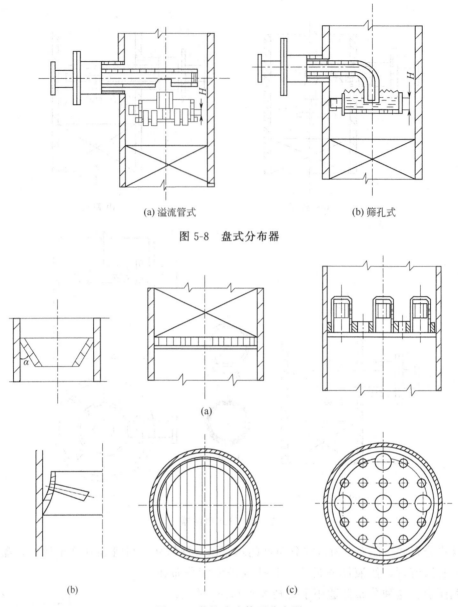

(a) 溢流管式　　　　　　　　　(b) 筛孔式

图 5-8　盘式分布器

(a)

(b)　　　　　　　　　　　(c)

图 5-9　截锥式液体再分布器

总高度与塔径之比超过一定界限，则填料需要分段，各填料段之间加装液体再分布器。每料段的高度 z_0 与塔径之比 z_0/D 的上限列于表 5-4。对于直径在 400mm 以下的小塔，可取较大的值。对于大直径的塔，每个填料段的高度不应超过 6m。一般认为上述规定必须遵守，否则将严重影响填料的表面利用率。

表 5-4　填料段高度的最大值

填 料 种 类	$(z_0/D)_{max}$	z_0/m
拉西环	2.5～3	≤6
金属鲍尔环	5～10	≤6
矩鞍	5～8	≤6

填料的支撑装置

填料支撑结构要有足够的强度、刚度和足够的自由截面，使支撑处不首先造成液泛。

a. 栅板　栅板是填料塔中最常用的支撑装置。栅板的结构如图 5-10 所示，设计从以下两点考虑：栅板必须有足够的自由截面，具体应大于或等于填料层的自由截面；根据截面大小，栅板可制成整块的或分块的。对直径小于或等于 500mm 者，采用整块式栅板，尺寸可在相关手册中选取。手册中的使用条件不符合时，可通过计算确定栅条尺寸，计算依据栅条的条件为：

$$\sigma = \frac{Hl^2t\rho_s g}{(s-C)(h-C)^2} \leqslant [\sigma] \tag{5-1}$$

式中　σ——栅条承受应力，Pa；

　　H——填料高度，m；

　　l——栅条长度，m；

　　t——栅条间距，m；

s，h——栅条的宽和高，m；

　　C——腐蚀裕度，m；

　　ρ_s——填料密度，kg/m³；

　$[\sigma]$——许用应力，Pa。

当已知栅条材料、厚度 s 和腐蚀裕度 C 时，栅条高度 h 按下式计算：

$$h \geqslant \sqrt{\frac{Hl^2t\rho_s g}{(s-C)[\sigma]}} + C \tag{5-2}$$

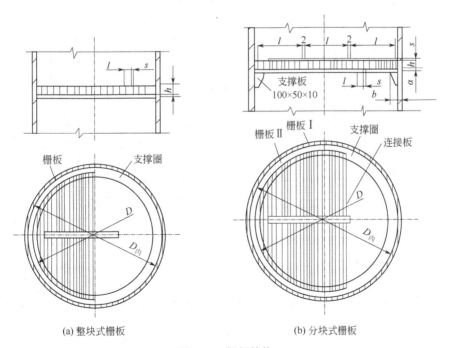

(a) 整块式栅板　　　　　　　　(b) 分块式栅板

图 5-10　栅板结构

b. 气体喷射式支撑板　气体喷射式支撑板对气体和液体提供了不同的通道，既避免了液在板上积累，又有利于气体的均匀再分配。气体喷射式支撑板有两种类型：钟罩型和梁型。

钟罩型无论在强度和空隙率方面均不如梁型优越。梁型气体喷射式支撑板可提供超过100％的自由截面。由于支撑凹凸的几何形状，填料装入后仅有一小部分开孔为填料堵塞，从而保证了足够大的有效自由截面。此外，凹凸的形状还有助于提高支撑板的刚度和强度。

填料层高度

计算填料层高度的方法很多，但无论什么方法都涉及传质系数的确定，传质系数尽管已发表有多种关联式，但与实际出入仍较大，因此在设计中仍是取实验数据比较准确。计算填料层高度常采用以下两种方法。

a. 传质单元法　填料层高度Z＝传质单元高度×传质单元数。

b. 等板高度法　填料层高度Z＝等板高度×理论板层数。

填料塔直径

塔径取决于操作气速，操作气速可由填料塔的液泛速度来决定。液泛速度的影响因素很多，其中包括气体和液体的质量速度，气体和液体的密度，填料的比表面积以及孔隙率等。因此，首先应确定泛点气速。目前，工程设计中较常用的是埃克特通用关联图法，此法所关联的参数较全面，可靠性较高，计算并不复杂。图5-11所示为埃克特通用关联图。此图适用于乱堆的拉西环、弧鞍形填料、鲍尔环等。图中还绘制了拉西环和弦栅填料两种整砌填料的泛点曲线。

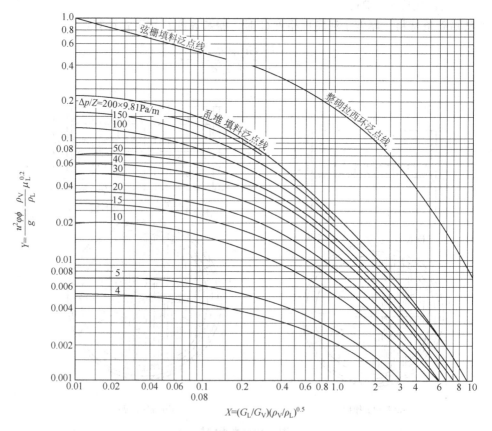

图 5-11　埃克特通用关联图

图中 u 为空塔气速，m/s；g 为重力加速度，m/s²；φ 为液体密度校正系数，等于水的密度与液体的密度之比，即 $\varphi=\rho/\rho_L$；ϕ 为填料因子，1/m；ρ_V，ρ_L 分别为气体与液体的密度，kg/m³；μ_L 为液体的黏度，mPa·s。

对于常用填料，从泛点气速 u_f 计算实际操作气速及压强降，可从下列经验数据选取与检验：

拉西环填料：$u = 60\% \sim 80 u_f$；弧鞍形填料：$u = 65\% \sim 80 u_f$；矩鞍形填料：$u = 65\% \sim 80 u_f$；花环形填料：$u = 75\% \sim 100 u_f$。

塔径的计算式为：

$$D = \sqrt{\frac{V}{0.785 u}} \qquad (5\text{-}3)$$

式中　V——气体的体积流量，m³/s。

泛点气速是填料塔操作气速的上限。填料塔的适宜气速必须小于泛点气速，一般可取空塔气速为泛点气速的 50%～85%。选择较小的气速，则压降小，动力消耗小，操作弹性大，但塔径要大，设备投资高而生产能力低。低气速不利于气液充分接触，使分离效率低。若选用接近泛点的过高气速，则不仅压强降大，且操作不平稳，难以控制。所以，对于泛点率的选择，须依具体情况决定。塔径算出后，应按压力容器公称直径标准进行圆整。

在算出塔径后，还应知道塔内的喷淋密度是否大于最小喷淋密度。若喷淋密度过小，可采用增大回流比或采用液体再循环等方法加大液体流量，或在许可范围内减小塔径，或适当增加填料层高度予以补偿，必要时须考虑采用其他塔型。

填料塔的最小喷淋密度与填料的比表面积 σ 有关，其关系为：

$$U_{min} = (q_w)_{min} \sigma \qquad (5\text{-}4)$$

式中　σ——填料的比表面积，m²/m³；

U_{min}——最小喷淋密度，m³/(m²·h)；

$(q_w)_{min}$——最小润湿速度，m³/(m²·h)。

由式 (5-4) 可以看出，填料的比表面积 σ 愈大，所需最小喷淋密度的数值也愈大。对于直径不超过 75mm 的拉西环及其他填料，可取最小喷淋密度 $(q_w)_{min}$ 为 0.08m³/(m²·h)；对于直径大于 75mm 的环形填料，应取为 0.12m³/(m²·h)。此外，为保证填料润湿均匀，还应注意使塔径与填料尺寸之比在 8 以上。

② 板式塔　板式塔的基本结构（以泡罩塔为例）如图 5-12 所示。塔板上有若干自下而上通气用的短管，用圆形的罩盖上罩的下沿开了一个小孔或齿缝。操作时，液体进入塔的第一层板，沿板面从一侧流到另一侧，越过出口堰的上沿，落到降液管而达到第二层板，如此逐板下流。溢流堰使板上液体维持一定的高度，足以将泡罩下沿的小孔淹没。气体从塔底通到最底一层板下方，经由板上的升气管逐板上升。由于板上液层的存在，气体通过每一层分散成很多气泡使液层成为泡沫层，从液面升起时又带出一些液沫。气泡和液沫的生成为两相的接触提供了较大的界面面积，并造成一定的湍动，有利于传质速率的提高。

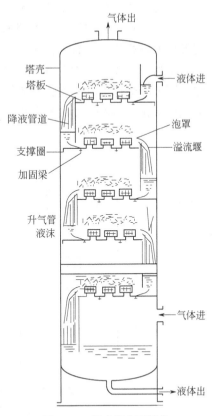

图 5-12　板式塔典型结构

a. 泡罩塔　泡罩塔塔板上的主要部件是泡罩。它呈钟形支在塔板上，下沿有长条形或椭圆形的小孔，或做成齿缝状，均与板面保持一定的距离。罩内覆盖着一段很短的升气管，升气管的上口高于罩下沿的小孔或齿缝。塔板下方的气体经升气管进入罩内之后，折向下到达罩与管之间的环形空隙，然后从罩下沿的小孔或齿缝分散成气泡而进入板上的液层。

泡罩的直径通常为 80～150mm（随塔径的增大而增大），在板上按正三角形排列，中心距为罩直径的 1.25～1.5 倍。泡罩塔板上的升气管出口伸到板面以上，故上升气流即使暂时中断，板上液体亦不会流尽，气体流量减少，对其操作的影响亦小。泡罩塔可以在气、液负荷变化较大的范围内正常操作，并保持一定的板效率。

泡罩塔的结构比较复杂，造价高，阻力大，而气、液通过量和板效率比其他类型的塔低。

b. 浮阀塔　浮阀塔板上开有正三角形排列的阀孔。阀片为圆形（直径48mm），下有三条带脚钩的垂直腿，插入阀孔（39mm）中。图 5-13 为浮阀的一种形式（标准 F-1 型）。气速达到一定值时，阀片被推起，但受脚钩的限制最高也不能脱离阀孔。气速减小则阀片落到板上，靠阀片底部三处突起物支撑住，仍与板间保持约 1.5mm 的距离。塔板上开孔的数量按气体流量的大小而有所改变。

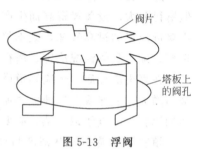

阀片

塔板上的阀孔

图 5-13　浮阀

浮阀的直径比泡罩小，在塔板上可排列得更紧凑，从而可增大塔板的开孔面积。同时，气体以水平方向通入液层，使带出的液沫减少而气液接触时间却加长，故可增大气体流速而提高生产能力（比泡罩塔提高 20%），板效率也有所增加，压力降却比泡罩塔小。此塔的缺点是因阀片活动，在使用过程中有可能松脱或被卡住，造成该阀孔处气液通过状况异常。

c. 筛板塔　筛板塔气液接触状况如图 5-14 所示，筛板塔塔盘上分为筛孔区、无孔区、溢流堰及降液管几部分。塔孔孔径为 3～8mm，按正三角形排列，孔间距与孔径之比为 2.5～5。液体从上一层塔盘的降液管流下，横向流过塔盘，经溢流管流入下一层塔盘。依靠溢流堰保持塔盘上的液层高度。气体自下而上穿过筛孔时，分散成气泡，在穿过板上液层时，进行气液间的传热和传质。

筛板塔塔盘分为溢流式和穿流式两类。溢流式塔盘有降液管，塔盘上的液层高度可通过改变溢流堰高度调节，故操作弹性较大，且能保证一定的效率。近年来，发展了大孔筛板（孔径达 20～25mm）、导向筛板等多种筛板塔。

筛板塔优点是结构简单，制作维修方便，塔板压力降低，塔板效率升高。有较好的操作弹性；缺点是小孔径筛板易堵塞，不适宜处理脏的、黏性大

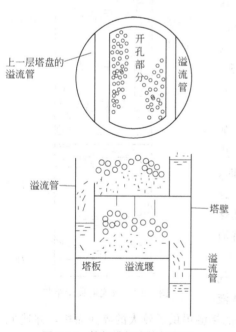

上一层塔盘的溢流管

开孔部分

溢流管

溢流管

塔壁

塔板　溢流堰

溢流管

图 5-14　筛板塔气液接触状况

的和带固体粒子的料液。

3) 吸收设备的选择　吸收设备是实现气相和液相传质的设备，选择时要充分了解生产任务的要求，以便于选择合适的吸收设备。一般可从物料的性质、操作条件和对吸收设备自身的要求三个方面来考虑。

① 物料的性质　对于易起泡沫、高黏性的物料宜选择填料塔；对于有悬浮固体、有残渣或容易结垢的物料，可选用大孔径筛板塔、十字架型浮阀塔或泡罩塔；对于有腐蚀性的物质宜选用填料塔。

② 操作条件　对于气相处理量大的系统宜选用板式塔，而气相处理量小的则用填料塔；对于有化学反应的吸收过程，或处理系统的液气比较小时，选用板式塔比较有利；对要求操作弹性较大的系统，宜采用浮阀塔或泡罩塔；对于传递速率由气相控制的系统宜选用填料塔。

③ 对吸收设备的要求　对吸收设备的要求是：吸收设备生产能力大（单位塔截面的处理量大）；分离效率高（达到规定分离要求的塔高要低）；弹性大，操作稳定；对气体阻力小；结构简单，造价低，易于加工制造、安装和维修等。

4) 填料吸收塔设计计算　某矿石焙烧炉送出的气体冷却到 20℃ 后通入填料吸收塔中，用清水洗涤以除去其中的二氧化硫。已知吸收塔内绝对压强为 101.3kPa，入塔的炉气流量为 1000m³/h，炉气的平均分子量为 32.16kg/kmol，洗涤用水耗用量为 22600kg/h。吸收塔采用 25mm×25mm×2.5mm 的陶瓷拉西环以乱堆方式充填。若取空塔气速为泛点气速的 73%，试计算塔径，并核算液体的喷淋密度，再求单位高度填料层的压强降。

① 求泛点气速 u_f：

炉气的质量流量　$V' = \dfrac{1000}{22.4} \times \dfrac{273}{273+20} \times 32.16 = 1338$ （kg/h）

炉气的密度　$\rho_V = \dfrac{1338}{1000} = 1.338$ （kg/m³）

清水的密度　$\rho_L = 1000$ （kg/m³）

则：$\dfrac{L'}{V'}\left(\dfrac{\rho_V}{\rho_L}\right)^{0.5} = \dfrac{22600}{1338} \times \left(\dfrac{1.338}{1000}\right)^{0.5} = 0.618$

由乱堆填料泛点线可查出，横标为 0.618 时的纵标系数值为 0.035，即：

$$u_f^2 \dfrac{\varphi \phi \rho_V \mu_L^{0.2}}{g\rho_L} = 0.035$$

查资料得知 25mm×25mm×2.5mm 陶瓷拉西环（乱堆）填料因子 $\varphi = 450 m^{-1}$；又因液相为清水，故液体密度校正系数 $\Phi = 1$；水的黏度 $\mu_L = 1.005 mPa \cdot s$。泛点气速为：

$$u_f = \sqrt{\dfrac{0.035g\rho_L}{\varphi \phi \rho_V \mu_L^{0.2}}} = \sqrt{\dfrac{0.035 \times 9.81 \times 1000}{450 \times 1 \times 1.338 \times 1.005}} = 0.755 \text{(m/s)}$$

取空塔气速为泛点气速的 73%，即：

$$u = 0.73u_f = 0.73 \times 0.755 = 0.511 \text{(m/s)}$$

则　$D = \sqrt{\dfrac{4 \times 1000/3600}{\pi \times 0.551}} = 0.80$ （m）

依式（5-4）计算最小喷淋密度。因填料尺寸小于 75mm，故取 $(q_w)_{min} = 0.08m^3/ (m^2$

· h），则：

$$U_{\min} = (q_w)_{\min} \cdot \sigma = 0.08 \times 190 = 15.2[\text{m}^3/(\text{m}^2 \cdot \text{h})]$$

式中 $\sigma = 190\text{m}^2/\text{m}^3$ 由手册中查得。

操作条件下的喷淋密度为：$U = \dfrac{22600}{1000} / \dfrac{\pi}{4}(0.8)^2 = 45\text{m}^3/(\text{m}^2 \cdot \text{h}) > U_{\min}$

② 求单位高度填料层的压强降　先计算塔的操作点在坐标数值。

纵标 $u^2 \dfrac{\varphi \phi \rho_v \mu_L^{0.2}}{g \rho_L} = (0.73)^2 \times 0.035 = 0.0187$；横标 $\dfrac{L'}{V'}\left(\dfrac{\rho_v}{\rho_L}\right)^{0.5} = 0.618$

在图 5-11 中，根据上两数值定塔的操作点。此点位于 $\dfrac{\Delta p}{Z} = 30 \times 9.81\text{Pa/m}$ 与 $\dfrac{\Delta p}{Z} = 40 \times 9.81\text{Pa/m}$ 两条等压线之间，用内插法可求得单位高度填料的压降约为 380Pa/m。

（5）吸收工艺流程中的配置

1）吸收液的处理　如果任意排放，会使污染物质转入水体造成二次污染，因此对吸收液的处理对吸收工艺而言是至关重要的。一般对于净化 SO_2 的吸收液，可浓缩制取硫酸或亚硫酸钠等副产品。

2）除尘　废气中往往除含有气态污染物之外，还常含有一定的烟尘，因此常在吸收塔之前设置专门高效除尘器。

3）烟气的预冷却　由于生产过程的不同，废气温度差异较大，有些烟气温度可达到 450K 左右，而吸收操作则要求在较低的温度下进行，因此要求废气在吸收之前需预冷却。常用的方法主要有三种。

① 在低温省煤器中直接冷却，此法回收余热不大，而换热器体积大，冷凝酸性水有腐蚀性。

② 直接增湿冷却，即直接向嘴道中喷水降温，此方法简单，但要考虑水对管壁的冲击、腐蚀及沉积物阻塞问题。

③ 采用预洗涤塔除尘增湿降温，这是目前广泛应用的方法。

不论采用哪种方法，均要具体分析。一般要把高温烟气降至 333K 左右，再进行吸收为宜。

4）结垢和堵塞　结垢和堵塞是吸收装置能否长期正常运行的关键因素。首先要搞清结垢的原因和机理，然后从工艺操作上可以控制溶液或料浆中水分的蒸发量、溶液的 pH 值、易结晶物质浓度、严格除尘，在设备结构上可选择不易结垢和阻塞的吸收器等。

5）任何洗涤系统均有产"雾"问题，雾不仅是水分，还是一种溶有气态污染物的盐溶液，直接排出将会造成大气污染。雾中液滴直径多在 $10 \sim 60\mu\text{m}$ 之间，因此工艺上要对吸收设备提出除雾要求。

6）气体的再加热　在吸收装置的尾部常设燃烧炉。炉内通过燃烧天然气或重油，产生 $1273 \sim 1373\text{K}$ 的高温燃烧气，使之与净化后的气体混合。排放的净化烟气被加热到 $379 \sim 403\text{K}$，同时提高了烟气抬升高度，有利于减少废气对环境的污染。

5.1.2　吸附法

（1）吸附的概念

1）吸附　由于固体表面上存在着分子引力或化学键力，能吸附分子并使其浓集在固体表面上，这种现象称为吸附。将具有吸附作用的固体物质称为吸附剂，被吸附的物质称为吸附质。吸附法净化气态污染物就是使废气与大表面多孔的固体物质相接触，将废气中的有害组分吸附在固体表面上，从而达到净化的目的。

2）吸附的分类　物理吸附：当吸附剂和吸附质之间的作用力是范德华力（或静电力）时称为物理吸附。它可以是单层吸附，亦可以是多层吸附。

化学吸附：当吸附剂和吸附质之间的作用力是化学键时称为化学吸附。化学吸附是单层吸附，吸附需要一定的活化能。

物理吸附的特点是：① 吸附剂和吸附质之间不发生化学反应；② 吸附过程进行较快，参与吸附的各相之间迅速达到平衡；③ 物理吸附是一种放热过程，其吸附热较小，相当于吸附气体的升华热，一般为 20kJ/mol 左右；④ 吸附过程可逆，无选择性。

化学吸附的特点是：① 吸附剂和吸附质之间的发生化学反应，并在吸附剂表面形成一种化合物；② 化学吸附过程一般进行较慢，需要很长时间才能达到平衡；③ 化学吸附也是一种放热过程，但吸附热比物理吸附热大得多，相当于化学反应热，一般为 84～417kJ/mol 左右；④ 具有选择性，常常是不可逆的。

低温时主要是物理吸附，高温时主要是化学吸附，即物理吸附发生在化学吸附之前，当吸附剂逐渐具备足够高的活化能后，才发生化学吸附。亦可能两种吸附同时发生。

3）吸附过程　吸附的全过程可分为外扩散、内扩散、吸附和脱附四个过程。

外扩散过程是吸附剂外围空间的气体吸附质分子穿过气膜，扩散到吸附剂表面的过程，是吸附全过程的第一步。

内扩散过程是吸附质分子进入吸附剂微孔中并扩散到内表面的过程。

吸附过程是经过外扩散和内扩散到达吸附剂内表面的吸附质分子被吸附在内表面的过程。

脱附过程是部分被吸附的分子离开吸附剂的内表面和外表面，进入气膜层，并扩散到气相主体中的过程。

4）吸附平衡　吸附过程是一种可逆过程，在吸附质被吸附的同时，部分已被吸附的物质由于分子的热运动而脱离固体表面回到气相中去。当吸附速度和脱附速度相等时，就达到了吸附平衡。此时，吸附虽然仍在进行，但被吸附物质的量不再增加，可以认为吸附剂失去了吸附能力。为使吸附剂恢复吸附能力，必须使吸附质从吸附剂上脱离下来，这种过程称为吸附剂的再生。吸附法净化气态污染物应包括吸附和吸附剂再生两个过程。

5）吸附量　在一定条件下单位质量吸附剂上所吸附的吸附质的量称为吸附量，用（kg 吸附质/kg 吸附剂）来表示，也可以用质量分数来表示。它是衡量吸附剂吸附能力的重要物理量，因此在工业上被称为吸附剂的活性。

（2）吸附法的基本原理

1）弗伦德里希（Freundlich）公式

$$q = x/m = ap^{1/n} \tag{5-5}$$

式中　q——单位吸附剂在吸附平衡时的饱和吸附量，m^3/kg 或 kg/kg；

x——被吸附组分的量，m^3 或 kg；

m——吸附剂的量，kg；

p——被吸附组分的浓度或分压；

a，n——经验常数；对于一定的吸附物质，仅与平衡时的分压和温度有关，其值需由试验确定，$n \geqslant 1$。

式（5-5）并不能表示出上面所说过的吸附等温线在低压部分和高压部分时的特点，但是广泛的中压部分，此式却能很好地符合实验数据。

在实际应用时通常取它的对数形式，即

$$\lg q = \lg \frac{x}{m} = \lg a + \frac{1}{n} \lg p \tag{5-6}$$

在直角坐标系中作图，得一条直线。直线的斜率为 $1/n$，截距为 $\lg a$。

弗伦德里希等温式常常用于低浓度气体的吸附，例如用活性炭脱除低浓度的醋酸蒸气时常用此方程。另外也常用于未知组成物质的吸附，如有机物或矿物油的脱色。此时可通过实验确定常数 a 与 n 值。CO 在活性炭上的吸附也能较好地符合弗伦德里希等温式。但在压力低或较高时，就会产生较大的偏差。此外常数 a 和 n 的意义没有得到解释。

2）朗缪尔（Langmuri）吸附理论

假设：① 固体表面的吸附能力只能进行单分子层吸附，即当吸附质碰到固体空余表面便被吸附，此时该处的不饱和力场得到饱和，以后其他吸附质子再次碰到已被吸附的分子上，就做完全碰撞而离去，被吸附的分子之间互不影响。

② 固体表面各处的不饱和力相等，表面均匀，即各处的吸附热相等。

根据上面两条假设，可以作如下推导。令 θ 代表任一瞬间已被吸附的固体表面积与固体总面积之比，或代表已被吸附分子数和固体表面全部吸附时的分子总数的比值，即

$$\theta = \frac{\text{已覆盖的面积}}{\text{固体总面积}} = \frac{q}{q_{\max}} \tag{5-7}$$

式中　q——已被吸附的量，m^3/kg；

$q_{\max}$——饱和吸附量，m^3/kg。

$$q = \theta q_{\max} = q_{\max} kp/(1+kp) \tag{5-8}$$

此式即为朗缪尔吸附等温式。

当压力 p 很小时，$kp \ll 1$，则 $q = q_{\max} kp$；当压力 p 很大时，$kp \gg 1$，则 $q = q_{\max} p$。即此时吸附量与气体压力无关，吸附达到饱和。

当压力 p 为中等时，$q = q_{\max} p^{\frac{1}{n}}$，此与弗伦德里希式相同。

由朗缪尔等温公式得到的结果与许多实验现象相符合，能够解释许多实验结果，因此朗缪尔等温公式仍是目前常用的基本等温公式。

3）BET（Brunauer，Emmett，Teller）多分子层吸附理论　BET 理论是在朗缪尔理论的基础上加以发展的，它除了接受朗缪尔理论的几条假设，即吸附与脱附在吸附剂表面达到动态平衡、固体表面是均匀的、被吸附分子不受其他分子影响等以外，还认为在吸附剂表面下吸附了一层分子以后，由于范德华力的作用还可以吸附多层分子。当然，第一层的吸附与以后各层的吸附有本质的不同，前者是气体分子与固体表面直接发生联系，而第二层以后各层则是相同分子之间的相互作用；第一层的吸附热也与以后各层不尽相同，而第二层以后各层的吸附热都相同，接近于气体的凝聚热。在吸附过程中，不等上一层饱和就可以进行下一层吸附，各吸附层之间存在着动态平衡。当吸附达到平衡后，气体的吸附量 V 等于各层吸附量的总和，在等温时有如下关系：

$$\frac{p}{V(p_0-p)} = \frac{1}{V_m C} + \frac{(C-1)p}{V_m C p_0} \tag{5-9}$$

式中　V——在压力为 p 温度为 T 的条件下吸附的气体体积（换算为标准状态下）；

p_0——温度为 T 时，吸附质的饱和蒸气压；

V_m——假定表面填满一层分子时所吸附的气体体积（需换算为标准状态下）；

C——给定温度下的常数。

式（5-9）也是一个点斜式直线方程。

推导 BET 方程时，也做了一系列的假定，因此和其他吸附等温式一样，在使用上也有一定的局限性。例如推导此方程式时，曾假设所有的毛细管直径的尺寸都是一样的，有了这样的假定 BET 学说就不能很好地适用于活性炭的吸附，因为活性炭的空隙大小非常不均匀，但能很吻合地适用于硅胶吸附剂的吸附。

值得注意的是：若以 $\dfrac{p}{V(p_0-p)}$ 对 $\dfrac{p}{p_0}$ 作直角坐标图，在 $\dfrac{p}{p_0}=0.05\sim0.35$ 的范围内，可得到一直线，由直线的斜率 $\dfrac{C-1}{V_mC}$ 和 $\dfrac{1}{V_mC}$ 可以计算出 C 和 V_m，而从 V、T、p，可计算出一个单分子层的分子数目，以单个分子截面积乘这个数，即得到固体表面的吸附面积。

这是测定固体吸附表面积的有效方法，也常用此法来测定催化剂的吸附面积。

还应该指出的是，吸附等温线的形状与吸附剂及吸附质的性质有关，即使同一化学组分的吸附剂，由于制造方法或条件不同，造成吸附剂的性能有所不同，因此吸附平衡数据亦不完全相同，必须针对每个具体情况进行测定。

（3）吸附剂

1）吸附剂的种类和性质

① 活性炭　是将木炭、果壳、煤等含碳原料经炭化、活化后制成的，技术指标见表 5-5。活化方法分为药剂活化和气体活化两大类。药剂活化法就是在原料里加入氯化锌、硫化钾等化学药品，在非活性气氛中加热进行炭化和活化。气体活化法是把活性炭原料在非活性气氛中加热，通常在 700℃ 以下除去挥发组分以后，通入水蒸气、二氧化碳、烟道气、空气等，并在 700~1200℃ 温度范围内进行反应使其活化。活性炭含有很多毛细孔构造所以具有优异的吸附能力。活性炭的孔径一般为 50nm 以下、活性焦炭 20nm 以下、炭分子筛 10nm 以下。活性炭纤维是用超细的活性炭微粒与各种纤维素、人造丝、纸浆等混合制成各种不同类型的纤维状活性炭，它的孔径范围在 0.5~1.4nm。活性炭纤维是一种新型的高效吸附剂，具有较大的吸附量和较快的吸附速率，主要用于吸附各种无机和有机气体、水溶性有机物、重金属离子等，特别对一些恶臭物质的吸附量比颗粒活性炭要高出 40 倍。

表 5-5　活性炭的技术指标范围

堆密度/（kg/m³）	200~600	孔容/（cm³/g）	0.01~0.1	比热容/〔kJ/（kg·℃）〕	0.84
灰分/%	0.5~8.0	比表面积/（m²/g）	600~1700	着火点/℃	300
水分/%	0.5~2.05	平均孔径/nm	0.7~1.7		

活性炭具有非极性表面、疏水性和亲有机物的吸附剂，常常被用来吸附回收空气中的有机溶剂（如苯、甲苯、乙醇、乙醚、甲醛等），还可以用来分离某些烃类气体以及用来除臭。活性炭的主要缺点是具有可燃性，使用温度一般不超过 200℃。

② 活性氧化铝　是指氧化铝的水合物加热脱水而形成的多孔物质，技术指标见表 5-6。氧化铝晶格构型分为 α 型、γ 型和中间型，起吸附作用的主要是 γ 型。它吸附极性分子，无

毒，机械强度大，不易膨胀，比表面积大，约为 $150\sim350m^2/g$，宜在 $200\sim250℃$ 下再生，在污染物控制技术中常用于石油气的脱硫及含氟废气的净化。

表 5-6　活性氧化铝的技术指标

堆密度/（kg/m³）	608～928	比表面积/（m²/g）	210～360	最高稳定温度/℃	500
比热容/［kJ/（kg·℃）］	0.88～1.04	平均孔径/nm	1.8～4.8		
孔容/（cm³/g）	0.5～2.0	再生温度/℃	200～250		

③ 硅胶　是一种坚硬、无定形链状和网状结构的硅酸聚合物颗粒，它是用硅酸钠与酸反应生成硅胶凝胶（$SiO_2·nH_2O$），然后在 $115\sim130℃$ 下烘干、破碎、筛分而制成各种粒度的产品。硅胶具有良好的亲水性，在工业上主要用于气体的干燥和从废气中回收烃类气体，也用作催化剂的载体。工业上用的硅胶分成粗孔和细孔两种，技术指标见表 5-7。

表 5-7　工业用硅胶的主要技术指标

堆密度/（kg/m³）	800	比表面积/（m²/g）	600
比热容/［kJ/（kg·℃）］	0.92	SiO₂ 含量/%	99.5

④ 沸石分子筛　是具有多孔骨架结构的硅酸盐结晶体。当 SiO_2 和 Al_2O_3 的单元比是 2 时为 A 型，在 $2.3\sim3.3$ 之间时为 X 型，在 $3.3\sim6$ 之间时为 Y 型。按孔径从小到大的顺序，A 型分子筛又分为 3A、4A 和 5A 型。

沸石分子筛具有如下特点。

a. 具有很高的吸附选择性　沸石分子筛具有许多均匀的微孔，比孔径小的分子能进入空穴而被吸附，比孔径大的分子被拒之孔外，具有较强的选择性。可以从废气中选择性地除去 NO_x、H_2O、CO_2、CO、CS_2、H_2S、NH_3、CCl_4 和烃类等气态污染物。而硅胶、活性炭等，其孔径大小都极不一致，因而没有明显的选择性。分子筛又是一种离子型吸附剂，对极性分子，特别是水具有较强的亲和力，分子筛对不饱和有机物也具有选择性吸附能力。

b. 具有很强的吸附能力　分子筛的空腔多，孔道小，比表面积大。由于空腔周围叠加力场的作用，使得它的吸附能力很强，即使在气体组分含量很低时，也仍然具有较强的吸附能力。当气体的相对湿度较高时，硅胶和活性氧化铝对水均有较大的吸附容量，甚至比分子筛还高，但当气体中的水分含量较低时，这两种吸附剂对水分的吸附能力急剧下降，而分子筛仍然保持着很高的吸附能力。分子筛在较高的温度下也能保持着较高的吸附能力。

c. 是强极性吸附剂，对极性分子特别是对水分子具有很强的亲和力。

d. 热稳定性和化学稳定性高。

⑤ 吸附树脂　大孔吸附树脂有带功能团的，也有不带功能团的；有非极性的，也有强极性的。大孔吸附树脂比起活性炭来它的物理化学性能较稳定，品种较多，能用于废水处理、纤维素的分离及过氧化氢的精制等，但较为昂贵。

2）吸附剂的选择　基本要求如下所述。

① 大的比表面积和孔隙率（由于吸附作用主要发生在空穴的表面上，空穴越多，内表面越大，则吸附性能越好）。

② 良好的选择性，对不同气体具有选择性吸附作用。

③ 良好的再生性能。

④ 机械强度大，化学稳定性强、热稳定性好。

⑤ 原料来源广泛，造价低廉。

⑥ 大的吸附容量。吸附容量是指在一定温度和一定的吸附质浓度下，单位质量或单位体积的吸附剂所能吸附的最大质量。吸附容量除与吸附剂表面积有关外，还与吸附剂的空隙大小、孔径分布、分子极性与吸附分子上官能团性质等有关。

选择步骤叙述如下。

① 初步选择

a. 对于极性分子，可优先考虑使用分子筛、硅胶和活性氧化铝。对于非极性分子或相对分子量较大的有机物，应选用活性炭。活性炭对碳氢化合物具有良好的选择性和较强的吸附能力。

b. 对分子较大的吸附质，应选用活性炭和硅胶等孔径较大的吸附剂，而对于分子较小的吸附质，则应选用分子筛。

c. 在选择吸附剂时还必须注意的一点是吸附质分子的大小必须小于微孔的大小。

d. 当污染物的浓度较大而净化要求不高时，可采用吸附能力适中而价格便宜的吸附剂。当污染物浓度较高而净化要求也很高时，考虑用不同的吸附剂进行两级吸附处理。

② 活性与寿命实验　对初步选出的一种或几种吸附剂应进行活性和寿命实验。

③ 经济评估　对初步选出的几种吸附剂进行经济评估，从中选用费用低，效果较好的吸附剂。

3）吸附剂的应用范围　不同吸附剂的应用范围见表 5-8。

表 5-8　不同吸附剂的应用范围

吸　附　剂	应　用　范　围
活性炭	苯、甲苯、二甲苯、甲醛、乙醇、乙醚、煤油、汽油、光气、乙酸乙酯、苯乙烯、CS_2、CCl_4、$CHCl_3$、CH_2Cl_2、H_2S、Cl_2、CO、SO_2、NO_2
活性氧化铝	H_2S、SO_2、HF、烃类
硅胶	H_2S、SO_2、烃类
分子筛	H_2S、Cl_2、CO、SO_2、NO_x、NH_3、Hg（气）、烃类
褐煤、泥煤	SO_2、SO_3、NO_x、NH_3

4）吸附剂的使用条件　各种吸附剂的使用条件见表 5-9。

表 5-9　各种吸附剂使用条件

使　用　环　境	活　性　炭	活性氧化铝	分　子　筛
酸性	不可	良	良
碱性	良	不可	不可

5）吸附剂的再生方法　吸附剂的容量有限，当吸附达到饱和或者接近饱和的时候，必须对其进行再生处理。常用的再生方法有加热升温解析再生、降压或真空解析再生、置换再生、溶剂萃取再生、吹扫再生、化学再生等。

① 升温解析再生　该方法是通过升高吸附剂温度，使吸附质脱附，吸附剂再生。几乎各种吸附剂都可用热再生法恢复吸附能力。不同的吸附过程需要不同的温度，吸附作用越

强，脱附时需加热的温度越高。

② 降压或真空解析再生 吸附过程与气相的压力有关，压力高时，吸附进行得快；当压力降低时，脱附占优势。因此，通过降低操作压力可使吸附剂再生。

③ 吹扫再生 向再生设备中通入不被吸附的吹扫气体，降低吸附质在气相中的分压，使其解析出来。操作温度越高，通气温度越低，效果越好。

④ 置换再生 该法是选择合适的气体（脱附剂），将吸附质置换与吹脱出来。这种再生方法需加一道工序，即吸附剂的再脱附，以使吸附剂恢复吸附能力。脱附剂与吸附质的被吸附性能越接近，则脱附剂用量越省。若脱附剂被吸附程度比吸附质强时，属置换再生，否则，吹脱与置换作用都兼有。该法较适用于对温度敏感的物质。

⑤ 化学再生 向床层中通入某种物质使其与被吸附的物质发生化学反应，生成不易被吸附物质而被解析下来。

⑥ 溶剂萃取再生 选择合适的溶剂，使吸附质在该溶剂中的溶解性能远大于吸附剂对吸附质的吸附作用，将吸附质溶解下来。例如，活性炭吸附 NH_3 后，用水洗涤，再进行适当的干燥便可恢复吸附能力。

（4）影响气体吸附的因素

1）操作条件的影响 主要指温度、压力、气体流速等。低温有利于物理吸附，适当升高温度有利于化学吸附。增大气相主体压力及增大了吸附质分压，有利于吸附。气流速度对固定床应控制在 0.2～0.6m/s。

2）吸附剂性质的影响 如孔隙率、孔径、粒度、会影响比表面积，从而影响吸附效果。

3）吸附质性质的影响 如吸附质分子的临界直径、吸附质的相对分子质量、沸点和饱和性会影响吸附量，相对分子质量越大、沸点越高，吸附量就越大；不饱和性越高，则越易被吸附。

4）吸附质浓度的影响 吸附质在气相中的浓度越大，吸附量也就越大，但浓度大必然使吸附剂很快饱和，再生频繁。因此，吸附法不宜净化污染物浓度高的废气。

（5）常用的吸附设备

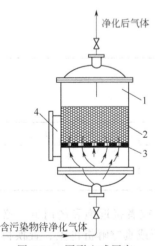

图 5-15 圆形立式固定
床吸附器示意图

1—固定床吸附器；2—吸附剂层；
3—气流分布板；4—人孔

工业上的吸附过程，按操作的连续与否可分为间歇吸附过程和连续吸附过程；按吸附剂的移动方式和操作方式可分为固定床吸附、移动床吸附、流化床吸附和多床串联吸附等；按照吸附床再生的办法又可分为升温解析循环再生吸附（变温吸附）、减压循环再生吸附（变压吸附）、溶剂置换再生吸附等。

1）固定床吸附器 多为圆柱形立式设备，内部设有格板或孔板，其上放置吸附剂颗粒，废气流过吸附剂颗粒间的间隙，进行吸附分离，净化后的气体由吸附塔顶排出。一般是定期通入需净化的气体，定期再生，用两台或多台固定床轮换进行吸附与再生操作。优点是结构简单，价格低廉，特别适合于小型、分散、间歇性污染源排放气体的净化。缺点是间歇操作，为保证操作正常运行，设计多台吸附器相互切换使用。固定床吸附器如图 5-15 所示。

立式吸附器床层高度在 0.5～2.0m 的范围内，吸附剂填充

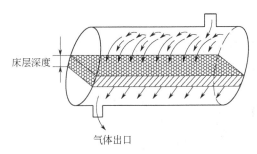

图 5-16　圆形卧式固定床吸附器示意图

在栅板上。为了防止吸附剂漏到栅板的下面，在栅板上放置两层不锈钢网。吸附剂再生的常用方法是从栅板的下方将饱和蒸气通入床层。为了防止吸附剂颗粒被带出，在床层上方用钢丝网覆盖。在处理腐蚀性流体混合物时，采用由耐火砖和陶瓷等防腐蚀材料制成的具有内衬的吸附器。

卧式吸附器（见图 5-16），其壳体为圆柱形，封头为椭圆形，一般用不锈钢或碳钢制成。吸附剂床层高度为 0.5～1.0m。卧式吸附器的优点是流体阻力小，可减少动力消耗；缺点是吸附剂床层横截面积大，易产生气流分配不均匀现象。

2）移动床吸附器　在移动床吸附器中，固体吸附剂在吸附床中由上向下移动，而气体则由下向上流动，形成逆流操作。移动床吸附器主要由吸附剂冷却器、吸附剂加料装置、吸附剂卸料装置、吸附剂分配板和吸附剂脱附器等部件组成，见图 5-17。吸附剂加料装置、卸料装置和分配板示意图见图 5-18、图 5-19 和图 5-20。

移动床吸附的工作原理：吸附剂从设备顶部进入冷却器，降温后经分配板进入吸附段，借重力作用不断下降，并通过整个吸附器。净化气体从分配板下面引入，自下而上通过吸附段，与吸附剂逆流接触，净化后的气体从顶部排出。当吸附剂下降到汽提段时，由底部上来的脱附气与其接触进一步吸附，将较难脱附的气体置换出来，最后进入脱附器对吸附剂进行再生。

移动床吸附器的特点：处理气量大；适用于稳定、连续、量大的气体净化；吸附和脱附连续完成，吸附剂可以循环使用；动力和热量消耗大，吸附剂磨损大。

3）流化床吸附器　废气从进口管以一定速度进入锥体，气体通过筛板向上流动，将吸附剂吹起，在吸附段完成吸附过程。吸附后的气体进入扩大段，由于气体速度降低，固体吸附剂又回到吸附段，而净化后的气体从出口管排出。

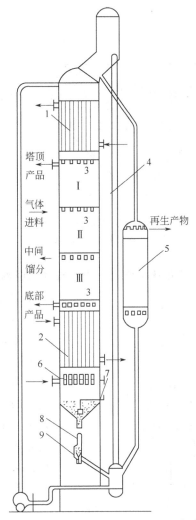

图 5-17　移动床吸附器示意图

Ⅰ—吸附段；Ⅱ—精馏段；Ⅲ—脱附段；1—冷却器；2—脱附塔；3—分配板；4—提升管；5—再生器；6—吸附剂控制机械；7—固粒料面控制器；8—密封装置；9—出料口

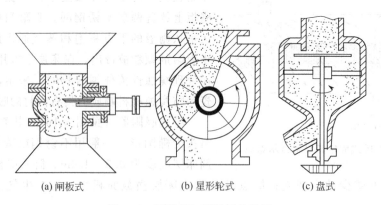

（a）闸板式　　　　　　　（b）星形轮式　　　　　　　（c）盘式

图 5-18　吸附剂加料装置示意图

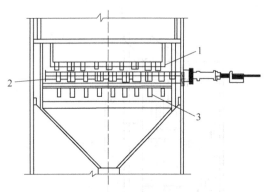

图 5-19　吸附剂卸料装置示意图
1，3—固定板；2—移动板

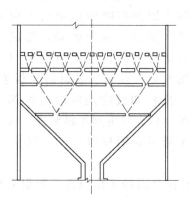

图 5-20　吸附剂分配板示意图

由于流化床操作过程中，气体与吸附剂混合非常均匀，床层中没有浓度梯度，当使用一个床层不能达到净化要求时，可以使用多床层来实现。图 5-21 为流化床吸附器示意图。

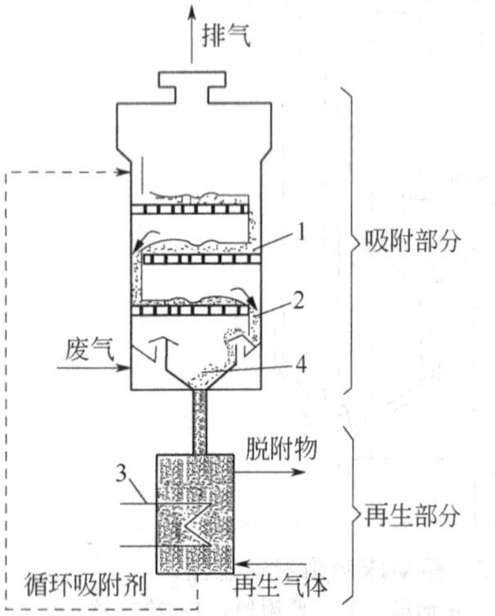

流化床吸附器的优点：由于流体与固体的强烈搅动，大大强化了传质系数；由于采用小颗粒吸附剂，并处于运动状态，从而提高了界面的传质速率，使其适宜于净化大气量的污染废气；由于传质速率的提高，使吸附床的体积减小；由于强烈搅拌和混合，使床层温度分布均匀；由于固体和气体同处于流动状态，可使吸附与再生工艺过程连续化操作。流化床吸附器的最大缺点是炭粒经机械磨损造成吸附剂的损耗。

（6）吸附工艺流程

固定床活性炭吸附-回收流程见图 5-22。有机废气经冷却、过滤、降温并去除固体颗粒后，经风机引入吸附器，吸附后气体排空。两个并联操作的吸附器，当其中一个吸附饱和时则将废气通入另一个吸附器进行吸附，饱和

图 5-21　流化床吸附器示意图
1—扩大段；2—吸附段；
3—筛板；4—锥体

的吸附器中则通入水蒸气进行再生。脱附气体进入冷凝器冷凝，冷凝液流入静止分离器，分离出溶剂层和水层后再分别进行回收或处理。

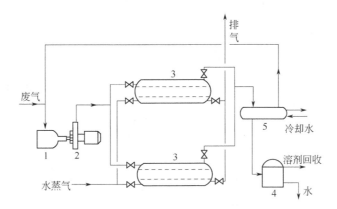

图 5-22　固定床活性炭吸附-回收流程

1—过滤器；2—风机；3—吸附器；4—分离器；5—冷凝器

通常情况下的吸附条件是：常温吸附，吸附层床层空速为 $0.2\sim0.5\mathrm{m/s}$；脱附蒸汽采用低压蒸汽，温度约 110℃左右；脱附周期（含脱附及干燥、冷却）应小于吸附周期，若脱附周期等于或大于吸附周期，则应采用三个吸附器并联操作。

（7）应用实例

氧化铝吸附法净化铝厂含氟废气实例如下。

1）废气的来源和组成　废气主要来自铝电解槽，有害物质主要是氟化物和粉尘，还含有少量的 SO_2 和碳氢化合物，其中氟化物约占 40%。

2）工艺流程及工艺条件　共有两个烟气净化系统，每个净化系统主要由两根排烟管、28 台袋式过滤器、4 台排烟机和 1 座 35m 高的烟囱组成。

工艺过程条件主要是控制电解槽的集气效率、氧化铝的加入量和布袋过滤器的压力损失等。

电解槽的集气效率 98%　　　　　循环氧化铝的加入量　　　　50t/h

新鲜氧化铝的加入量 18.84t/h　　布袋过滤器阻力损失　　　　22～26.7kPa

3）主要的构筑物和设备　主要构筑物有：由 38 块铝合金罩板组成的电解槽密闭罩、390m 长的排烟干管及若干排烟支管。主要的设备见表 5-10。

表 5-10　主要设备

设 备 名 称	数　　量	设 计 参 数	备　　注
氧化铝贮仓	2 座	容量 800t	
载氟氧化铝仓	2 座	容量 500t	
氧化铝日用仓	2 座	容量 30t	
载氟氧化铝日用仓	2 座	容量 30t	
斗式提升机	4 台	25t/h	
斗式提升机	4 台	40t/h	
冰晶石贮仓	2 座	容量 30t	

续表

设 备 名 称	数 量	设 计 参 数	备 注
氟化铝贮仓	2 座	容量 15t	
电磁振动给料器	4 台	5t/h	
回转给料器	4 台	20t/h	
布袋过滤器	56 台	276.5m²/台	选用加拿大 Alcan 铝业公司密克罗-布尔沙型袋式过滤器
排烟机	8 台	压力 3874Pa 流量 2940m³/min 功率 300kW 高度 35m	
烟囱	2 座	高度 35m	
无油空压机	4 台	压力 785Pa 流量 11m³/min 功率 100kW	
压缩空气干燥器	4 台	入口压力 785Pa 流量 11m³/min	
高压鼓风机	6 台	压力 10297Pa 流量 500m³/min 功率 19kW	

4）处理效果和主要技术经济指标　干法净化效果包括电解槽的集气效率、吸附净化效率和生产每吨铝向大气排氟的总量。主要技术经济指标如下。

集气效率	98.2%	基建投资	1400 万元
净化效率	99.2%	工程造价	0.462 元/m³（气）
烟囱排氟浓度	1.3mg/m³	设备总动力	2974kW
天窗排氟浓度	0.48mg/m³	电耗	2.2×10^{-3} kW·h/m³
烟囱排尘浓度	1.5mg/m³	占地面积	2000m²
天窗排尘浓度	0.97mg/m³	年运行费用	351.84 万元
吨铝排氟总量	0.5mg/m³	处理成本	3.2×10^{-4} 元/m³（气）
处理烟气量	3.0×10^7 m³/d		

5）工程设计特点

① 用电解铝原料-氧化铝吸附电解过程中散发的氟化物，然后将吸附氟化物的氧化铝返回电解槽使用。使氟得到回收利用，降低了生产成本。

② 净化工艺流程短，设计合理，运行稳定，净化效率高。

③ 吸附反应在管道内完成，阻力小、能耗低、易操作。

5.1.3 催化法

催化转化法净化气态污染物是利用催化剂的催化作用，将废气中的有害物质转化为无害物质或者易于去除的有害物质的方法。催化转化法又分为催化氧化法和催化还原法两种形式。催化氧化法是使有害气体在催化剂的作用下，与空气中的氧气发生反应，转化为无害气体的方法。例如，含碳氢化合物的废气，经过催化氧化，碳氢化合物转化为无害的二氧化碳和水；再如，净化尾气中的二氧化硫，在五氧化二钒的作用下将二氧化硫转化为三氧化硫的过程，也属于催化氧化过程。催化还原法是使有害气体在催化剂的作用下，和还原气体发生化学反应，变为无害气体的方法，如氮氧化物在催化剂的作用下，转化为氮气和水的过程属于催化还原。

催化转化法主要优点有：①对不同浓度的污染物具有很高的转化率；②污染物与主气流不需要分离，避免了可能产生的第二次污染；③操作过程简化。

催化转化法主要缺点有：催化剂较贵，且废气预热需要消耗一定能量，这样使净化处理的费用增加。

（1）催化剂的定义

催化剂是一种物质，它能够加速反应的速率而不改变该反应的标准 Gibbs 自由熵（ΔG）。催化剂会诱导化学反应发生改变，而使化学反应变快或者在较低的温度环境下进行化学反应。催化剂可使化学反应物在质量不变的情况下，经由只需较少活化能的路径来进行化学反应。而通常在这种能量下，分子不是无法完成化学反应，就是需要较长时间来完成化学反应。但在有催化剂的环境下，分子只需较少的能量即可完成化学反应。

（2）催化作用

在催化反应中，催化剂与反应物发生化学作用，改变了反应途径，从而降低了反应的活化能，这是催化剂得以提高反应速率的原因，如化学反应：

$$A + B \longrightarrow AB \tag{5-10}$$

所需活化能为 E。

加入催化剂 C 后，反应分两步进行。

$$A + C \longrightarrow AC \tag{5-11}$$

$$AC + B \longrightarrow AB + C \tag{5-12}$$

这两步的活化能之和都比 E 值小得多。

催化作用的两个主要特征如下所述。

① 催化作用只能加速化学反应速率，缩短达到平衡的时间，而不能移动平衡关系，也不能使热力学中不可能成立的化学反应生成。

② 催化作用有特殊的选择性，废气中同一污染物，在不同的催化剂作用下，可能会有不同的反应产物。

（3）催化剂的组成

工业用固体催化剂中，主要包括活性物质、助催化剂和载体。

活性物质是催化剂组成中对改变化学反应速度做出贡献的组分。助催化剂是存在于催化剂基本成分中的添加剂。这类物质单独存在时本身没有催化活性，当它与活性组分共存时，就能显著地增强催化剂的催化活性。载体是承载活性物质和助催化剂的物质。其基本作用是提高活性组分的分散度。载体还能使催化剂具有一定的形状和粒度，能增强催化剂的机械强度。常用的载体材料有硅藻土、硅胶、分子筛、氧化铝等。常用的几种催化剂及组成见表 5-11。

表 5-11 净化气态污染物常用的几种催化剂及组成

用　　途	活 性 物 质	载　　体
有色冶炼烟气制酸，硫酸厂尾气回收制酸等 SO_2 转为 SO_3	V_2O_5 含量 6%～12%	SiO_2（助催化剂 K_2O 或 Na_2O）
硝酸生产及化工等工艺尾气 NO_2 转为 N_2	Pt、Pd 含量 0.5%	Al_2O_3-SiO_2
	$CuCrO_2$	Al_2O_3-MgO
碳氢化合物净化，CO 及碳氢化合物转为 CO_2 和 H_2O	Pt、Pd、Rh	Ni、NiO、Al_2O_3
	CuO、Cr_2O_3、Mn_2O_3、稀土金属氧化物	Al_2O_3
汽车尾气净化	Pt（0.1%）	硅铝小球、蜂窝陶瓷
	碱土、稀土、过渡金属氧化物	α-Al_2O_3、γ-Al_2O_3

（4）催化剂的制备及使用

1）催化剂的制备　制备催化剂的方法是将催化剂的活性组分分载于催化剂的载体上。制备合格的固体催化剂，通常要经过制备（使之具有所需的化学组分）、成型（使其几何尺寸和外形满足要求）和活化（使其化学形态和物理结构满足活泼态催化剂的要求）等步骤。

①制备方法　目前常用的方法主要包括浸渍法、混捏法和沉淀法等三种形式，其中最常见的是浸渍法。除此之外还有滚涂法、粒子交换法、热熔法、锚定法等，通常根据不同催化剂制备的要求而选择相应的方法。

②催化剂成型　常见的成型方法包括喷雾成型、油柱成型、转动成型、挤条成型和压片成型等。

2）催化剂的使用　催化法治理废气的一般工艺过程包括：①废气预处理去除催化剂毒物及固体颗粒物（避免催化剂中毒）；②废气预热到要求的温度；③催化反应；④废热和副产品的回收利用等。

（5）催化剂的性能

催化剂的性能主要包括催化剂的活性、选择性和稳定性。

1）催化剂的活性　催化剂的活性是衡量催化剂催化性能大小的标准。工业催化剂的活性是用在一定条件下单位体积催化剂在单位时间内所得到的产品的产量来表示的。

$$A = \frac{m_1}{t m_2} \tag{5-13}$$

式中　A——催化剂的活性，kg/（h·g）；

m_1——产品的产量，kg；

m_2——催化剂的质量，g；

t——反应时间，h。

在实验室里，通常采用催化剂的比活性来表示。比活性是催化剂单位面积上所呈现的催化活性。若 1g 催化剂的表面积为 S，总活性为 A，则比活性 A_0 可用下式表示。

$$A_0 = \frac{A}{S} \tag{5-14}$$

2) 催化剂的选择性　如果化学反应可能同时向几个平行方向发生，催化剂只对其中的某一个反应起加速作用的性能，成为催化剂的选择性。一般可用原料通过催化剂的床层后，得到的目标产物量与参加反应的原料量的比值来表示，可用下式计算。

$$B = \frac{n_1}{n_2} \times 100\% \tag{5-15}$$

式中　B——催化剂的选择性；

　　　n_1——所得目标产物的量，mol；

　　　n_2——参加反应原料的量，mol。

3) 催化剂的稳定性　催化剂在化学反应过程中保持活性的能力称为催化剂的稳定性。稳定性包括热稳定性、机械稳定性和抗毒性，通常采用使用寿命来表示催化剂的稳定性。

影响催化剂稳定性主要有催化剂的老化和中毒两个方面。老化指的是催化剂在正常工作条件下逐渐失去活性的过程。一般来说，温度越高，老化速度就越快。中毒指的是反应物料中少量的杂质使催化剂活性迅速下降的现象。致使催化剂中毒的物质称为催化剂毒物。催化剂中毒分为暂时性中毒和永久性中毒，前者采用通水蒸气等简单方法可以恢复其活性，后者则不能。催化剂中毒的原因是由于活性表面被破坏或其活性中心被其他物质所占据，导致催化剂的活性和选择性迅速下降。

(6) 催化剂的选择

由于催化剂能够有效地改善化学反应速率，提高产率，所以在工业生产过程中被广泛使用。对于催化剂的选用应该注意以下问题。

① 具有极高的净化效率，使用过程中不产生二次污染；

② 具有较高的机械强度；

③ 具有较高的耐热性和热稳定性；

④ 抗毒性强，具有尽可能长的使用寿命；

⑤ 化学稳定性好，选择性高；

⑥ 价格低廉，容易获得。

(7) 催化反应器

常用的反应器分为固定床和流化床，还有移动床和悬浮床。工业上，固定床使用柱状、片状及球状等大小在 4mm 以上的催化剂。流化床使用直径在 $20 \sim 150 \mu m$ 的球形催化剂。移动床催化剂颗粒为 $3 \sim 4mm$，悬浮床催化剂颗粒直径为 $1 \mu m \sim 1mm$。

固定床反应器的主要优点是：反应速度较快；催化剂用量较少；操作方便（流体停留时间可以严格控制，温度分布可以适当调节）；催化剂不易磨损。主要缺点就是传热性能差。

按照反应器的结构可将固定床反应器分为管式和径向反应器等。按反应器的温度条件和传热方式又分为等温式、绝热式和非绝热式反应器。绝热式反应器又分为单段式和多段式。

1) 单段式绝热反应器　如图 5-23 所示。反应气体从圆筒体上部通入，经过预分布装置，均匀地通过催化剂层，反应后的气体经下部引出。该类反应器结构简单，造价低廉，气体阻力小，反应器内部体积得到充分利用，但床层温度分布不均匀。适用于气体中污染物浓度低，反应热效应小，反应温度波动范围宽的特点。在催化燃烧、净化汽车排放气以及喷漆、电缆等行业中，控制有机溶剂污染大多采用单段式绝热反应器。

2) 多段式绝热反应器　多段式绝热反应器见图 5-24，是将多个单层绝热床串联起来。热量由两个相邻床层之间引入或引出，使各个单个绝热床的反应能控制在比较合适的温度范围内。

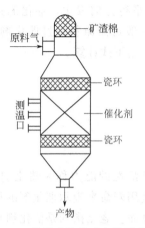

图 5-23 单段式绝热反应器示意图

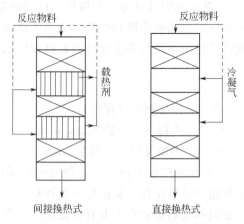

图 5-24 多段式绝热反应器示意图

3）管式固定床反应器 管式固定床反应器（见图 5-25）属于非绝热式反应器，其结构类似于管式换热器。催化剂装填的部位不同，可分为多管式和列管式。在多管式反应器中，催化剂装填在管内，载热体或冷却剂在管外流动；而列管式反应器则不同，催化剂装在管间，载热体或冷却剂由管内通过。且列管式反应器催化剂装载量大，生产能力强，传热面积大，传热效果好，但在管间装填催化剂不太方便。若催化剂的寿命长，要求换热条件好时可以使用管式反应器。

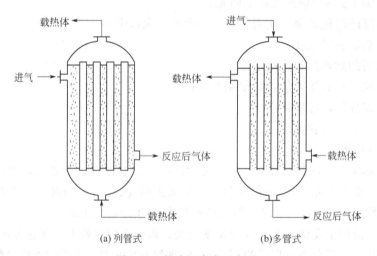

(a) 列管式   (b)多管式

图 5-25 管式固定床反应器

5.1.4 燃烧法

燃烧法是对含有可燃性有害组分的混合气体进行氧化燃烧或高温分解，使有害组分转化为无害组分的方法。现广泛应用于石油工业、化工、食品、喷漆、绝缘材料等主要含有碳氢化合物（CH_x）废气的净化。燃烧法还可以用于 CO、恶臭、沥青烟等可燃有害组分的净化。有机气态污染物燃烧后生成 CO_2 和 H_2O，同时可以回收热能。燃烧法分为直接燃烧法、热力燃烧法和催化燃烧法。

（1）直接燃烧法

直接燃烧法也称为直接火焰燃烧，是把废气中可燃的有害组分当做燃料直接燃烧，从而达到净化目的。该方法只能用于净化可燃有害组分浓度较高或燃烧热值较高的气体。

（2）热力燃烧法

热力燃烧是利用辅助燃料燃烧放出的热量将混合气体加热到要求的温度，使可燃有害组分在高温下分解成为无害物质，以达到净化目的。热力燃烧所使用的燃料一般为天然气、煤油、油等。

1）热力燃烧过程　热力燃烧过程可分为三个步骤：首先是辅助燃料燃烧，其作用是提供热量，以便对废气进行预热；第二步是废气与高温燃气混合并使其达到反应温度；最后是废气中可燃组分被氧化分解，在反应温度下充分燃烧，净化后的气体经热回收装置回收热能后排空。

2）热力燃烧条件和影响因素　温度和停留时间是影响热力燃烧的重要因素。对于大部分物质来说，温度在 $740\sim820℃$，停留时间在此温度 $0.1\sim0.3s$ 内可以反应完全；大多数的碳氢化合物在 $590\sim820℃$ 范围内即可完全氧化，但 CO 和炭粒则需要较高的温度和较长的停留时间才能燃烧完全。

3）热力燃烧装置　进行热力燃烧的专用装置称为热力燃烧炉。热力燃烧炉的主体结构包括燃烧器和燃烧室两部分。燃烧器的作用是使辅助燃料燃烧生成高温燃气；燃烧室的作用是使高温燃气与废气湍流混合达到反应所需的温度，并使废气在其中的停留时间达到要求。

4）热力燃烧的特点　热力燃烧的特点是：①需要进行预热，温度范围控制在 $540\sim820℃$，可以烧掉废气中的炭粒，气态污染物最终被氧化分解为 CO_2、H_2O 和 N_2 等；②燃烧状态是在较高温度下停留一定时间的有焰燃烧；③可适用于各种气体的燃烧，能除去有机物及超细颗粒物；④热力燃烧设备结构简单，占用空间小，维修费用低。热力燃烧的主要缺点是操作费用高，易发生回火，燃烧不完全时产生恶臭。

（3）催化燃烧法

催化燃烧是指在催化剂存在的条件下，废气中可燃组分能在较低的温度下进行燃烧。催化燃烧法的最终产物为 CO_2 和 H_2O，无法回收废气中原有的组分，因此操作过程中能耗大小及热量回收的程度将决定催化燃烧法的应用价值。目前，催化燃烧法已应用于金属印刷、绝缘材料、漆包线、炼焦、油漆、化工等多种行业中有机废气的净化。

1）催化燃烧的催化剂　用于催化燃烧的催化剂以贵金属 Pt、Pd 使用最多，因为这些催化剂的活性好，使用寿命长。我国由于贵金属资源稀少，研究较多的为稀土催化剂，目前已研制使用的催化剂见表 5-12。

表 5-12　催化剂性能

催化剂	活性组分含量/%	90%转化温度/℃	最高使用温度/℃
Pt-Al$_2$O$_3$	0.1～0.5	250～300	650
Pd-Al$_2$O$_3$	0.1～0.5	250～300	650
Pd-Ni、Cr 丝或网	0.1～0.5	250～300	650
Pd-蜂窝陶瓷	0.1～0.5	250～300	650
Mn、Cu-Al$_2$O$_3$	5～10	350～400	650
Mn、Cu、Cr-Al$_2$O$_3$	5～10	350～400	650
Mn-Cu、Co-Al$_2$O$_3$	5～10	350～400	650
Mn、Fe-Al$_2$O$_3$	5～10	350～400	650
锰矿石颗粒	25～35	300～350	500
稀土元素催化剂	5～10	350～400	700

催化燃烧的催化剂主要有以 Al_2O_3 为载体的催化剂和以金属为载体的催化剂。前者现已使用的有蜂窝陶瓷钯催化剂、蜂窝陶瓷铂催化剂、γ-Al_2O_3 粒状催化剂、γ-Al_2O_3 稀土催化剂等。后者已经使用的有镍铬丝篷体球钯催化剂、铂钯/镍铬带状催化剂、不锈钢丝网钯催化剂等。

2）催化燃烧工艺流程　催化燃烧基本工艺流程如图 5-26 所示，主要由预热器、热交换器、反应器及预处理设备组成。

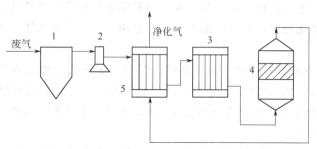

图 5-26　催化燃烧基本工艺流程
1—预处理；2—鼓风机；3—预热器；4—反应器；5—热交换器

具体流程：① 进入催化燃烧装置的气体首先要经过预处理，出去粉尘、液滴及有害成分，避免催化床的堵塞和催化剂中毒；② 进入催化床层的气体必须预热，使其达到起燃温度，只有达到起燃温度催化反应才能进行；③ 由于催化反应放出大量的热，因此燃烧尾气的温度很高，对这部分热量必须加以回收利用。

3）催化燃烧的特点　催化燃烧的特点是：① 需要预热，温度控制在 200～400℃，为无火焰燃烧，安全性好；② 燃烧温度低，辅助燃料消耗少；③ 对可燃性组分的浓度和热值限制较小，但组分中不能含有尘粒、雾滴和易使催化剂中毒的气体。催化燃烧主要缺点是催化剂的费用高。

5.1.5　冷凝法

冷凝法是利用物质在不同温度下具有不同的饱和蒸气压的性质，采用降低系统的温度或提高系统的压力，使处于蒸气状态的污染物冷凝并从废气中分离出来的方法。

（1）冷凝法基本原理

在气液两相共存体系中，蒸气态物质由于凝结变为液态物质，液态物质由于蒸发变为气态物质。当凝结与蒸发的量相等时即达到了平衡状态。相平衡时液面上的蒸气压力即为该温度下与该组分相对应的饱和蒸气压。若气相中组分的蒸气压小于其饱和蒸气压时，液相组分继续蒸发；若气相中组分的蒸气压大于其饱和蒸气压时，蒸气就将凝结为液体。

同一物质饱和蒸气压的大小与温度有关，温度越低，饱和蒸气压值就越小。对于含有一定浓度的有机物废气，若将其温度降低，废气中有机物蒸气的浓度不变，但与其相应的饱和蒸气压值随温度的降低而降低。当降到某一温度时，与其相应的饱和蒸气压值就会低于废气组分分压，该组分就凝结为液体。在一定的压力下，一定组分的蒸气被冷却时，刚出现液滴时的温度称为露点温度。冷凝法就是将气体中的有害组分冷凝为液体，从而达到了分离净化的目的。

（2）冷凝法特点

① 适宜净化高浓度废气，特别是有害组分单一的废气；② 可以作为燃烧与吸附净化的

预处理；③ 可用来净化含有大量水蒸气的高温废气；④ 所需设备和操作条件比较简单，回收物质纯度高。⑤ 不适合用来净化低浓度废气。

（3）冷凝法流程和设备

根据所使用的设备不同，可以将冷凝法流程分为直接冷凝（见图 5-27）和间接冷凝（见图 5-28）两种。

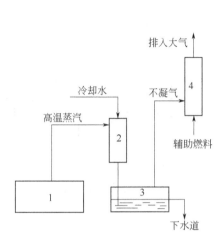

图 5-27　直接冷凝流程
1—真空干燥炉；2—接触冷凝器；
3—热水池；4—燃烧净化炉

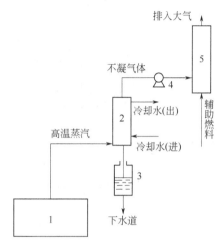

图 5-28　间接冷凝流程
1—真空干燥器；2—冷凝器；3—冷凝液贮槽；
4—风机；5—燃烧净化炉

冷凝法所用的设备主要分为表面冷凝器和接触冷凝器两大类。

表面冷凝器将冷却介质与废气隔开，通过间壁进行热量交换，使废气冷却。典型的设备如列管式冷凝器、喷淋式蛇管冷凝器等（见图 5-29 和图 5-30）。在使用这一设备时，可以回收被冷凝组分，但冷却效率较差。

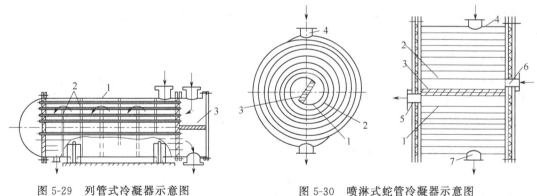

图 5-29　列管式冷凝器示意图
1—壳体；2—挡板；3—隔板

图 5-30　喷淋式蛇管冷凝器示意图
1，2—金属片；3—隔板；4，5—冷流体连接管；6，7—热流体连接管

接触冷凝器是将冷却介质与废气直接接触进行热量交换的设备（见图 5-31），如喷淋塔、填料塔、板式塔、喷射塔等均属于这一类设备。冷却介质不仅可以降低废气的温度，而且可以使废气中的有害组分去除。使用这类设备冷却效果好，但冷凝物质不易回收，易造成二次污染，必须对冷凝液进一步处理。

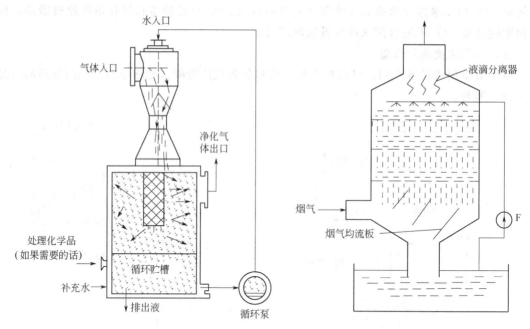

图 5-31 接触冷凝器示意图

5.2 烟气中二氧化硫净化技术

5.2.1 湿法烟气脱硫

湿法烟气脱硫技术是用含有吸收剂的溶液或浆液在湿状态下去除烟气中的 SO_2 和处理脱硫产物的技术。由于是气液反应，因此脱硫反应速率快，效率高，易操作控制，系统运行稳定可靠，是目前广泛采用的方法之一。多用于燃用中高硫煤机组或大容量机组（＞200MW）的电站锅炉，但系统存在堵塞以及脱硫设备易腐蚀等问题。为了避免二次污染，还必须对污水进行处理，导致运行成本增加。

（1）石灰/石灰石-石膏法

1）反应原理 用石灰石或石灰浆液吸收烟气中的二氧化硫，分为吸收和氧化两个工序，先吸收生成亚硫酸钙，然后再氧化为硫酸钙。

① 吸收过程 在吸收塔内进行，主要反应如下。

石灰浆液作吸收剂：$Ca(OH)_2 + SO_2 \longrightarrow CaSO_3 \cdot \frac{1}{2} H_2O$

石灰石浆液作吸收剂：$CaCO_3 + SO_2 + \frac{1}{2} H_2O \longrightarrow CaSO_3 \cdot \frac{1}{2} H_2O + CO_2$

$$CaSO_3 \cdot \frac{1}{2} H_2O + SO_2 + \frac{1}{2} H_2O \longrightarrow Ca(HSO_3)_2$$

由于烟道气中含有氧，还会发生如下副反应。

$$2CaSO_3 \cdot \frac{1}{2} H_2O + O_2 + 3H_2O \longrightarrow 2CaSO_4 \cdot 2H_2O$$

② 氧化过程 在氧化塔内进行，主要反应如下。

$$2CaSO_3 \cdot \frac{1}{2}H_2O + O_2 + 3H_2O \longrightarrow 2CaSO_4 \cdot 2H_2O$$

$$Ca(HSO_3)_2 + \frac{1}{2}O_2 + H_2O \longrightarrow CaSO_4 \cdot H_2O + SO_2$$

2）工艺流程　石灰/石灰石-石膏法烟气脱硫装置由吸收剂制备系统、烟气吸收及氧化系统、脱硫副产物处置系统、脱硫废水处理系统、烟气系统、自控和在线监测系统等组成。典型的工艺流程如图 5-32 所示。

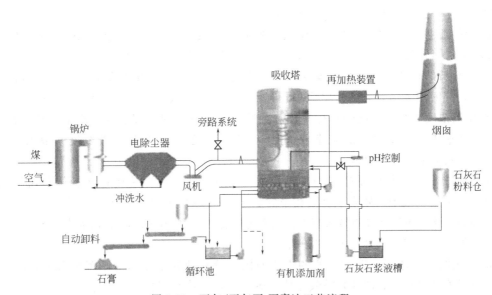

图 5-32　石灰/石灰石-石膏法工艺流程

锅炉烟气经进口挡板门进入脱硫增压风机，通过烟气换热器后进入吸收塔，洗涤脱硫后的烟气经除雾器除去带出的小液滴，再通过烟气换热器从烟囱排放。脱硫副产物经过旋流器、真空皮带脱水机脱水成为脱水石膏。

① 吸收剂制备系统　石灰/石灰石-石膏法烟气脱硫的吸收剂可以采用石灰石，也可以采用生石灰。一般优先选用石灰石作为吸收剂，当厂址附近有可靠优质的生石灰粉供应来源时，可采用生石灰粉作为吸收剂，要求生石灰粉纯度高于 85%。

对于采用石灰石作为吸收剂的系统，为保证脱硫石膏的综合利用，减少废水排放量。用于脱硫的石灰石中 $CaCO_3$ 的含量应高于 90%。石灰石的细度应根据石灰石的特性和脱硫系统与石灰石粉磨制系统综合优化确定。对于燃烧中低含硫燃料煤质的锅炉，石灰石粉的细度应保证 250 目 90% 过筛率；当燃烧中高含硫燃料煤质时，石灰粉的细度宜保证 325 目 90% 过筛率。

② 烟气脱硫系统　烟气脱硫系统主要由吸收塔、烟气再加热装置、旁路系统、有机剂添加装置及烟囱组成。

吸收塔是脱硫装置的核心设备，普遍采用的是集冷却、再除尘、吸收和氧化为一体的新型吸收塔。常见的有喷淋空塔、填料塔、双回路塔和喷射鼓泡塔。

③ 脱硫副产物处置系统　来自吸收塔浓度约为 40%～60% 的石膏浆，经泵进入水力旋流器浓缩，然后通过脱水机脱水成为含水低于 10% 的粉状石膏，再经过皮带运输机存入石膏仓库。

④ 污水处理系统　一般来说，脱硫污水的 pH 值为 4～6，悬浮物含量为 9000～12700mg/L，并含有汞、铅、铜、镍、锌等重金属及砷、氟等非金属。处理的方法是先向污水中加入石灰乳，将 pH 值调至 6～7，去除部分重金属和氟化物。继续加入石灰乳、有机硫和絮凝剂，将 pH 值调至 8～9，使重金属生成氢氧化物和硫化物沉淀。

3）操作影响因素

① 浆液的 pH 值　浆液的 pH 值是影响脱硫效率的重要因素。pH 值高，传质系数增高，SO_2 的吸收速度加快；pH 值低，SO_2 的吸收速度就下降；pH 值下降到 4 以下时，则几乎不能吸收 SO_2。一般情况下，石灰石系统控制 pH 值范围为 5～7。

② 吸收温度　吸收温度低，有利于吸收，但温度过低，会使 H_2SO_3 和 $CaCO_3$ 或 $Ca(OH)_2$ 之间的反应速度降低，因此，一般控制烟气的温度为 50～60℃。

③ 石灰石的粒度　石灰石的粒度直接影响其溶解速度，减少石灰石粒度，可以加快其溶解速度，同时增大与 SO_2 的接触面积，有利于脱硫。一般石灰石粒度为 200～300 目。

④ 浆液浓度　浆液浓度的选择应控制合适，因为过高的浆液浓度易产生堵塞、磨损和结垢，但浆液浓度过低时，脱硫率较低且 pH 值不易控制。石灰浆液浓度一般为 10%～15%。石灰石浆液浓度为 30%。

⑤ 氧化方式　在烟气脱硫过程中，根据不同的要求，可以采用自然氧化和强制氧化。自然氧化是利用烟气中的残余氧将液相中的 SO_3^{2-} 和 HSO_3^- 氧化生成 SO_4^{2-}，氧化率一般小于 15%。强制氧化是向氧化槽中鼓入空气，几乎将所有的 SO_3^{2-} 和 HSO_3^- 氧化生成 $CaSO_4 \cdot 2H_2O$。该产品经处理后可以作为商业石膏出售。

⑥ 防止结垢　造成结垢和堵塞的主要原因是溶液或浆液中水分蒸发而使 $Ca(OH)_2$ 或 $CaCO_3$ 沉积或结晶析出；$CaSO_3$ 被氧化成 $CaSO_4$ 从溶液中结晶析出。其中后者是导致脱硫塔发生结垢的主要原因。

为防止固体沉积，特别是防止 $CaSO_4$ 的结垢，除使吸收器应满足持液量大，气液相间相对速度高，有较大的气液接触表面积，内部构件少，压力降小等条件外，还可采用控制吸收液过饱和和使用添加剂等方法。控制吸收液过饱和的最好方法是在吸收液中加入二水硫酸钙晶种或亚硫酸钙晶种，提供足够的沉积表面，使溶解盐优先沉积在上面，减少固体物向设备表面的沉积和增长。常用添加剂有己二酸、乙二胺、四乙酸、硫酸镁、氯化钙和单质硫等。在实际应用中，可以在浆液循环回路的任何位置加入己二酸。在 SO_2 去除率相同时，无己二酸系统时石灰石的利用效率为 60%～70%，而使用了己二酸时利用率可达 80% 以上，因而减少了最终固体废物量。一般情况下 1t 石灰石己二酸的用量为 1～5kg。

（2）钠碱吸收法

钠碱吸收法就是用 NaOH 或 Na_2CO_3 水溶液吸收废气中的 SO_2 后，直接将吸收液处理成副产品。根据钠碱液的循环使用与否分为循环钠碱法和亚硫酸钠法。

1）循环钠碱法

① 反应原理

$$2Na_2CO_3 + SO_2 + H_2O =\!=\!= 2NaHCO_3 + Na_2SO_3$$
$$2NaHCO_3 + SO_2 =\!=\!= Na_2SO_3 + H_2O + 2CO_2$$
$$2NaOH + SO_2 =\!=\!= Na_2SO_3 + H_2O$$
$$Na_2SO_3 + SO_2 + H_2O =\!=\!= 2NaHSO_3$$

② 吸收过程　随着 Na_2SO_3 逐渐转变成 $NaHSO_3$，溶液的 pH 值将逐渐下降。当吸收液中

的 pH 值降低到一定程度时，溶液的吸收能力降低，这时需将含有 NaHSO₃ 的吸收液送入解吸系统，加热使 NaHSO₃ 分解，获得固体 Na₂SO₃ 和高浓度的 SO₂。该方法可以回收高浓度 SO₂，适用于大流量烟气的净化，脱硫效率大于 90%。

$$2NaHSO_3 == Na_2SO_3 + SO_2 \uparrow + H_2O$$

2）亚硫酸钠法　亚硫酸钠法是将吸收后得到的 NaHSO₃ 溶液用 NaOH 或 Na₂CO₃ 中和，使 NaHSO₃ 转变成 Na₂SO₃。

① 反应原理

$$NaOH + NaHSO_3 == Na_2SO_3 + H_2O$$
$$Na_2CO_3 + 2NaHSO_3 == 2Na_2SO_3 + H_2O + CO_2$$

② 工艺流程　见图 5-33。

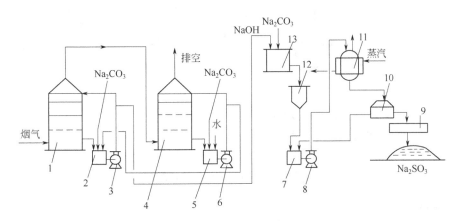

图 5-33　亚硫酸钠法工艺流程
1，4—吸收塔；2，5—循环槽；3，6，8—泵；7—中和液贮槽；9—干燥器；10—离心机；
11—蒸发器；12—中和液过滤器；13—中和槽

将配置好的 Na₂CO₃ 溶液送入吸收塔，与含 SO₂ 的气体逆流接触，当循环吸收液的 pH 值为 5.6～6.0 时，即可得到产品 NaHSO₃ 溶液。将吸收后的 NaHSO₃ 溶液送至中和槽，用 NaOH 溶液中和至 pH 值为 7 左右时，用蒸汽加热，除掉其中的 CO₂。加入适量的硫化钠溶液以除去铁和重金属离子。然后继续采用烧碱中和至 pH=12，再加入少量的活性炭脱色，过滤后便得到含量约为 21% 的 Na₂SO₃ 溶液。用蒸汽加热浓缩，结晶，用离心机甩干，烘干后就得到了 Na₂SO₃ 产品，纯度达 96%。该法具有脱硫效率高（90%～95%），工艺流程简单，操作方便，脱硫费用低等优点。主要缺点就是碱消耗量大，只适合于小流量烟气的净化。

5.2.2　半干法烟气脱硫

半干法是指烟气脱硫剂在干状态下脱硫、在湿状态下再生，或者在湿状态下脱硫、在干状态下处理脱硫产物的烟气脱硫技术。常见的方法有循环流化床烟气脱硫技术、旋转喷雾干燥法、炉内喷钙-炉后增湿活化法等。

（1）循环流化床烟气脱硫技术

循环流化床烟气脱硫（CFB-FGB）是 20 世纪 80 年代德国鲁奇（Lurgi）公司开发的一种脱硫工艺，以循环流化床原理为基础，通过脱硫剂的多次再循环，延长了脱硫剂与烟气的接触时间，大大提高了脱硫剂的利用率，脱硫效率达到 90%。

1）工艺流程　循环流化床烟气脱硫系统如图 5-34 所示，主要由电石渣加料系统、流化床吸收塔、预除尘器、电除尘器及回料系统组成。锅炉排出的烟气经流化床塔底的文丘里喷口进入反应塔，脱硫剂自反应塔下部由雾化风机雾化后进入反应塔，充分反应后，反应产物从吸收塔上部随烟气流出再经过预除尘器分离，将分离下来的脱硫剂由空气斜槽送回反应塔循环使用，而烟气经过电除尘器除尘后经烟囱排出。

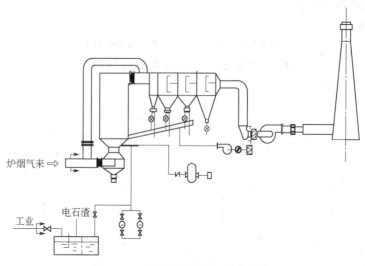

图 5-34　循环流化床烟气脱硫系统

2）主要设备

① 脱硫电石渣浆喷雾系统　其功能是把电石渣浆雾化喷入循环流化床。主要由电石渣浆槽、泵、喷嘴等组成。

② 脱硫剂回料系统　由除尘器灰仓、锁气室、空气斜槽及进料管等组成。自吸收塔排出、夹带脱硫剂的烟气经预除尘器除尘后进入电除尘器，分离出来的物料经空气斜槽送入吸收塔循环使用。

③ 气流分布喷口　其主要作用是保证气流具有一定的初速度，使脱硫剂能与气流充分混合，形成流化态。

④ 水雾化喷嘴　由风机送出的空气从进气口稳定进入，经旋流槽使气流旋转喷出；脱硫浆液从进水口进入，在喷嘴出口处，气水发生混合而使水雾化。

⑤ 自动控制系统　控制系统通过 PLC 控制来完成对整个脱硫系统的自动控制。根据燃煤含硫率的高低，根据烟气 SO_2 在线监测仪测得的 SO_2 含量和烟气量，自动调节脱硫剂的加入量；流化床反应器出口温度控制回路通过调节喷入流化床中的水量来调节流化床出口的温度；根据反应塔内吸收剂的浓度大小来调节脱硫渣排出量。

（2）旋转喷雾干燥法

旋转喷雾干燥法（SDA）是 20 世纪 80 年代迅速发展起来的一种半干法脱硫工艺，是用碱性吸收剂的悬浮液或溶液通过高速旋转雾化器雾化为细小的雾滴喷入吸收塔，并在塔中与热烟气接触，水蒸气和碱性吸收液在干湿两种状态下与 SO_2 反应，干燥产物用除尘器除去。该法设备简单，操作方便，系统能耗低，脱硫效率 80％～85％，吸收剂消耗大，对高硫煤不经济，适合于中小型电厂和燃用中、低硫煤的锅炉。

1) 反应原理 SO_2 被雾化的碱性吸收浆液吸收,雾滴中的水分被高温烟气蒸发干燥,所得粉状干料,含水率一般在 2% 以下,可采用除尘器进行分离,从而达到烟气脱硫的目的。

① 制浆 $CaO+H_2O \Longrightarrow Ca(OH)_2$

② 吸收 $SO_2+H_2O \Longrightarrow H_2SO_3$

③ 脱硫剂与 SO_2 反应 $Ca(OH)_2+H_2SO_3 \Longrightarrow CaSO_3+2H_2O$

④ $CaSO_3$ 过饱和析出 $CaSO_3(aq) \longrightarrow CaSO_3(s)$

⑤ 部分 $CaSO_3$(液)被氧化 $CaSO_3(aq)+\dfrac{1}{2}O_2 \Longrightarrow CaSO_4(aq)$

⑥ $CaSO_4$ 饱和结晶析出 $CaSO_4(aq) \longrightarrow CaSO_4(s)$

2) 工艺流程 旋转喷雾干燥脱硫工艺流程见图 5-35。

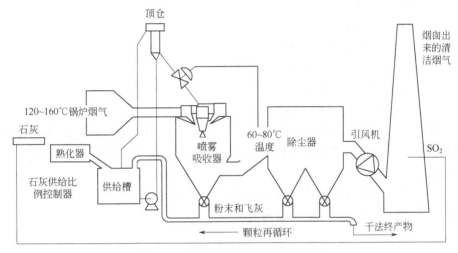

图 5-35 旋转喷雾干燥脱硫工艺流程

① 脱硫浆液制备 在配浆槽内配制浓度为 20% 左右的石灰浆,后将石灰浆液用泵输送至吸收剂罐,再用泵输送到高位槽。

② 脱硫浆液的雾化 石灰浆液经旋转离心雾化器被喷射成石灰乳雾化微滴。

③ 雾滴与烟气接触 烟气沿切线方向进入喷雾干燥吸收塔顶部的蜗壳状烟气分配器,沿雾化轮四周进入塔内,正好与吸收剂形成逆向接触。

④ SO_2 吸收 烟气与吸收剂在吸收塔内接触后,烟气中的 SO_2 与 $Ca(OH)_2$ 反应生成 $CaSO_3$ 和 $CaSO_4$ 微粒。

⑤ 灰渣的再循环与排除 部分粉粒在喷雾干燥吸收塔内被收集,剩余部分粉粒和烟气中的飞灰随气流进入袋式除尘器或电除尘器而被分离。为提高脱硫剂的利用率,吸收塔和除尘器排出的灰渣部分被循环使用,其余部分则进行综合利用。

3) 影响因素 脱硫效率随钙与硫比值的增大而增大,但钙与硫的比值小于 1 时,脱硫效率完全由吸收剂的量决定;当钙与硫的比值大于 1 时,脱硫效率增加缓慢,石灰利用率也下降。

5.2.3 干法烟气脱硫

干法烟气脱硫是用粉状或粒状吸附剂来脱除烟气中的二氧化硫。常见的有活性炭吸附法、荷电干脱硫剂喷射法、高能电子活化氧化法等。

（1）活性炭吸附法

吸附法脱除 SO_2 是用活性固体吸附剂吸附烟气中的 SO_2，然后再用一定的方法把被吸附的 SO_2 解吸出来，并使吸附剂再生供循环使用。目前应用最多的吸附剂是活性炭，在工业上已有较成熟的应用。

1）反应原理　活性炭对烟气中的 SO_2 的吸附，既有物理吸附，也有化学吸附，特别是当烟气中存在着氧气和水蒸气时，化学反应表现得尤为明显。这是因为在此条件下，活性炭表面对 SO_2 与 O_2 的反应具有催化作用，使烟气中的 SO_2 被 O_2 氧化成 SO_3，SO_3 再和水蒸气反应生成硫酸。

① 吸附

物理吸附　$SO_2 \longrightarrow SO_2*$

$\qquad\qquad O_2 \longrightarrow O_2*$

$\qquad\qquad H_2O \longrightarrow H_2O*$

化学吸附　$2SO_2* + O_2* \longrightarrow 2SO_3*$

$\qquad\qquad SO_3* + H_2O \longrightarrow H_2SO_4*$

$\qquad\qquad H_2SO_4* + nH_2O \longrightarrow H_2SO_4 \cdot nH_2O$

总反应　$SO_2 + H_2O + O_2 \longrightarrow H_2SO_4$

② 活性炭再生　活性炭吸附的硫酸存在于活性炭的微孔中，降低了其吸附能力，可用水洗出活性炭微孔中的硫酸或通过加热使炭与硫酸发生反应的方法使活性炭再生。

2）工艺流程

① 水洗再生法　德国鲁奇活性炭制酸法采用卧式固定床吸附流程，如图 5-36 所示，可用于硫酸厂、钛白厂的尾气处理，得到稀硫酸。

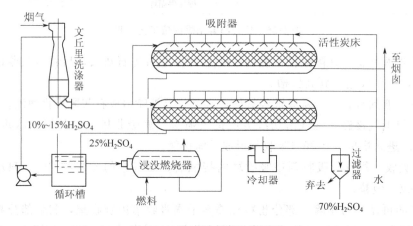

图 5-36　卧式固定床吸附流程

含 SO_2 尾气先在文丘里洗涤器内被来自循环槽的稀硫酸冷却并除尘。洗涤后的气体进入固定床活性炭吸附器，经活性炭吸附净化后的气体排空。在气流连续流动的情况下，从吸附器顶部间歇喷水，洗去在吸附剂上生成的硫酸，此时得到 $10\%\sim15\%$ 的稀酸。此稀酸在文丘里洗涤器冷却尾气时，被蒸浓到 $25\%\sim30\%$，再经进一步浓缩，最终可达 70%，可用来生产化肥。该流程脱硫效率达 90% 以上。如吸附剂采用浸了碘的含碘活性炭，脱硫效率超过 90%。

② 加热再生法　活性炭移动床吸附脱除烟气中的 SO_2 工艺流程如图 5-37 所示。

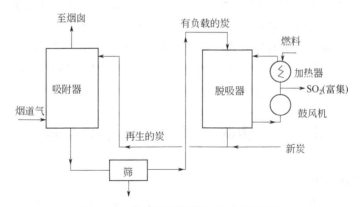

图 5-37　移动床吸附脱除 SO_2 工艺流程

烟气送入吸附塔与活性炭错流接触，SO_2 被活性炭吸附而脱除，净化气经烟囱排入大气。吸附了 SO_2 的活性炭被送入脱附塔，先在废气热交换器内预热至 300℃，再与 300℃ 的过热水蒸气接触，活性炭上的硫酸被还原成 SO_2 放出。脱硫后的活性炭与冷空气进行热交换而被冷却至 150℃ 后，送至空气处理槽，与预热过的空气接触，进一步脱除 SO_2，然后送入吸附塔循环使用。从脱附塔产生的 SO_2、CO_2 和水蒸气经过换热器除去水蒸气后，送入硫酸厂，此法脱硫率超过 85％。

3）影响因素

① 温度　在用活性炭吸附 SO_2 时，物理吸附及化学吸附的吸附量均受到温度的影响，随着温度的提高，吸附量下降，吸附温度应低一些。但因工艺条件不同，实际吸附温度不同，按不同特性方法可分为低温、中温和高温吸附。

② 氧和水分　氧和水分的存在，导致化学吸附的进行，使总吸附量大大增加。氧含量低于 3％ 时，反应效率下降，氧含量高于 5％ 时反应效率明显提高。一般烟气中氧含量为 5％～10％，能够满足脱硫反应要求，但水蒸气的浓度会影响活性炭表面上生成稀硫酸的浓度。

③ 吸附时间　在吸附过程中，吸附增量随吸附时间的增加而减少。在生成硫酸量达 30％ 之前，吸附进行得很快，吸附量与吸附时间成正比；大于 30％ 以后，吸附速度减慢。

（2）荷电干脱硫剂喷射法

荷电干脱硫剂喷射系统主要由脱硫剂给料装置、高压电源和喷枪组成，见图 5-38。

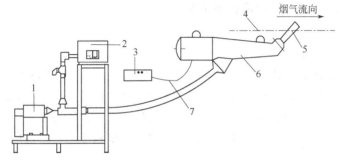

图 5-38　荷电干脱硫剂喷射系统（CDSI）
1—反馈式鼓风机；2—干粉给料机；3—高压电源发生器；4—烟气管道；
5—安装板；6—喷枪主体；7—高压包芯电缆

当脱硫剂粉末以高速流过喷枪主体时，就产生高压静电电晕区，从而使脱硫剂粒子荷电。当荷电的脱硫剂粉末通过喷枪的喷管喷射到烟气流中，因排斥作用便很快在烟气中扩散，迅速与烟气中的 SO_2 发生反应，生成 $CaSO_3$，通过电除尘器除去。

由于脱硫剂能形成均匀的悬浮状态，使每个吸收剂粒子的表面都暴露在烟气中，增大了与 SO_2 接触的概率。另外脱硫剂粒子表面的电晕荷电，还大大提高了脱硫剂的活性，减少了同 SO_2 反应所需的滞留时间，一般在 2s 左右即可完成反应。

5.3 碱液吸收气体中的二氧化硫

5.3.1 实训的意义和目的

本实训采用填料吸收塔，用 5%NaOH 或 Na_2CO_3 溶液吸收 SO_2。通过实训可初步了解用填料吸收塔吸收净化有害气体的方法，同时还有助于加深对填料塔内气液接触状况及吸收过程的基本原理的理解。通过实训要达到以下目的：

① 了解用吸收法净化废气中 SO_2 的效果；
② 改变气流速度，观察填料塔内气液接触状况和液泛现象；
③ 测定填料吸收塔的吸收效率及压降；
④ 测定化学吸收体系（碱液吸收 SO_2）。

5.3.2 实训原理

含 SO_2 的气体可采用吸收法净化。由于 SO_2 在水中的溶解度不高，常采用化学吸收法。吸收 SO_2 吸收剂种类较多，本实训采用 NaOH 或 Na_2CO_3 溶液作吸收剂，吸收过程发生的主要反应为：

$$2NaOH + SO_2 \longrightarrow Na_2SO_3 + H_2O$$
$$Na_2CO_3 + SO_2 \longrightarrow Na_2SO_3 + CO_2$$
$$NaSO_3 + SO_2 + H_2O \longrightarrow 2NaHSO_3$$

实训过程中通过测定填料吸收塔进出口气体中 SO_2 的含量，即可近似计算出吸收塔的平均净化效率，进而了解吸收效果。气体中 SO_2 含量的测定采用甲醛缓冲溶液吸收-盐酸副玫瑰苯胺比色法。

实训中通过测出填料塔进出口气体的全压，即可计算出填料塔的压降；若填料塔的进出口管道直径相等，用 U 形管压差即可求出压降。

5.3.3 实训装置、流程、仪器设备和试剂

（1）实训装置和流程

实训装置如图 5-39 所示。

吸收液从高位液槽通过转子流量计，由填料塔上部经喷淋装置进入塔内，流经填料表面，由塔下部排到受液槽。空气由空气压缩机经缓冲罐后，通过转子流量计进入混合缓冲器，并与 SO_2 气体混合，配制成一定浓度的混合气体。SO_2 来自钢瓶，并经毛细管流量计计量后进入混合缓冲器。含 SO_2 的空气从塔底进气口进入填料塔内，通过填料层后，尾气由塔顶排出。

（2）实训仪器设备

① 空压机。压力 7kgf/cm^2，气量 3.6m^3/h，1 台。

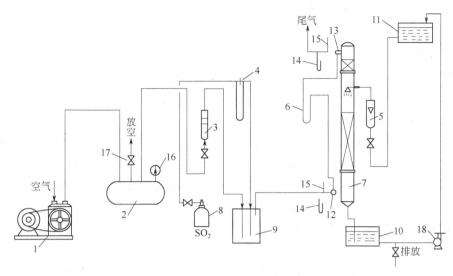

图 5-39　SO₂ 吸收实训装置

1—空压机；2—缓冲罐；3—转子流量计（气）；4—毛细管流量计；5—转子流量计（水）；
6—压差计；7—填料塔；8—SO₂ 钢瓶；9—混合缓冲器；10—受液槽；11—高位液槽；
12，13—取样口；14—压力计；15—温度计；16—压力表；17—放空阀；18—泵

② 液体 SO₂ 钢瓶，1 瓶。

③ 填料塔。$D=700mm$，$H=650mm$，1 台。

④ 填料。$\Phi=5\sim8mm$，瓷杯若干。

⑤ 泵。扬程 3m，流量 400L/h，1 台。

⑥ 缓冲罐。容积 1m³，1 个。

⑦ 高位槽。500mm×400mm×600mm，1 个。

⑧ 混合缓冲罐。0.5m³，1 个。

⑨ 受液槽。500mm×400mm×600mm，1 个。

⑩ 转子流量计（水）。10～100L，1 个。

⑪ 转子流量计（气）。4～40m³，1 个。

⑫ 毛细管流量计。0.1～0.3mm，1 个。

⑬ U 形管压力计。200mm，3 支。

⑭ 压力表。0～3kgf/cm²，1 支。

⑮ 温度计。0～100℃，2 支。

⑯ 空盒式大气压力计，1 支。

⑰ 玻璃筛板吸收瓶。125mL，20 个。

⑱ 锥形瓶。250mL，20 个。

⑲ 烟气测试仪（采样用）。YQ-Ⅰ型，2 台。

（3）试剂

① 甲醛吸收液　将已配好的 20mg/L 甲醛吸收储备液稀释 100 倍后，供使用。

② 对品红储备液　将配好的 0.25％ 的对品红稀释 5 倍后，配成 0.05％ 的对品红，供使用。

③ 1.50mol/L NaOH 溶液　称 NaOH 6.0g 溶于 100mL 容量瓶中，供使用。

④ 0.6％氨基磺酸钠溶液　称 0.6g 氨基磺酸钠，加 1.50mol/LNaOH 溶液 4.0mL，用水稀释至 100mL，供使用。

5.3.4　实训方法和步骤

① 按图 5-39 正确连接实训装置，并检查系统是否漏气，关严吸收塔的进气阀，打开缓冲罐上的放空阀，并在高位液槽中注入配置好的 5％的碱溶液。

② 在高位液槽中装入采样用的吸收液 50mL。

③ 打开吸收塔的进液阀，并调节液体流量，使液体均匀喷布，并沿填料表面缓慢流下，以充分润湿填料表面，当液体由塔底流出后，将液体流量调至 35L/h 左右。

④ 开启空压机，逐渐关小放空阀，并逐渐打开吸收塔的进气阀。调节空气进量，使塔内出现液泛。仔细观察此时的气液接触状况，并记录下液泛时的气速（由空气流量计算）。

⑤ 逐渐减少气体流量，消除液泛现象。调气体流量计到液泛现象消失，稳定运行 5min取三个平行样。

⑥ 取样完毕调整液体流量计到 30L/h，稳定运行 5min，取三个平行样。

⑦ 改变液体流量为 20L/h 和 10L/h，重复上面实验。

⑧ 实训完毕，先关进气阀，待 2min 后停止供液。

5.3.5　分析方法及计算

（1）分析方法

原理：二氧化硫被甲醛缓冲液吸收后，生成稳定的羧甲酸基磺酸加成化合物，加碱后又释放出二氧化硫，与盐酸副玫瑰苯胺作用，生成紫红色化合物，根据颜色深浅，比色测定。比色步骤如下：

① 将待测样品混合均匀，取 10mL 放入试管中；

② 向试管中加入 0.5mL0.6％的氨基苯磺酸钠溶液和 0.5mL 的 1.5mol/LNaOH 溶液混合均匀，再加入 1.0mL 的 0.05％对品红混合均匀，20min 后比色；

③ 比色用 721 型分光光度计，将波长调至 577nm。将待测样品放入 1cm 的比色皿中，同时用蒸馏水放入另一个比色皿中作参比，测其吸光度（浓度高时，可用蒸馏水稀释后再比色）

（2）计算

$$二氧化硫浓度（\mu g/m^3） = \frac{(A_k - A_0) \times B_s}{V_s} \times \frac{L_1}{L_2} \tag{5-16}$$

式中　A_k——样品溶液的吸光度；

A_0——试剂空白溶液的吸光度；

B_s——校正因子，单位吸光度所对应的校正质量（μg），$B_s = 0.044$；

V_s——换算成参比状态下的采样体积，L；

L_1——样品溶液总体积，mL；

L_2——分析测定时所取样品溶液体积，mL。

测定浓度时，注意稀释倍数的换算。

5.3.6　记录实训数据及分析结果

① 填料塔的平均净化效率（η）可由下式近似求出：

$$\eta = \left(1 - \frac{c_1}{c_2}\right) \times 100\% \tag{5-17}$$

式中　c_1——填料塔入口处二氧化硫浓度，mg/m^3；

　　　c_2——填料塔出口处二氧化硫浓度，mg/m^3。

② 填料塔的液泛速度可由下式求出：

$$v = Q/F \tag{5-18}$$

式中　Q——气体流量，m^3/h

　　　F——填料塔的截面积，m^2

③ 将实训结果整理后填入表 5-13 中。

表 5-13　实训结果记录

序号	气体流量/ (L/h)	吸收液	液化气	液泛速度/ (m/s)	空塔气速/ (m/s)	塔内气液接触情况	净化率/%
1							
2							
3							
4							

④ 绘出液量与效率的曲线 Q-η。

5.3.7　实训结果讨论

① 从实训结果绘出的曲线，你可以得出哪些结论？

② 通过实训，你有什么体会？对实训有何改进意见？

【案例六】　硝酸尾气 SCR 法烟气脱氮系统案例及分析

1. 工程概况

云南滇东第二发电厂 4×600MW 锅炉由北京 B&W 公司生产的亚临界、一次再热、单炉膛、平衡通风、自然循环汽包炉，设计燃用无烟煤，采用 W 火焰燃烧方式，配 24 只浓缩型 EI-XCL 低氮双调风旋流燃烧器，分别布置在炉墙前后拱上，2 号机组烟气脱硝装置由北京 B&W 公司和北京博奇科技有限公司负责设备采购、设计，采用选择性催化还原法（SCR）。该系统用氨（NH_3）作为还原剂来减少氮氧化物的排放，不设烟气旁路，于 2010 年 9 月 15 日首次通过 168h 试运行。SCR 系统设计参数见表 5-14。

表 5-14　SCR 系统设计参数

项　　目	单　位	参　　数
烟气流量	m^3/s	554.8
反应器入口烟气温度	℃	405
NH_3/NO_x 摩尔比	—	0.806
反应器入口烟气成分：		
O_2（干基）	%（体积分数）	4.25
SO_2	ppmvd	6.6
SO_2	ppmvd	1000

续表

项　　目	单　　位	参　　数
NO_x①	ppmvd	536
H_2O	%（体积分数）	6.6
反应器出口烟气成分：		
NO_x①	ppmvd	107.2
$NH_3$①	ppmvd	3
脱硝效率	%	80%
压损	Pa	≤390
氧量基准值	%	6
SO_2/SO_3转换率	%	≤1.0
催化剂使用寿命	—	24000h 或首次通烟气起 3 年时间，或交货后 3.5 年时间

①：基于氧体积分数为 6%条件下的值。

2. SCR 工艺流程

脱硝系统中使用日立板式催化剂，干法脱硝工艺。SCR 烟气脱硝工艺系统主要由氨喷射系统、反应系统、氨储存系统（制氨区）、烟道系统和控制系统组成，见图 5-40。

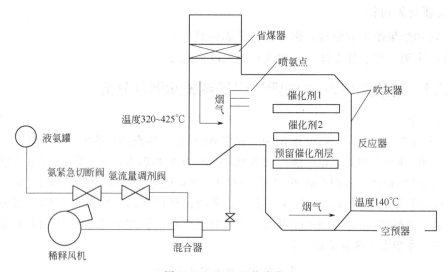

图 5-40　SCR 工艺流程

3. SCR 工艺系统

（1）反应系统

锅炉有 A、B 两个反应器，直接布置在省煤器与空预器之间。每个反应器中装催化剂 176 件，分两层布置，预留一层，预留层布置在已安装的催化剂层的最下面，在脱硝效率下降的情况下，安装预留层。这种逐层更换方式，可利用初始催化剂的活性，提高脱硝效率，延长催化剂的使用寿命。每层布置 8×11 件，在催化剂上部每件之间装有密封装置，以防止未处理的烟气泄漏。初始催化剂的体积为 648m³/炉，板式结构，催化剂由 1mm、间距 6mm 的多块板元件（不锈钢筛网）组成，在其上涂表面有活性催化剂成分的二氧化钛载体，烟气平行通过催化剂，使压损最小化，催化剂活性温度为 320～425℃。在每层催化剂的上方安装 60 块/托架、尺寸 100mm² 性能与催化剂相同的测试块，测试块所处的烟气环境和实际催化剂一样，停炉期间取出，在试验室中通标气对其活性、转换率进行分析，从而确定催化剂是否失效。催化剂组成成分见表 5-15。

表 5-15　催化剂组成成分

成　　　分	质　量　分　数
二氧化钛（TiO_2）	40%～85%
三氧化钨（WO_3）	1%～25%
钒化合物（不是 V_2O_5，非定型物质）	0.1%～10%
陶瓷纤维黏合剂（SiO_2/Al_2O_3）	剩余

为了防止烟气的飞灰在催化剂的表面沉积，堵塞催化剂孔道，降低催化剂活性，在每层催化剂上方安装了 4 只（16 只/炉）蒸汽吹灰器。吹灰器汽源一路接自锅炉本体吹灰蒸汽；另一路来自空预器吹灰器的辅助蒸汽。在锅炉启动和低负荷时，不完全燃烧的油雾和未燃尽飞灰使催化剂温度升高，导致催化剂热损坏，需投入吹灰器进行连续吹灰。

（2）氨喷射系统

氨喷射系统包括稀释风机、静态（氨/空气）混合器、供应支管和喷射格栅（AIG）。在锅炉标高 0m 的平台上装有 2 台 100%稀释风机，风机为入口带有消声器的离心风机，单台风机流量为 10500m³/h。氨气/空气混合器内设隔板，使得经过压力流量调整后的氨气与空气能在混合器内充分混合，将 NH_3 稀释成体积比小于 5%的混合气后送入烟道。A、B 反应器入口各安装 28 根供应支管，每根供应支管上装有手动节流阀和流量孔板，通过调节可获得氨气在烟气中的均匀分布。每个反应器进出口烟道中各布置 7 只测试管，测试管均匀分布在烟道中，根据烟气取样分析得出的 NH_3 和 NO_x 的分布值，来调节节流阀。喷射格栅安装在反应器前竖直烟道中，氨喷射格栅包括格栅管和沿烟气流动方向的喷嘴。

（3）氨储存系统

液氨供应由液氨槽车运送，利用氨卸料压缩机将液氨由槽车输入到 2 个氨罐内，将氨罐中的氨送到脱硝系统，有两种方式。正常情况时，氨罐的气相侧通过减压阀直接输送到氨气缓冲罐内，经缓冲罐送达脱硝系统；另一种情况是氨罐的液相侧输出的液氨，通过液氨蒸发器加热蒸发成氨气，经缓冲罐送达。氨气系统紧急排放的氨气则排入氨气稀释槽中，经水的吸收排入废液池，经废液泵送至煤场。

另外，氨气的爆炸极限是空气中氨的浓度为 15%～28%，因此在卸料机、氨罐、氨蒸发器、氨缓冲罐等安装有氮气吹扫管线。在液氨卸料前后，通过氮气吹扫管线对以上设备分别进行严密性检查和氮气吹扫，防止泄漏和系统残留的氨与空气混合造成危险。

4. 注意事项

（1）锅炉点火前启动稀释风机，防止氨喷射管和喷嘴堵塞，停机后保持稀释风机运行至少 3min，对混合器进行吹扫，防止烟气到混合管路中，催化剂活性温度 320～425℃，否则禁止向烟道中注氨。

（2）根据反应器压差，及时投入吹灰器，及时清除飞灰和飞灰中的重金属（如煤炭里的砷），防止催化剂堵塞及引起催化剂中毒而失去活性。

（3）锅炉启动时维持适当的过剩空气，可以有效降低催化剂中的可燃物质，防止催化剂失活。

（4）运行中记录并分析燃料量、反应器压差、空气量、反应器进出口烟气温度、烟气成分、氨气流量。定期对测试块进行检测，以便及早发现催化剂老化，及时检查氨系统管道、法兰等泄漏情况，发现泄漏及时消除，防止氨浓度超标发生危险。

（5）安装、检修结束后必须对氨系统进行气体严密性试验。用卸料压缩机对系统充气至额定压力，然后用氮气通过氮气吹扫管线向系统加压到系统设计压力，检查系统无任何泄漏，否则禁止向系统注氨。

【任务六】 烟气脱氮净化系统的选取和工艺运行

选择一烟气脱氮净化系统用来处理某发电厂产生的含氮氧化物的烟气。若处理烟气量为 $120000m^3/h$，入口氮氧化物浓度为 $1800mg/m^3$，要求出口氮氧化物浓度低于 $200mg/m^3$。

1. 选择烟气脱氮净化系统。

2. 制定工艺运行规程。

5.4 烟气中 NO_x 的净化技术

NO_x 主要来自燃料的燃烧过程，如各种锅炉、焙烧炉和燃料炉的燃烧过程；机动车尾气排放；硝酸生产和各种硝化过程；冶金工业中的炼焦、冶炼等高温过程和金属表面的硝酸处理等。

国内外控制氮氧化物通常采用的方法有：改进燃烧方式和生产工艺，减少 NO_x 的生成量；烟气脱氮；高烟囱扩散稀释等。目前控制 NO_x 污染的主要方法是烟气脱氮又称为烟气脱硝，其技术见表 5-16。

表 5-16 烟气脱硝技术

烟气脱硝技术	1. 气相反应法	1. 高能电子氧化法 2. 催化还原法 3. 低温常压等离子体分解法
	2. 吸收法	
	3. 吸附法	
	4. 液膜法	
	5. 微生物法	处于研究阶段

5.4.1 液体吸收法

液体吸收法烟气脱氮工艺常用的吸收剂主要有水、碱溶液、稀硝酸、浓硫酸等。按吸收剂的种类可分为水吸收法、酸吸收法、碱吸收法、氧化-吸收法、吸收-还原法等。工业上应用较多的是碱吸收法和氧化-吸收法。

（1）碱溶液吸收法

1）净化原理 用碱溶液（$NaOH$、Na_2CO_3、$NH_3 \cdot H_2O$ 等）与 NO 和 NO_2 反应，生成硝酸盐和亚硝酸盐，主要反应方程式如下：

$$2NaOH + 2NO_2 \longrightarrow NaNO_3 + NaNO_2 + H_2O$$

$$2NaOH + NO + NO_2 \longrightarrow 2NaNO_2 + H_2O$$

$$Na_2CO_3 + 2NO_2 \longrightarrow NaNO_3 + NaNO_2 + CO_2$$

$$Na_2CO_3 + NO + NO_2 \Longrightarrow 2NaNO_2 + CO_2$$

用氨水吸收 NO 和 NO_2 时，挥发性的 NH_3 在气相与 NO、NO_2 和水蒸气反应生成 NH_4NO_3 和 NH_4NO_2。

$$2NH_3 + NO + NO_2 + H_2O \Longrightarrow 2NH_4NO_2$$
$$2NH_3 + 2NO_2 + H_2O \Longrightarrow NH_4NO_3 + NH_4NO_2$$

由于氨水吸收时，生成 NH_4NO_2 不稳定，当浓度较高时、温度较高或 pH 值不合适时会发生剧烈反应甚至爆炸，再加上铵盐不易被水或碱液捕集，因此限制了氨水吸收法的应用。考虑到吸收价格、来源、操作难易及吸收效率等因素，工业上应用较多的吸收剂是 NaOH 和 Na_2CO_3，尽管 Na_2CO_3 吸收效果比 NaOH 差一些，但由于廉价易得，应用更加普遍。

在实际应用中，一般用低于 30%NaOH 或 10%～15% 的 Na_2CO_3 溶液作吸收剂，在 2～3 个填料塔或筛板塔串联吸收。吸收效率随尾气的氧化度、设备及操作条件的不同而有所差别，一般在 60%～90% 的范围内。在吸收过程中，如果控制好 NO 和 NO_2 为等分子吸收，吸收液中 $NaNO_2$ 浓度可达 35% 以上，$NaNO_3$ 浓度小于 3%。若在吸收液中加入 HNO_3，可使 $NaNO_2$ 氧化成 $NaNO_3$，制得硝酸钠产品。

2）影响吸收的因素　①废气中的氧化度　NO_2 与 NO_x 的体积之比称为氧化度，当氧化度为 50%～60% 时，吸收速率最大，吸收效率最高。碱液吸收法不宜直接用于处理燃烧烟气中 NO 比例很大的废气，因为 NO 不能单独被碱液吸收。控制废气中氧化度的方法有三种：一是对废气中的一氧化氮进行氧化；二是采用高浓度的二氧化氮气体进行调节；三是用稀硝酸吸收尾气中的部分 NO。

② 吸收设备和操作条件　一般来说，增大喷淋密度，有利于吸收反应；选择适当的空塔速度可以适当提高吸收效率；通过改进吸收设备来提高吸收效率，如采用特殊分散板吸收塔，操作条件可以控制为：尾气在塔内流速 0.05～0.5m/s，液气比 0.2～15L/m^3，吸收效率可高达 90%。

（2）硝酸氧化-碱液吸收法　当 NO_x 的氧化度低时，用碱液吸收 NO_x 的吸收效率不高。为提高吸收效率，可用氧化剂先将 NO_x 中的部分 NO 氧化，以提高 NO_x 的氧化度，再用碱液吸收。氧化剂有 O_2、O_3、Cl_2 等气相氧化剂和 HNO_3、H_2O_2、$KMnO_4$、$NaClO$、$NaClO_2$、$KBrO_3$、$K_2Cr_2O_7$ 等液相氧化剂。因硝酸氧化时成本低，硝酸氧化-碱液吸收工艺国内已用于工业生产，其他氧化剂因成本高，采用得较少。

1）净化原理　第一级采用浓硝酸经 NO 氧化成 NO_2，使尾气中的 NO_x 氧化度大于 50%，第二级再利用浆液吸收，主要反应如下。

$$NO + 2HNO_3 \Longrightarrow 3NO_2 + H_2O$$
$$Na_2CO_3 + 2NO_2 \Longrightarrow NaNO_3 + NaNO_2 + CO_2$$
$$Na_2CO_3 + NO + NO_2 \Longrightarrow 2NaNO_2 + CO_2$$

2）工业流程　硝酸氧化-碱液吸收法的工艺流程如图 5-41 所示。从硝酸生产系统来的含 NO_x 的尾气用风机送入氧化塔内，与漂白后的硝酸逆向接触。经硝酸氧化后的 NO_x 气体进入硝酸分离器，分离硝酸后依次进入三台碱吸收塔，经三塔串联吸收后放空。作为氧化剂的硝酸用泵从硝酸循环槽打至硝酸计量槽，然后定量地打入漂白塔，在漂白塔内用压缩空气漂白的硝酸进入氧化塔，氧化 NO_x 后又进入硝酸循环槽，空气自漂白塔上部排空。

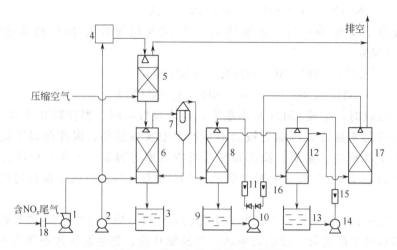

图 5-41 硝酸氧化-碱吸收法流程

1—风机；2—硝酸循环泵；3—硝酸循环槽；4—硝酸计量槽；5—硝酸漂白塔；
6—硝酸氧化塔；7—硝酸分离器；8，12，17—碱吸收塔；9，13—碱循环槽；
10，14—碱循环泵；11，15，16—转子流量计；18—孔板流量计

3）影响因素

① 硝酸浓度　硝酸浓度是影响 NO 氧化效率的主要因素。硝酸浓度越高，氧化效率也越高，一般控制硝酸浓度大于 40％。

② 硝酸中 N_2O_4 的含量　N_2O_4 的含量升高时，NO 的氧化效率就下降，通常将 N_2O_4 的含量控制在小于 0.2g/L。

③ NO_x 的初始氧化度　随着 NO_x 初始氧化度的增大，NO 的氧化率就下降。

④ NO_x 的初始浓度　NO 的氧化效率随着 NO_x 初始浓度的升高而降低。

⑤ 氧化温度　因硝酸氧化 NO 的反应为吸热反应，提高温度有利于氧化反应的进行。但温度超过 40℃ 之后，NO 的氧化率又有所下降，主要由于温度升高后，溶解在硝酸中的 NO 又从溶液中进入气相造成的。

⑥ 空塔速度　氧化塔内空塔速度增大，缩短了气液接触时间，使氧化反应不完全，NO 氧化率下降。

5.4.2　选择性催化还原法

催化还原法是在催化剂作用下，利用还原剂将氮氧化物还原为无害的氮气，依据还原剂是否与空气中的 O_2 发生反应，将催化还原法分为选择性催化还原法和非选择性催化还原法。

非选择性还原法是在一定温度下。以 Pt、Pd 等贵金属作催化剂，采用 H_2、CO、CH_4 等还原剂，将废气中的 NO_2 和 NO 还原为氮气。同时还原剂还与废气中的氧气反应生成水或二氧化碳，并放出大量的热。该法还原剂用量大，需要贵金属作催化剂，还需要有热回收装置，投资大，运行费用高。

选择性催化还原法（SCR）通常用氨作为还原剂，在铂或非重金属催化剂的作用下，在较低温度条件下，NH_3 有选择地将尾气中的 NO_x 还原为 N_2，而基本上不与氧发生反应，从而避免了非选择性催化还原法的一些技术问题。该法催化剂易得，还原剂的起燃温度低，催化床与出口气体温度较低，有利于延长催化剂寿命和降低反应器对材料的要求。

主要用于硝酸生产、硝化过程、金属表面的硝酸处理、催化剂制造等非燃烧过程产生的含氮废气。

1) 反应原理　在温度较低时，在催化剂的作用下，NH_3 与废气中的 NO_2 和 NO 发生如下反应：

$$4NH_3 + 6NO \Longrightarrow 5N_2 + 6H_2O$$
$$8NH_3 + 6NO_2 \Longrightarrow 7N_2 + 12H_2O$$

选择合适的催化剂，可以降低副反应 $4NH_3 + 3O_2 \Longrightarrow 2N_2 + 6H_2O$ 的反应速率。实际生产中，一般控制反应温度在 300℃ 以下，因为超过 350℃，会发生下列副反应。

$$2NH_3 \Longrightarrow N_2 + 3H_2$$
$$4NH_3 + 5O_2 \Longrightarrow 4NO + 6H_2O$$

2) 工艺流程　选择性催化还原法烟气脱氮工艺流程如图 5-42 所示。含 NO_x 的废气经过除尘、脱硫、干燥等预处理后，进入预热器进行预热，然后与净化后的 NH_3 在混合器内按一定比例混合均匀，再进入装有催化剂的反应器内，在适当的温度下进行催化还原反应，反应后的气体经分离器除去催化剂粉尘后直接排放。

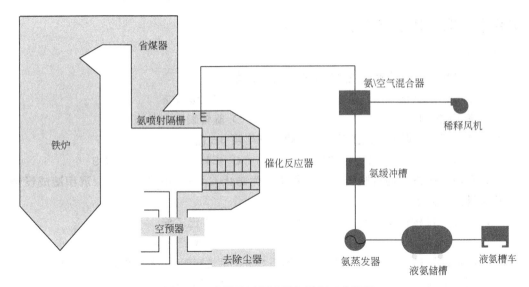

图 5-42　选择性还原法烟气脱氮工艺流程

3) 催化剂　以氨为还原剂还原氮氧化物的过程较易进行，可以使用 Cu、Cr、Fe、V、Mn 等金属的氧化物或盐类代替贵金属催化制。

4) 影响因素

① 催化剂　不同的催化剂由于活性不同，反应温度及净化效率也不同。表 5-17 所列为几种常用的 NO_x 催化剂性能。

表 5-17　几种常用的 NO_x 催化剂性能

催化剂型号	75014	8209	81084	8013
催化剂成分	25% $Cu_2Cr_2O_5$	10% $Cu_2Cr_2O_5$	钒锰催化剂	铜盐催化剂
反应温度/℃	250~350	230~330	190~250	190~230
进气温度/℃	220~240	210~220	160~190	160~180

续表

催化剂型号	75014	8209	81084	8013
空塔速率/h^{-1}	5000	10000~14000	50000	10000
转化率/%	=90	≈95	=95	=95

② 反应温度　铜-铬催化剂，在350℃以下时，随着反应温度的升高，氮氧化物的转化率增大，超过350℃后温度再升高时，副反应会增加，这时一部分氨转变成一氧化氮。用铂作催化剂时，温度控制在225~255℃。温度过高，会发生NO的副反应；而温度低于220℃后，尾气中将出现较多的氨，说明还原反应进行得不完全，在此情况下可能生成大量的硝酸铵和有爆炸危险的亚硝酸铵，严重时会使管道堵塞。

③ 空速　只有适宜的空间速度才能既经济又能获得较高的净化效率。空速过大时，反应不充分；空速过小时，设备不能充分利用。

④ 还原剂用量　还原剂用量的大小一般用NH_3与NO_x物质量的比值来衡量。该值小于1时，反应不完全；该值大于1.4时，对转化率无明显影响，此时由于不参加反应的氨量增加，同样会造成大气污染，同时增加了氨耗。在生产上一般控制在1.4~1.5。

【课后思考题及拓展任务】

1. 选择题

(1) 目前应用最广且技术最成熟的烟气脱硫工艺是（　　）。

    A. 石灰-石膏法　　　　　　　　　B. 钠碱吸收法

    C. 循环流化床法　　　　　　　　　D. 旋转喷雾干燥法

(2) 石灰-石膏法烟气脱硫工艺中，一般控制料浆pH值为（　　）。

    A. 8~9　　　　　　B. 6左右　　　　　　C. <4　　　　　　D. >9

(3) 在石灰-石膏法烟气脱硫工艺流程中，为防止$CaCO_3$和$Ca(OH)_2$沉积造成设备堵塞，下列哪种方法无效？（　　）

    A. 选用内部构件少，阻力小的设备　　B. 加入己二酸

    C. 加入硫酸镁　　　　　　　　　　　D. 提高烟气的温度

(4) 活性炭吸附法净化含SO_2烟气，对吸附有SO_2的活性炭加热进行再生，该方法属于（　　）。

    A. 升温再生　　　　　　　　　　　B. 吹扫再生

    C. 置换再生　　　　　　　　　　　D. 化学转化再生

2. 简答题

(1) 防止石灰/石灰石-石膏法结构和堵塞的技术措施有哪些？

(2) 影响活性炭吸附SO_2的因素有哪些？

(3) 海水是否可以脱硫，简述其理由。

3. 论述题

结合两段氨吸收工艺流程图，介绍氨法脱除SO_2的原理，以及采用两段氨吸收法的优点。

4. 拓展任务

到学校附近火力发电厂参观学习。具体学习内容如下：

(1) 火力发电厂主要污染物及其来源。

(2) 火力发电厂废气净化工艺流程。主要净化设备有哪些？

(3) 火力发电厂废气净化效率。影响因素有哪些？

（4）火力发电厂废气净化设备成本。运行费用如何？综合利用情况怎样？

【案例七】　电解铝厂含氟废气净化系统案例及分析

某电解铝厂年产电解铝 2.86 万吨，电解系列采用的是预焙阳极电解槽工艺，产生大量废气，主要含有氟化物、沥青烟和氧化铝等。净化前烟气 HF 浓度大约 14mg/m³，固氟 16.8mg/m³，经天窗排放氟化物 17.5kg/h，烟囱排放约 36kg/h。后采用废气净化系统后，HF 净化率达 98%，全氟净化率达 89.9%，车间内工作地带 HF 浓度大约 0.79mg/m³，达到卫生标准，厂外排放的烟气含氟量也实现达标排放。在循环洗涤过程中，新生成的冰晶石和捕集到的氧化铝等沉淀经分离、浓缩后，定期抽出，送去压滤；固体物料氧化铝送生产原料系统回收处理；滤液返回洗涤塔。

【案例分析】

（1）污染物的来源及特点

电解铝就是通过电解得到的铝。现代电解铝工业生产采用冰晶石－氧化铝融盐电解法。熔融冰晶石是溶剂，氧化铝作为溶质，以碳素体作为阳极，铝液作为阴极，通入强大的直流电后，在 950～970℃下，在电解槽内的两极上进行电化学反应，如下式表示。阴极产物是铝液，铝液通过真空抬包从槽内抽出，送往铸造车间，在保温炉内经净化澄清后，浇铸成铝锭或直接加工成线坯、型材等。

阳极：$2O^{2-} - 4e^- \Longrightarrow O_2\uparrow$

阴极：$Al^{3+} + 3e^- \Longrightarrow Al$

总反应方程式：$2Al_2O_3 \Longrightarrow 4Al + 3O_2\uparrow$

电解铝中常用的溶剂氟化盐有冰晶石、氟化铝以及作为添加剂使用的氟化钙、氟化镁等几种。所以，铝电解槽有害物主要是以 HF 气体为主的气－固氟化物等氟化物、粉尘及二氧化碳和一氧化碳气体，还含有少量的 SO_2 和碳氢化合物，其中氟化物约占 40%。氟化物属高毒类物质，由呼吸道进入人体，黏膜受到刺激，并引起中毒等症状，并能影响各组织和器官的正常生理功能，对植物的生长、发育也会产生危害。为保护环境和人类健康需对电解槽气体进行净化处理，除去有害气体和粉尘后，再排入大气。

（2）污染治理的工艺原理及流程

含氟烟气经电解槽密闭装置会集后，由排烟机抽到卧式净化塔，用来自电解铝厂的赤泥附液（低浓度的碱性铝酸钠溶液）喷淋洗涤。净化后的烟气给除雾器脱水后，进入 120m 烟囱排空。工艺流程如图 5-43 所示。

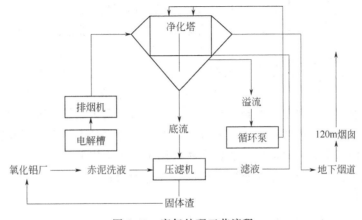

图 5-43　废气处理工艺流程

【任务七】 含氟废气净化系统的选取和工艺运行

某铝电解车间产生的废气量约 $3.0 \times 10^7 m^3/h$，主要污染物以 HF 气体为主的气－固氟化物等氟化物，浓度达 $42mg/m^3$，试设计一净化系统，使废气能够达标排放。

5.5 含氟废气的净化技术

5.5.1 含氟废气的来源及危害

氟化物主要指氟化氢（HF）和四氟化硅（SiF_4），是大气中的主要污染物之一。主要来源于化工行业的磷肥、冶金行业的铝厂、建材行业的陶瓷、玻璃、水泥、砖瓦等生产过程。研究证明，微量氟及其化合物也会对人类和动物的机体造成极严重的后果。所以开发应用含氟废气的处理技术，具有十分重要意义。

5.5.2 含氟废气的净化技术

净化含氟废气主要方法有湿法吸收和干法吸附。目前，工业含氟废气多采用湿法吸收工艺，根据吸收剂不同，又将吸收净化法分为水吸收法和碱吸收法。

（1）水吸收法

① 原理 水吸收法就是用水作吸收剂来洗涤含氟废气，副产氟硅酸，继而生产氟硅酸钠，回收氟资源。水易得，比较经济，但对设备有腐蚀作用。就目前来看，水吸收法净化含氟废气主要用于磷肥生产中。

$$3SiF_4 + 2H_2O === 2H_2SiF_6 + SiO_2 \downarrow$$
$$HF + SiF_4 === H_2SiF_6$$

② 应用实例 由于磷肥品种、生产方法、含氟废气的温度、气量、含氟量的不同，净化的工艺设备会有所不同。高炉法钙镁磷肥厂排放的含氟废气，含氟量低（$1\sim3g/m^3$），成分较复杂（还含有少量 CO_2、CO、H_2S、P_2O_5 等），温度高（120～250℃），粉尘较多，净化难度大。一般先经过旋风除尘、降温后，再进行吸收。图 5-44 为典型的高炉法钙镁磷肥厂除尘脱氟流程。自高炉出来温度高达 300～400℃的含氟废气，经除尘后降至 250℃，喷射吸收塔后，含氟 $0.2g/m^3$ 左右，脱氟率达 90%。

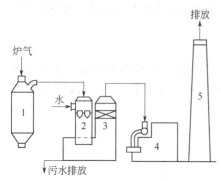

图 5-44 高炉法钙镁磷肥厂除尘脱氟流程
1—除尘器；2—喷射吸收器；3—脱水器；
4—热风炉；5—烟囱

③ 存在问题 由于吸收液中含有腐蚀性很强的氢氟酸和氟硅酸，另外还含有少量的 H_2SO_3、H_2SO_4、H_3PO_4 等，很容易造成设备的腐蚀。在管道或设备选材时，应注意防腐问题。目前，管道、设备的制作常选用聚氯乙烯或玻璃钢材质，槽和吸收室内壁多选用耐酸瓷砖、耐酸胶泥、生漆等，设备、管道等的内衬多采用橡胶。

另外，要考虑氟资源回收问题，脱氟产物可用于生产市售氟硅酸、生产氟硅酸钠、生产冰晶石等。进行工艺设计时，要根据实际情况设计合理回收工艺。

（2）碱吸收法

① 原理 碱吸收法是采用碱性物质 NaOH、Na_2CO_3、氨水等作为吸收剂来脱除含氟尾

气中的氟害物质，并得到副产物冰晶石。最常用的碱性物质是 Na_2CO_3，也可以采用石灰乳作吸收剂，后者适用于排气量较小、废气中含氟量低、回收氟有困难的企业，如搪瓷厂、玻璃马赛克厂等。这里以 Na_2CO_3 吸收制取冰晶石为例进行介绍。

电解铝厂废气经除尘后，送入吸收塔底部，与 Na_2CO_3 溶液在塔内逆流接触，洗涤废气时，烟气中的 HF 与碱反应生成 NaF，吸收脱氟后的气体经除雾后排空。

$$HF + Na_2CO_3 \Longrightarrow NaF + NaHCO_3 \downarrow$$

$$2HF + Na_2CO_3 \Longrightarrow 2NaF + CO_2 \uparrow + H_2O$$

在循环吸收过程中，当溶液中的 NaF 浓度达 25g/L 后，再加入定量的偏铝酸钠溶液即 Na_3AlF_6，反应式如下：

$$6NaF + 4NaHCO_3 + NaAlO_2 \Longrightarrow Na_3AlF_6 + 4Na_2CO_3 + 2H_2O$$

$$或\ 6NaF + 2CO_2 + NaAlO_2 \Longrightarrow Na_3AlF_6 + 2Na_2CO_3$$

偏铝酸钠溶液可由 NaOH 与 Al(OH)$_3$ 反应制得。合成后的冰晶石母液经沉降后，上层清液补充碱液后返回循环吸收系统。冰晶石沉降物经过滤后送往回转窑干燥、脱水即得成品。

② 应用实例 某电解铝车间产生的废气，除少部分从天窗直接排入大气外，其余经集气罩、燃烧器和排烟管道进入干式除尘器，除掉粉尘后的含氟气体接着进入两级串联的空心喷淋塔，在塔内用 Na_2CO_3 和 $NaAlO_2$ 溶液进行反复吸收，使 HF 气体转变成冰晶石。被吸收净化后的尾气经脱雾器除湿后，经风机排入 50m 高的烟囱。吸收合成后的洗液送到沉降、过滤和干燥等工序进行处理，最后制得成品冰晶石。如果装置正常运行，氟净化率可达 99% 以上。主要工艺流程见图 5-45。

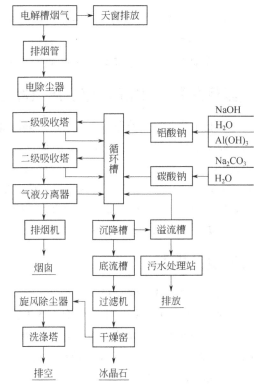

图 5-45 电解铝车间烟气处理工艺流程

（3）吸附净化法

① 原理 吸附净化法是将含氟废气通过装填有固体吸附剂的吸附装置，使氟化氢与吸附剂发生反应，达到除氟的目的。可采用工业氧化铝、氧化钙、氢氧化钙等作吸附剂。法吸附净化流程有输送床吸附工艺和沸腾床吸附工艺等。

在净化铝电解厂烟气常采用的吸附剂是工业氧化铝。氧化铝与烟气中的氟化氢接触后，吸附反应速度很快，反应几乎在 0.1s 内即可完成。干铝厂含氟烟气吸附法净化具有如下特点：吸附剂是铝电解的原料氧化铝，吸附氟化氢的氧化铝可直接进入电解铝生产中，不存在吸附剂再生问题；净化效率高，一般在 98% 以上。

吸附净化法是干法净化技术，具有以下优势：不存在含氟废水，避免了二次污染问题；基建费用和运行费用都比较低；可适用于各种气候条件，不用考虑冬季保温防冻问题；氟资源回收较容易。

② 应用实例 某电解铝厂主要采用干法氧化铝吸附处理含氟废气，其电解系列有两个烟气净化系统，每个净化回收系统主要由两根排烟管、吸附管道（指主烟道末端，新鲜氧化

铝加料口至布袋过滤器入口处的管段)、若干布袋过滤器、排烟机和烟囱等组成。集气部分主要包括电解槽密闭罩。

来自铝电解的含氟烟气，通过管道进入吸附管道，与由加料器均匀加入的氧化铝粉末相混合，在高速带动下，氧化铝高度分散与 HF 充分接触，在很短时间内完成吸附过程。吸附后的含氟铝在旋风分离器中被分离出来，在分离中进一步完成吸附过程，经布袋过滤器分离出来的含氟氧化铝既可循环吸附，也可返回铝电解槽。系统的氟化物净化效率可达 99.23%。主要流程见图 5-46。

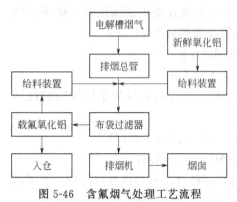

图 5-46　含氟烟气处理工艺流程

③ 影响因素　影响吸附效率的因素主要有输送床流速、吸附时间和输送床长度及固气比等。在实际工程中，一般控制管内烟气流速为 15～18m/s，保证输送床长度在 10m 以上，并根据烟气的含氟量选定合适固气比。

【课后思考题及拓展任务】

1. 分析电解铝厂为什么会产生含氟废气？这类含氟废气有什么特点？
2. 含氟废气的湿法净化技术有哪些？
3. 简述吸附法净化含氟废气的原理及工艺特点。

【案例八】　某化工厂有机废气净化系统案例及分析

某石化企业污水处理厂的总进口、隔油池、调节池等向环境中排放大量气态污染物，废气量约 2000～3000m³/h，主要有挥发性有机物、硫化氢、有机硫化物及氨等，其中，总烃浓度约 4000mg/m³，甲烷约 11mg/m³，非甲烷总烃约 4000mg/m³，苯浓度约 2900mg/m³，甲苯浓度约 4100mg/m³。采用"脱硫及总烃浓度均化－催化燃烧"净化装置后，排放废气总烃浓度约 71mg/m³，甲烷约 11.5mg/m³，非甲烷总烃约 58mg/m³，三苯（苯、甲苯和二甲苯之和）浓度接近零，主要污染物排放浓度均符合国家排放标准。

【案例分析】

（1）污染物的来源及特点

挥发性有机物是指在室温下饱和蒸气压大于 70.9Pa，常压下沸点小于 260℃ 的有机化合物。常见的有烷烃类、芳烃类、烯烃类、卤烃类、酯类、醛类、酮类及其他有机化合物。世界卫生组织（WHO，1989）对总挥发性有机物的定义是：熔点低于室温，沸点在 50～260℃ 之间的挥发性有机化合物的总称。

石化污水处理厂的隔油池、浮选池、调节池、总进水口、浮渣罐、油污罐、碱渣罐、事故池等设施均会排放一定量的挥发性有机物、硫化氢、有机硫化物等，随污染物的散发源不同，挥发性有机物的浓度从几十到几万 mg/m³ 不等。这些污染物产生恶臭气味的同时，严重污染空气环境。

（2）污染治理的工艺原理及流程

石化企业污水处理厂高浓度有机废气"脱硫及总烃浓度均化-催化燃烧"净化工艺流程如图 5-47 所示。来自隔油池、浮选池、调节池、总进水口、浮渣罐、油污罐等设施的废气进入分水器脱除凝结水后，依次通过阻火器、脱硫及总烃浓度均化罐、风机、过滤器、换热器、加热器、反应器、换热器，冷却排放。该工艺的核心是催化燃烧，即废气中的有机物在适宜的温度和催化剂作用下，与氧化发生氧化反应生成 CO_2 和 H_2O。脱硫及总烃浓度均化罐中均装有试剂，该试剂能脱除废气中的硫化氢、有机硫化物，防止催化剂中毒；并且，能通过吸附与解吸作用使总烃浓度得到均化处理，防止反应器温度剧烈波动。

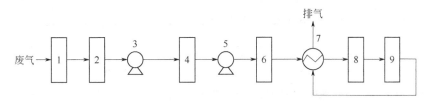

图 5-47　石化污水处理厂高浓度有机废气催化燃烧净化工艺
1—分水器；2—阻火器；3——次风机；4—脱硫及总烃浓度均化罐；
5—二次风机；6—过滤器；7—换热器；8—加热器；9—反应器

加热器主要是为反应器启动提供初始热量，但在废气浓度较低时，还需要对废气进行加热，以达到需要的反应器入口温度。挥发性有机物催化燃烧是放热反应，反应器进出口气体换热器可以充分回收反应热，并且在挥发性有机物达到一定浓度后，可以在没有外加热量的情况下，使催化燃烧反应器维持一定温度，保证反应持续进行。

【任务八】　工业过程有机废气净化系统的选取和工艺运行

某公司在产品的印刷过程中产生苯、甲苯和二甲苯等有机气体，根据有关技术资料及相关工程经验，需要处理的废气量有 15000m³/h，其中苯、甲苯和二甲苯的浓度别为 120mg/m³、400mg/m³ 及 700mg/m³。试设计一净化系统，实现有机废气达标排放。

5.6　含挥发性有机物废气净化技术

5.6.1　含挥发性有机物废气的来源及危害

挥发性有机物的来源包括固定源和流动源，其中主要的三大来源为：煤、石油和天然气；以煤、石油和天然气为燃料或原料的工业；与以煤、石油和天然气为燃料或原料的工业有关的化学工业。如石油开采与加工、炼焦与煤焦油加工、天然气开采与利用、化工生产、各种内燃机、电力或工业锅炉等。

挥发性有机物的危害主要体现在：大多数的挥发性有机物有毒，部分挥发性有机物有致癌性；多数挥发性有机物易燃易爆，不安全；挥发性有机物在适当气相条件下与大气中的氮氧化物发生光化学氧化，生成光化学烟雾，危害人体健康和动植物生长；卤烃类有机物可破坏臭氧层。

5.6.2　含挥发性有机物废气的净化技术

减少石油及化工生产过程中的有机物排放，如改革旧工艺，更新旧装置，改变原料路线与更新产量性质；减少有机溶剂的使用量；用作综合利用的原料，这些措施能够从根本解决挥发性有机废气污染问题。但是受现实条件和技术因素约束，多数情况下还是要采取技术手段对有机废气进行净化。

净化挥发性有机废气常用方法有燃烧法、吸收法、吸附法、浓缩法、冷凝法等（见表 5-18），不同有机污染物废气，其性质不同。常考虑以下因素，如污染物的性质、污染物的浓度、生产的具体情况及净化要求、经济性。

表 5-18　挥发性有机废气废气的净化方法

净化方法	方法要点	适用范围
燃烧法	将废气中的有机物作为燃料烧掉或将其在高温下进行氧化分解；温度范围为 600～110℃	适于中、高浓度范围废气的净化
催化燃烧法	在氧化催化剂作用下，将碳氢化合物氧化为二氧化碳和水；温度范围为 200～400℃	适于各种浓度的废气净化，适用于连续排气的场合
吸附法	用适当的吸收剂对废气中有机物组分进行物理吸收；常温	适用于低浓度废气的净化
吸收法	用适当的吸收剂对废气中有机物组分进行物理吸收；常温	对废气浓度限制较小，适用于含有颗粒物的废气净化
冷凝法	采用低温，使有机物组分冷却至露点以下，液化回收	适用于高浓度废气的净化

（1）冷凝法

① 基本原理　气态污染物在不同温度及不同压力下具有不同的饱和蒸气压，当降低温度或加大压力时，某些污染物就会凝结出来，从而达到净化和回收有机挥发气体的作用。

冷凝流程分为接触冷凝流程和表面冷凝流程两种。表面冷凝是使用间壁将冷却介质与废气隔开，使其不互相接触，通过间壁将废气中的热量移除，使其冷却。采用该设备可回收被冷凝组分，但冷却效率较差。接触冷凝器是将冷却介质（一般为冷水）与废气直接接触进行换热的设备。冷却介质可以降低废气温度，且可以溶解有害组分。该设备冷却效果好，但冷凝物质不易回收，并且对排水要进行适当的处理。

采用冷凝法净化有机废气，要获得比较高的效率，系统就需要较高的压力和较低的温度，所以常常将冷凝系统与压缩系统联合使用。在实际工程中，常采用多级冷凝串联。为了回收较纯的有机挥发物，通常第一级的冷凝温度设为 0℃，以除去气相中冷凝的水。但是该方法运行费用高，适用于高浓度和高沸点的有机废气治理和有机挥发物回收。

② 应用实例　尼龙生产中含癸二腈废气由反应釜进入贮槽时，温度约 300℃，比癸二腈的沸点高出约 100℃。具有一定压力的水进入引射式净化器后，由于喉管处的高速流动，造成真空，将高温的含癸二腈废气吸入净化器，并与喷入的水强烈混合，形成雾状，实现直接冷凝与吸收。冷凝后的癸二腈在循环液贮槽上方聚集，可回收用于尼龙生产。下层腈水可循环使用。直接冷凝法净化回收含癸二腈废气流程如图 5-48 所示。

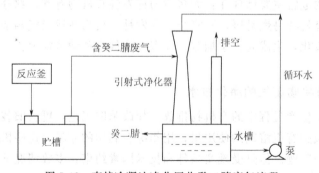

图 5-48　直接冷凝法净化回收癸二腈废气流程

当废气量为 $300\sim400\text{m}^3/\text{h}$，气流中癸二腈含量为 $75\text{mg}/\text{m}^3$ 时，采用喷水量为 $60\text{m}^3/\text{h}$，喷口水流速度 $50\sim7\text{m}/\text{s}$ 的工艺条件处理该废气，处理后气流中癸二腈含量为 $1.12\text{mg}/\text{m}^3$，净化效率可达 98.5%。

③ 技术特点　冷凝净化法适用于：处理高浓度废气，尤其是含有害物组分单纯的废气；作为燃烧与吸附净化的预处理，尤其是有害物含量较高时，可通过冷凝回收方法减轻后续净化装置操作负担；处理含有大量水蒸气的高温废气。

冷凝净化法所需设备和操作条件比较简单，回收物质纯度高。但是对废气净化程度受冷凝温度的限制，要求净化程度高时，需要将废气冷却到很低的温度，经济上不合算。

（2）吸附法

① 原理　吸附法是采用吸附剂吸附气体中的有机挥发性气体，从而使污染物从气相中分离的方法。吸附法广泛应用于治理含挥发性有机物废气，不仅可以较彻底地净化废气，而且在不使用低温、高压等手段下，可以有效地回收有价值的有机物组分。

② 应用实例　某炼油厂表曝池产生大量恶臭类有机挥发性气体，主要以有机硫（硫醇和硫醚等）和无机硫（H_2S）为主，且多为连续排放。对于该炼油厂表曝池的恶臭气体，采用活性炭填充塔吸附工艺，其工艺流程如图 5-49 所示。活性炭填充塔设有 2 个玻璃钢 FRP 塔（A、B）和 2 个不锈钢 SUS 塔（A_1、B_1）。不锈钢塔中填充 BPL 活性炭，吸附脱除烃类溶剂型有机物质和硫化物，玻璃钢塔 A 中装有市售国产炭，玻璃钢塔 B 中装有日本 IVP 活性炭，吸附脱除硫化物等恶臭物质。废气由风机先分别逆流通过不锈钢塔 A_1 和 B_1，然后分别通过玻璃钢塔 A 和 B，经净化后排出。4 个塔分别设有再生接口和管路。市售国产炭和 IVP 活性炭采用碱液再生，BPL 活性炭采用蒸汽再生。

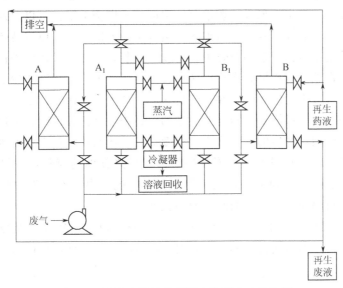

图 5-49　固定床活性炭吸附净化恶臭工艺流程

控制合适的塔内气流速度和再生周期，该工艺吸附效果较好，对于恶臭气体的穿透脱臭率达可达 95% 以上。

③ 技术特点　由于吸附剂吸附容量的限制，吸附法适于处理中低浓度废气，而不适用于浓度高的废气。可作为净化含挥发性有机物废气的吸附剂有活性炭、硅胶、分子筛等，其

中活性炭应用最广泛，效果也最好。其原因在于其他吸附剂（如硅胶、金属氧化物等），具有极性，在水蒸气共存条件下，水分子和吸附剂极性分子进行结合，从而降低了吸附剂吸附性能，而活性炭分子不易与极性分子相结合，从而提高了吸附挥发性有机物能力。但是，也有部分挥发性有机物被活性炭吸附后难以再从活性炭中除去，对于此类挥发性有机物，不宜采用活性炭作为吸附剂，而选用其他吸附剂。适宜和不适宜采用活性炭吸附的有机物见表 5-19。

表 5-19　适宜和不适宜采用活性炭吸附的有机物

难以从活性炭中除去的有机物	活性炭适用于吸附的有机物
① 相对分子质量为 50～200、相应的沸点为 19.4～176℃； ② 脂肪族与芳香族的烃类化合物，C 原子数在 C_4～C_{14} 间； ③ 大多数卤素族溶剂，包括四氯化碳、二氯乙烯、过氯乙烯、三氯乙烯等； ④ 大多数酮（丙酮、甲基酮）和一些酯（乙酸乙酯、乙酸丁酯）； ⑤ 醇类（乙醇、丙醇、丁醇）	① 几种脂肪酸：丙酸，丙烯酸，丁酸，戊酸 ② 几种酯：丙烯酸乙酯，丙烯酸丁酯，丙烯酸二乙基酯，丙酯，丙烯酸乙癸酯，二乙氰酸甲苯酯，甲基丙烯 ③ 几种胺、醇：T-胺，二乙酸三胺，2-乙基己醇，三亚乙基四基吡啶，苯酚

（3）燃烧法

将有害后气体、蒸气、液体或烟尘通过燃烧转化为无害物质的过程称为燃烧法净化。燃烧法适用于净化可燃的或在高温下可以分解的有机物。在燃烧过程中，有机污染物被剧烈氧化，放出大量的热，使排气的温度很高，可以回收热量。

目前，在实际中使用的挥发性有机废气燃烧净化方法有直接燃烧法、热力燃烧法和催化燃烧法。

a. 直接燃烧法　直接燃烧法适合高浓度有机挥发性废气的处理，燃烧温度控制在 1100℃ 以上，去除效率在 95％ 以上。多种可燃气体或多种溶剂蒸气混合于废气中时，只要浓度适宜，也可以直接燃烧。如果可燃组分的浓度高于燃烧上限，可以混入空气后燃烧；如果可燃组分的浓度低于燃烧下限，可以加入一定数量的辅助燃料，以维持燃烧。

直接燃烧法的设备包括一般的燃烧炉、窑或通过装置将废气导入锅炉作为燃料气进行燃烧。火炬燃烧是最常见的直接燃烧净化设备。直接燃烧法虽然运行费用较低，但由于燃烧温度高，容易在燃烧过程中发生爆炸，并且浪费热能，产生二次污染，因此目前较少采用。

b. 热力燃烧法　热力燃烧法是指当废气中的可燃物浓度比较低时，利用其作为助燃气或燃烧对象，依靠辅助燃料产生的热力将废气温度提高，从而在燃料室中使废气中可燃有害组分氧化去除的净化技术。在进行热力燃烧时，一般燃烧其他的燃料，如煤气、天然气、油等，来提高废气的温度，达到热力燃烧所需的温度，把其中气态污染物氧化为 CO_2、H_2O、N_2。适用于可燃有机物质含量较低的废气的净化处理。

图 5-50 为热力燃烧过程图解。通过热交换器回收热能，降低了燃烧温度，但当挥发性有机物浓度较低时，需加入辅助燃料，以维持正常的燃烧温度，从而增大了运行费用，限制了该技术的广泛应用。

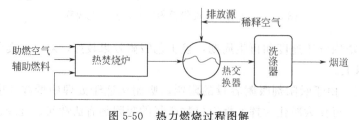

图 5-50　热力燃烧过程图解

在热力燃烧过程中，废气中有害的可燃组分经氧化生成 CO_2 和 H_2O，但不同组分燃烧的氧化条件不同。在供氧充分的前提下，反应温度、停留时间、湍流混合构成了热力燃烧的必要条件。某些含有机物的废气在燃烧净化时所需的反应温度和停留时间列于表 5-20 中。

表 5-20　废气燃烧净化所需的温度、时间条件

废气净化范围	燃烧炉停留时间/s	反应温度/℃
碳氢化合物（HC 销毁 90％以上）	0.3～0.5	680～820
碳氢化合物＋CO（HC＋CO 销毁 90％以上）	0.3～0.5	680～820
臭味（销毁 50％～90％）	0.3～0.5	540～650
黑烟（炭粒和可燃粒子）	0.7～1.0	760～1100

进行热力燃烧的专用装置称为热力燃烧炉，其结构应该保证获得 740℃ 以上的温度和 0.5s 左右的接触时间，才能保证一般碳氢化合物及有机蒸气的燃烧净化。热力燃烧炉的主体结构包括两部分：燃烧器和燃烧室。前者的作用是使辅助燃料燃烧生成高温燃气；后者的作用是使高温燃气与旁通废气湍流混合达到反应温度，并使废气在其中停留时间达到要求。

普通锅炉、生活用锅炉以及一般加热炉炉内条件可以满足热力燃烧的要求，因此可以用做热力燃烧炉使用，不仅可以节省设备投资，也可节省辅助燃料。应注意以下条件：废气中所要净化的组分应当几乎全部是可燃的，否则不燃组分如无机烟尘等在传热面上的沉积将会导致锅炉效率的降低；需要净化的废气流量不能太大，过量低温废气的通入会降低热效率并增加动力消耗；废气中的含氧量应与锅炉燃烧的需氧量相适应，以保证充分燃烧，否则燃烧不完全所形成的焦油、树脂等将污染炉内传热面。

c. 催化燃烧法　催化燃烧法是在系统中使用催化剂，使废气中的挥发性有机物在较低温度下氧化分解的方法。该技术优势在于：燃烧温度显著降低降低了燃烧费用，且对可燃组分的浓度和热值限制较少，二次污染物 NO_x 的生成量少，燃烧设备体积较小，挥发性有机物的去除率高，已成为净化有机蒸气的重要手段，在各种气态污染物催化转化设备制造方面，是国内目前唯一有批量生产净化设备方法。但由于催化剂容易中毒，因此对进气成分要求极为严格，不得含有重金属、尘粒等易引起催化剂中毒的物质，同时催化剂价格昂贵，使得该方法处理费用较高。

漆包线、绝缘材料等生产过程中排放出的烘干废气，由于废气温度及有机物浓度均较高，对燃烧反应及热量平衡很有利，在不需要回收热量或回收热量得不到很好利用情况下，催化燃烧比直接燃烧经济。

图 5-51 为催化燃烧常见装置，图 5-52 为催化燃烧炉示意。

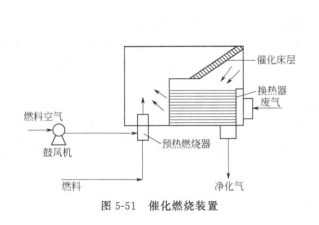

图 5-51　催化燃烧装置

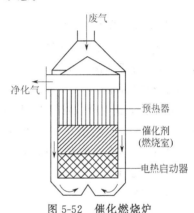

图 5-52　催化燃烧炉

（4）吸收法

① 原理　吸收法是采用低挥发性或不挥发溶剂对有机挥发性气体进行吸收，再利用有机分子和吸收剂物理性质的差异将二者分离的净化方法。吸收效果主要取决于吸收剂的性能和吸收设备的结构特征。

② 应用实例　某空调厂有 2 台同样的脱脂炉（用于换热器脱脂清洗），每台炉有 3 个排风口，2 台炉的 1 号、2 号排风口混在 A 排放口排放，1 号排风口的排气量约 $2356\times2m^3/h$，非甲烷总烃平均浓度为 $145mg/m^3$，2 号排风口的排气量约 $4245\times2m^3/h$，非甲烷总烃平均浓度为 $250\sim850mg/m^3$。1 号、2 号排风口的总排气量约 $13202m^3/h$，非甲烷总烃平均浓度为 $212\sim598mg/m^3$。2 台脱脂炉的 3 号排风口混在 B 排放口排放，总排气量约 $5460\times2m^3/h$，非甲烷总烃平均浓度为 $200\sim500mg/m^3$。废气的温度约 $120℃$。

该有机废气吸收治理工艺流程如图 5-53 所示。吸收液通过循环泵在吸收塔中强制连续循环，废气从塔底进入后在塔内与吸收剂反应而净化，净化后的气体由吸收塔后的风机抽出排放，吸收塔内设除雾器。吸收塔内的浓吸收液连续定量排出，同时补充等量的吸收剂。排出的浓吸收液进入贮池，定时加入碱式氯化铝处理，经过搅拌、破乳、絮凝，再经过分离系统实现有机物回收，固渣外运，水过滤后达标排放。

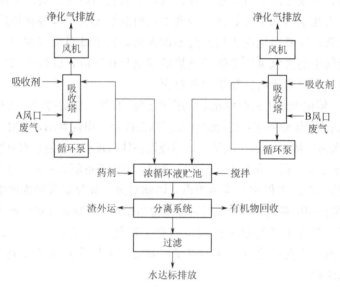

图 5-53　空调生产有机废气吸收治理工艺流程

吸收塔采用陶瓷填料，A、B 排风口均取风量 $15000m^3/h$，液气比采用 $2.0L/m^3$，泛点气速 $2.88m/s$，实际喷淋密度 $11.8m^3/（m^2\cdot h）$。分离系统采用自制的简单油水机械分离器，过滤采用普通活性炭过滤罐。经该工艺净化后的气体中非甲烷总烃含量小于 $35mg/m^3$，符合国家排放标准。

③ 技术特点　吸收法常用于净化水溶性有机物。在治理挥发性有机物废气的方法中，与催化燃烧法、吸附法相比，吸收法没有前两者用途广泛。为增大吸收效率，常采用填料塔、湍球塔。影响吸收法应用的主要原因是有机吸收剂的吸收均为物理吸收，其吸收容量有限，导致废气净化效率不高。

（5）生物法

生物法处理挥发性有机废气的工艺主要有生物洗涤塔、生物滴滤塔和生物过滤法三种。

其工艺流程分别如图 5-54 和图 5-55 所示。此外，还有土壤法和堆肥法等。

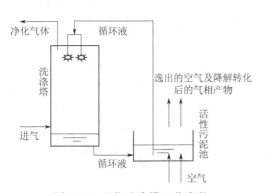

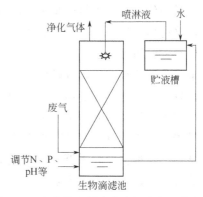

图 5-54　生物洗涤塔工艺流程　　　　图 5-55　生物滴滤塔净化有机废气工艺流程

　　生物洗涤法是利用微生物、营养物和水组成的微生物吸收液处理废气，适合于吸收可溶性气态污染物。气液接触的方法除采用液相喷淋外，还可以采用气相鼓泡。如果气相阻力较大时，可采用喷淋法；如果液相阻力较大时则采用鼓泡法。因为生物洗涤法的循环洗涤液需采用活性污泥法来再生，所以吸收液一般是水，因此该方法只能适用于水溶性较好的挥发性有机物，如乙醇、乙醚等。

　　生物滴滤法净化有机挥发性废气时，含挥发性有机物的废气由塔底进入，在流动过程中与生物膜接触而被净化，净化后的气体由塔顶排出。循环喷淋液从填料层上方进入滤床，流经生物膜表面后在滤塔底部沉淀，上清液加入 pH 调节剂等循环使用，沉淀物从底部排出系统。滤床填料通常采用粗碎石、塑料、陶瓷等无机材料，比表面积在 $100 \sim 300 m^2/m^3$。

　　生物过滤法净化系统由增湿塔和生物过滤塔组成，工艺流程见图 5-56。含挥发性有机物的废气经增湿塔增湿后进入过滤塔，与已经接种挂膜的生物滤料接触而被降解，生成 CO_2、H_2O 和生物基质，净化气体由顶部排出。定期在塔顶喷淋营养液，为滤料上的微生物提供养分、水分和维持恒定的 pH 值。

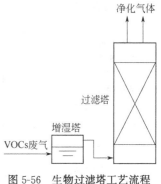

图 5-56　生物过滤塔工艺流程

5.7　其他废气净化

5.7.1　酸雾的净化技术

（1）酸雾及来源

　　酸雾是指雾状的酸类物质。酸雾在空气中的粒径比雾的粒径小，比烟的湿度大，是介于烟气与水雾之间的物质。酸雾粒径 0.1～10 μm，且具有较强腐蚀性。形成的机理主要有两种：酸溶液表面蒸发，酸分子进入空气，吸收水分凝结成雾滴；酸溶液内有化学反应，形成气泡上浮到液面后爆破，将液滴带出。

　　主要产于化工、冶金、轻工、纺织、机械制造和电子产品等行业的用酸工序中，如制酸、酸洗、电镀、电解、酸蓄电池充电和其他生产过程。酸雾有硫酸雾、盐酸雾、硝酸雾、磷酸雾、铬酸雾等。盐酸雾主要产生于氯碱厂及盐酸的生产、贮存和运输过程；硫酸雾产生于湿法制酸及稀硫酸浓缩过程；硝酸雾产生于硝酸制造厂，硝酸的贮存和运输过程，使用硝酸做原料的化工厂、肥料厂及硝酸洗槽；磷酸雾产生于磷酸及磷肥生产过程；铬酸雾产生于电镀镀铬过程及对铝进行表面氧化处理与酸洗的工业槽过程。

（2）主要治理工艺

酸雾是液体气溶胶，可以用微粒态污染物的净化方法处理。由于雾滴直径和密度较小，要用高效分离方法，如静电沉积、过滤，才能有效地捕集。酸雾具有较好的物理、化学活性，可用气态污染物的净化方法处理，如吸收、吸附，并且净化效果很好。净化酸雾一般采用除雾器，常用的设备有丝网除雾器、折流式除雾器、离心式除雾器、文丘里洗涤器、过滤除雾器等。几种主要除雾器性能的比较见表 5-21。一般地说，选择除雾器是依据酸雾的特性、除雾要求及投资费用等条件。

表 5-21　主要除雾器性能的比较

除雾器名称	除雾粒径/μm	除雾效率/%	除雾器压降/Pa	主要优缺点
文丘里洗涤器	>3	98～99	6000～10000	粒径 3 μm 以上净化效率高，结构简单，占地少，造价较电除雾器低；对 3 μm 以下酸雾净化率低，运行费高，维修麻烦
电除雾器	<1	>99	较小	效率高，阻力小，运行费用低；设备复杂，特殊材料繁多，施工要求高，建设期长，投资最高
丝网除沫器	>3	>99	200～350	比表面大，质量轻，占地少，投资省，使用方便，网垫可清洗复用，对 3 μm 以下雾粒净化率低
高效型纤维除雾器	>3 <3	100 94～99	2000～2500	除雾效率高，结构简单，加工容易，投资省，操作方便，设备较大，压降较大
旋流板除雾器	>5	98～99	100～200	结构简单，加工容易，投资省，操作方便，压降中等；除雾效率较高
折流式除雾器	>50	>90	50～100	结构简单，加工容易，投资省，操作方便，压降低；除雾效率较低

① 吸收法　常用的吸收剂有水、碱液等。由于硫酸、盐酸等均易溶于水，可以用水吸收。用水吸收简单易行，但耗水量大，效率低，产生的低浓度含酸废溶液很难利用，需处理后排放。用碱液吸收中和可以提高吸收效率，常用的吸有 $10\%Na_2CO_3$、$4\%\sim6\%$ 的 NaOH 和 NH_3 等的水溶液。

② 过滤　若雾滴较大，用过滤法能得到很好的净化效果，如铬酸雾、硫酸雾就用过滤方法净化。酸雾过滤器的滤层由聚乙烯丝网填充或聚氯乙烯板网交错叠置而成，也可以波纹网或其他填料构成。酸雾在填料层中通过分散的曲折通道流动，由于惯性碰撞和滞留等效应，雾滴被滤层内表面捕集积聚到一定程度，受重力作用而向下流动。

（3）酸雾的净化设备

① 丝网除雾器　丝网除雾器是一种最简单、最有效的雾沫分离设备。夹带液滴的气体通过除雾装置时，液滴直接冲撞在丝网上，由于存在着表面张力，液滴粘着在丝网的交织线上，并聚集成较大的液滴，然后在重力作用下落，最后收集在分离器的底部，除雾后气体从上部排出。有两种类型：纤维除雾器、文丘里丝网除雾器。靠细丝编织的网垫起过滤除沫作用，丝网材质是金属或玻璃纤维。丝网层很轻，$100\sim200kg/m^3$，可制成任意大小、形状和

高度。通过丝网很低，对于大多数情况，通过这种雾沫分离器的压降范围在 25～250Pa，其大小取决于蒸气和液体负荷，及雾沫分离器的大小。

雾沫分离器效率很高，在 90％ 以上，并且丝网分离器的结构极为简单，较轻的蒸气能容易地穿过多孔丝网层的细孔。液沫在通过细孔时，不能改变方向和路线，当这些夹带的液沫穿行时，直接冲撞在丝网上。由于存在表面张力，液沫附着在丝网的交织线上，并聚集成较大的液滴，在重力作用下下落并收集在分离器的底部。它不适用于处理含固体量较大的废气，以及含有或溶有固体物质的情况，如碱液、碳酸氢铵溶液等。以避免固体杂质堵塞或液相蒸发后固体产生堵塞现象，破坏正常操作。

② 纤维除雾器　纤维除雾器是根据惯性碰撞、截留、扩散吸附等过滤机制，在纤维上捕集雾粒的高效能气雾分离装置。分为高速型、捕沫型、高效型 3 种：高速型和捕沫型以惯性碰撞、截留效应为主，高效性以扩散吸附效应为主，对 3μm 以上雾粒，除雾效率为 100％；对 3μm 以下雾粒，除雾效率为 94％～99％。

③ 文丘里丝网除雾器　一般用于被处理的酸雾气体的流量或酸雾密度大幅度变化的情况，如图 5-57 所示。是一个上细下粗锥体，因此酸雾气体总会在某个部位上达到最佳速度范围，从而使雾沫分离。

④ 折流式除雾器　由多块折流板组成，在通道每个拐弯处装一个液体收集装置，收集并排出液体。分离原理：气流发生转弯运动，旋转造成的离心力，使液滴甩向器壁，并聚积形成液膜、聚集留在拐弯处的液体收集器里；经过多次旋转，可以达到较好的除雾效果。通道宽度为 20～30mm；气流平均速度在竖直流向 2～3m/s，水平流向 6～10m/s，最大速度可达 20m/s。

图 5-58 为折流板的一段，包括两块折流板，是构成一个通道的壁。在通道的每个拐

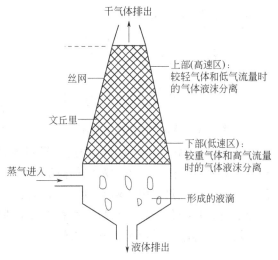

图 5-57　文丘里丝网除雾器

弯处装有一个贮存器，收集并排出液体，液滴与气体在拐弯处分离。当气流经过拐弯处，离心力阻止液滴随气体流动，一部分液滴撞到对面的壁上，聚集形成液膜，并被气流带走聚集在第二拐弯处的贮存器里。这部分在第一拐弯处从气体中分离出来的液滴，包括大的液滴和部分靠近第一个拐弯处外壁运动的细滴。余下液滴经过通道截面重新分配后能够靠近第二个拐弯处。同样，部分靠近第二拐弯处外壁的液滴，经过碰撞外壁，聚积成液膜并聚集在第三个拐弯处的贮存器里。最后，经过除雾的气流离开折流分离器。

⑤ 离心式除雾器　主要适用于分离直径 0.05～0.4μm 极微细的液滴。结构比较简单，设备的防堵性能较好，适用于酸雾中带固体或带盐分的废气除雾。

原理：含雾气体以 20m/s 进入螺旋管道，且流向分离器的中心。当气体流向中心时，气体旋转速度逐渐加大，离心力也逐渐加强。由于离心力场作用，液滴从气流中分离并被带出，实现气液分离。在设备的中心，向含雾气体中喷射水，有利于液滴分离，喷出的较大水滴会黏着在旋转气流中的非常微细的液滴上。聚集后的液滴积聚在壳体壁上，气流带液滴至排出口。图 5-59 为旋流除雾器原理。

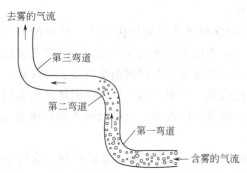

图 5-58　折流式分离器中收集液体示意

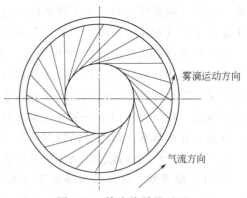

图 5-59　旋流除雾器原理

为分离吸收塔顶部的雾沫夹带，出现旋流板除雾器。作用：气体通过塔板产生旋转运动，利用离心力作用将雾沫除去，除下雾滴从塔板的周边流下，效率达 98%～99%，结构简单，阻力介于折流板与丝网除雾器间。

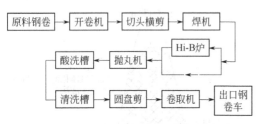

图 5-60　硅钢片酸洗线工艺流程

（4）应用实例

硅钢片厂是生产冷轧电工钢片（带）的专业厂。由于酸洗和清洗均在高温状态下进行，因此产生大量盐酸。酸洗是全厂生产的头道工序。采用含量为 3%，温度为 80～90℃的盐酸清除原料钢表面的氧化铁皮。酸洗过程在 CP 机组内完成，CP 机组工艺流程如图 5-60 所示。

酸洗时，钢带以 33m/min 的速度通过酸洗槽。酸洗槽槽体是焊接钢板结构，内衬特殊橡胶，并砌有耐酸砖。喷吹蒸气加热酸溶液。酸洗后的钢带经过清洗喷淋槽清洗，其方法是首先将钢带浸入热水中，然后再向钢带表面喷淋高压热水，清除钢带表面酸液。图 5-61 所示为酸洗处理净化工程。从酸洗槽和喷淋清洗槽抽出的酸雾，通过密封罩及排气罩进入喷淋净化塔，喷淋净化后由风机排入大气，排气符合国家排放标准。喷淋塔结构见图 5-62。

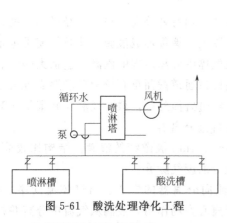

图 5-61　酸洗处理净化工程

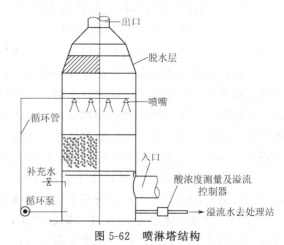

图 5-62　喷淋塔结构

5.7.2　含氯废气的净化技术

（1）含氯废气的来源及危害

含氯及氯化氢的废气总称为含氯废气，主要来源是氯的生产厂家和氯的使用厂家。氯碱厂是含氯废气的主要来源之一。氯碱厂用冷却法生产液氯时，必有排出一部分的惰性气体，其中带有相当多的氯气；水银电解槽或隔膜电解槽、湿氯的冷却和干燥、淡盐水吹脱等过程及贮槽口、槽车口排气中均有一定量的氯。不同的氯碱生产工艺，含氯废气的排放量不同，氯碱厂每吨液氯的氯气排放量见表 5-22。

表 5-22　氯碱厂每吨液氯的氯气排放量　　　　　单位：kg/t

生产设备	排出氯气量	生产设备	排出氯气量
水银电解槽	$18\sim72.5$	槽车口排气	2.0
隔膜电解槽	$9\sim45.3$	贮槽口排气	5.4
氯气干燥塔、冷却塔	1.8	淡盐水吹脱气脱氯	2.27
碱或石灰洗涤塔	0.45		

氯气是黄绿色气体，带强烈窒息臭味的有毒气体。因密度较大，排入环境后一般向低处流动，顺风沿地面扩散，对人、动植物和器物形成危害。可与 CO 接触形成毒性更大的光气（$COCl_2$）。氯气对人的危害，表面在能刺激眼、鼻、喉和呼吸道，并通过皮肤黏膜使人发生中毒作用。

（2）含氯废气的治理技术

目前，对含氯废气的治理包括水吸收法、碱液吸收法、氯化亚铁溶液吸收法、铁屑吸收法、溶剂吸收法、联合净化法和固体吸附法等。各种净化方法及适用范围见表 5-23。

表 5-23　含氯废气治理方法

方法	净化率/%	主要优缺点	适用范围
水吸收法	$90\sim95$	工艺流程简单，便于操作	适用于低浓度废气
碱液吸收法	99.9	工艺流程简单，净化效率高，吸收速度快，能吸收氯气，碱液价格低	适用于副产品有出路的场合
氯化亚铁溶液吸收法	$90\sim95$	设备少，操作方便，运行费用低，可回收三氯化铁	适合于副产品三氯化铁有销路场合
铁屑吸收法			
溶剂吸收法 ① 一氯化硫法 ② 四氯化碳法 ③ 氯磺酸法 ④ 二氯化碘法	约 100 $95\sim98$ 约 100 约 100	回收纯 Cl_2，动力小，溶剂有刺激性 净化效率高 净化效率高，回收纯 Cl_2 回收效率高，设备简单，无二次污染	适合于高浓度废气 适合于各种氯化过程 高浓度氯气，回收纯 Cl_2 适合于混合废气，低浓度废气
联合净化法 ① 氢氧化钙-硫酸法 ② 燃烧-水吸收法 ③ 冷凝-淋洗-冷冻法 ④ 压缩冷浆法	$\geqslant99$ $\geqslant99$ 约 100 $90\sim95$	回收纯 Cl_2，运行费用低 工艺简单，回收率高 净化率高，设备复杂，费用高 消耗动力少，设备费用高	低浓度废气 适合于有合成盐酸的工厂 适合于混合废气（含光气） 适合于大风量、高浓度废气
活性炭、硅胶吸附法	$\geqslant95$	无需加压，无二次污染，进一步处理可回收液氯产品	适合于低浓度含氯废气

（3）工程实例

某盐化工公司烧碱设计生产能力 10^5 t/a，采用高电流密度复极式电解槽，配有 1 套废气处理装置。废气处理工艺采用烧碱吸收双塔工艺流程，如图 5-63 所示。吸收的主要反应方程式为：

$$NaOH + Cl_2 \longrightarrow NaClO + H_2O$$

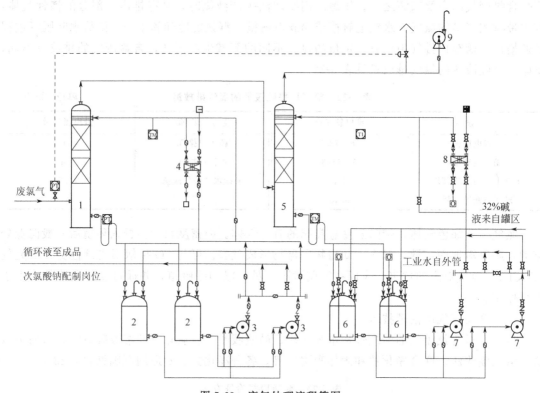

图 5-63　废气处理流程简图

1—吸收塔；2—循环槽；3—吸收塔循环泵；4—循环液冷却器；5—尾气塔；

6—配碱循环槽；7—尾气塔循环泵；8—尾气冷却器；9—尾气风机

　　32％NaOH 溶液经管道送入配碱循环槽，用生产水并通入压缩空气搅拌，配制成 15％ NaOH 溶液待用。电解工序的事故氯气、氯氢处理工序的开停氯气、正常生产中液氯来的包装抽空气等含氯废气从塔底进入吸收塔，与经过循环液冷却器被告冷冻水冷却的循环液逆流接触，进行吸收反应。从吸收塔顶部出来的未反应完全的含氯废气再次进入尾气塔底部，与预先配制好的 15％NaOH 溶液反应，进一步去除掉其中的氯气，达到排放标准的尾气经风机排至大气中。

　　该氯气处理装置实际运行情况良好，处理后的废气经检测含氯质量浓度≤1mg/m³，完全达到环保要求。该工艺不仅解决了离子膜烧碱生产中的废气治理问题，还把废氯气转化为用途广泛的次氯酸钠产品，具有良好的经济效益。

5.7.3　含汞废气的净化技术

（1）汞的来源及危害

汞是银白色的液体金属，能溶解多种金属，并能与除铁、铂以外的各种金属生成多种汞齐。汞在常温下在空气中以蒸气态存在，因此，空气中的汞包括汞蒸气和含汞化合物的粉尘。汞的主要来源有：在汞的生产及使用中汞的流失或泄漏，油、煤、矿物在燃烧过程中含汞化合物的挥发，水银氯碱厂、用汞化合物作焦化剂的化工以及汞矿山、使用汞作材料的电源、仪表厂排放的含汞废物等。

　　汞会对人体造成危害，它会引起人体中毒，汞的急性中毒会引起糜烂性支气管炎、间质性肺炎等。空气中的汞蒸气通过呼吸道进入人体，有资料表明，如吸入浓度为 1.2～5.0mg/m³ 的含汞蒸气的空气，就会发生严重的急性中毒。

（2）汞蒸气的治理

目前，国内治理汞蒸气的方法主要由吸收法、吸附法和联合净化法。如果废气的含汞浓度很高，应先采用冷凝法进行预处理，以便先回收易于冷凝的大部分汞。冷凝后的氢气含汞仍然较高，可采用溶液吸收法处理，一般可使含汞含量降到 $10\sim20~\mu g/m^3$，基本解决汞蒸气对环境的污染问题。常用的方法如表 5-24 和表 5-25 所列。

表 5-24　吸收法净化含汞废气

方法名称	基本原理	优缺点及适用范围
$KMnO_4$ 溶液吸收法	当汞蒸气遇到 $KMnO_4$ 溶液时，迅速被氧化成氧化汞，产生的 MnO_2 又与汞蒸气继续反应，从而使汞蒸气得到净化。主要的化学反应方程式为 $2KMnO_4 + 3Hg + H_2O \longrightarrow 2KOH + 2MnO_2 + 3HgO$ $MnO_2 + 2Hg \longrightarrow Hg_2MnO_2$	优点：净化效率高，设备简单，流程短 缺点：要随时补充吸收液，$KMnO_4$ 利用率低 适用范围：含汞氢气及仪表电器厂的含汞蒸气（低温电解回收汞）
$NaClO$ 溶液吸收法	$NaClO$ 是一种强氧化剂，可将金属 Hg 氧化成 Hg^{2+}，在有 $NaCl$ 存在的情况下，Hg^{2+} 与大量的 Cl^- 发生配位反应，生成氯汞配离子 $[HgCl_4]^{2-}$。化学反应式为 $Hg + NaClO + H_2O \longrightarrow Hg^{2+} + Cl^- + 2OH^- + Na^+$ $Hg^{2+} + 4Cl^- \longrightarrow [HgCl_4]^{2-}$	优点：净化效率高，吸收液来源广，无二次污染 缺点：流程复杂，操作条件不易控制 适用范围：水银法氯碱厂含汞氢气（电解回收汞）
热浓 H_2SO_4 吸收法	热浓 H_2SO_4 将汞氧化成硫酸汞沉淀，从而使汞与烟气分离。反应方程式为 $Hg + H_2SO_4 \longrightarrow HgSO_4 + 2H_2O + SO_2$	优点：净化效率高，吸收液来源广，无二次污染 缺点：流程复杂，操作条件不易控制 适用范围：含汞焙烧烟气（回转窑蒸馏冷凝回收汞）
硫酸-软锰矿吸收法	吸收液为粒度 110 目的软锰矿、硫酸悬浮液。主要化学反应为 $MnO_2 + 2Hg \longrightarrow Hg_2MnO_2$ $Hg_2MnO_2 + 4H_2SO_4 + MnO_2 \longrightarrow 2HgSO_4 + 2MnSO_4 + 4H_2O$	优点：吸收液来源广，投资费用低 缺点：效率只能达到 96% 适用范围：炼汞尾气及含汞蒸气（电解回收汞）
I_2-KI 溶液吸收法	吸收溶液与含汞废气接触时发生下列反应 $Hg + I_2 + 2KI \longrightarrow K_2HgI_4$	优点：净化效率高，运行费用低，有一定的效益 缺点：一次性投资大 适用范围：含汞焙烧烟气（电解回收汞）
过硫酸铵溶液吸收法	当过硫酸铵吸收液与含汞废气接触时，发生如下反应 $Hg + (NH_4)_2S_2O_8 \longrightarrow HgSO_4 + (NH_4)_2SO_4$	优点：净化效率高，有一定的效益 缺点：设备要求高 适用范围：含汞蒸气（电解回收汞）

表 5-25　吸附法净化含汞蒸气

净化方法	方法原理	特点
充氯活性炭吸附法	当含汞废气通过预先用氯气处理过的活性炭表面时，汞与吸附在活性炭表面上的氯气反应，反应方程式为 $2Hg + Cl_2 \longrightarrow 2HgCl_2$ 生成的 $HgCl_2$ 被吸附在活性炭的表面上，从而使含氟废气得到净化	效率高，成本低，适用于低浓度含汞废气的处理
多硫化钠-焦炭吸附法	在焦炭上喷洒多硫化钠溶液，除固体表面的活性吸附外，多硫化钠与汞反应生成 HgS。该法每隔 4~5 天要向焦炭表面喷洒多硫化钠一次，其除汞效率为 80% 左右	吸附剂来源广泛，适用于炼汞尾气和其他有色金属冶炼中高浓度含汞废气的净化

续表

净化方法	方法原理	特点
浸渍金属吸附法	在吸附剂表面浸渍一种能与汞形成汞齐的物质（金、银、镉、铟、镓等），采用的吸附剂有活性炭、活性氧化铝、陶瓷、玻璃丝等。对吸附了汞的吸附剂加热，一方面使吸附剂得到再生，另一方面使汞得到回收	净化效率高。采用银浸渍过的活性炭吸附空气中的汞蒸气时，比不浸银的活性炭的吸附容量大100倍
HgS催化吸附法	在每克载体上装入100mgHgS和10mgS作催化剂，就可以获得理想的除汞效果。反应式如下：$Hg + S \longrightarrow HgS$ $HgS + S \longrightarrow HgS_2$ $HgS_2 + Hg \longrightarrow 2HgS$	除汞效率高
冲击洗涤-焦炭吸附法	先用多硫化钠作为吸收液，进行除尘的同时可除汞20%，然后气体进入焦炭层进行吸附，吸附除汞效率70%，两级平均效率达到92.5%	属于两种方法联合净化，效率高

【课后思考题及拓展任务】

1. 含挥发性有机物废气的来源主要有哪些？简述主要净化技术及其特点。
2. 酸雾的主要净化技术有哪些？它们的原理是什么？
3. 简述含汞废气的危害及主要治理技术。

第6章 工业通风技术

【案例九】 某有色冶炼车间除尘系统管道设计案例及分析

某有色冶炼车间除尘系统管道布置如下图所示。系统内的气体平均温度为20℃，钢板管道的粗糙度 $K=0.15mm$，气体含尘浓度为 $10g/m^3$，所选除尘器的压力损失为981Pa。集气罩1和2的局部压损系数分别为 $\zeta_1=0.12$，$\zeta_2=0.19$，集气罩排风量分别为 $Q_1=4950m^3/h$，$Q_2=3120m^3/h$，要求根据实际情况对该管道系统进行设计，确定管道直径和压力损失。

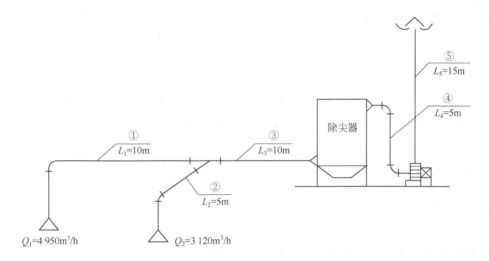

【案例分析】

利用流速控制法进行管道设计计算时，应按照以下步骤：

（1）管道编号并注上各管段的流量和长度；

（2）选择计算环路，一般从最远的管段开始计算，本案例中应从管段①开始；

（3）有色冶炼车间的粉尘为重矿粉及灰土，按表6-3取水平管内流速为 16m/s；

（4）计算管径和压力损失：

管段①：根据 $Q_1=4950m^3/h$，$v=16m/s$，查管道计算表（表6-1）得 $d_1=320mm$，$\lambda/d=0.0562$，实际流速 $v_1=17.4m/s$，动压为 182Pa。

则摩擦压力损失为 $\Delta p_{L1}=l\cdot\dfrac{\lambda}{d}\dfrac{\rho v^2}{2}=10\times0.0562\times182=102.3(Pa)$

各管件局部压损系数（查手册）为：

集气罩1：$\zeta=0.12$；90°弯头（$R/d=1.5$），$\zeta=0.25$；30°直流三通，$\zeta_{21(2)}=0.12$（对应直通管动压的局部压损系数）。

$$\sum\zeta=0.12+0.25+0.12=0.49$$

则局部压损：$\Delta p_{m1} = \sum \zeta \dfrac{\rho v^2}{2} = 0.49 \times 182 = 89.2 (Pa)$

管段③：据 $Q_3 = 8070 m^3/h$，$v = 16.4 m/s$，查"计算表"得 $d_3 = 420mm$，$\lambda/d = 0.0403$，实际流速 $v_3 = 16.4 m/s$，动压为 161.5Pa。

则摩擦压力损失为 $\Delta p_{L3} = l \cdot \dfrac{\lambda}{d} \dfrac{\rho v^2}{2} = 10 \times 0.0403 \times 161.5 = 65.1 (Pa)$

局部压损为合流三通对应总管动压的压力损失，其局部压损系数 $\zeta_{21(1)} = 0.11$；除尘器压力损失 981Pa。

则局部压损：$\Delta p_{m3} = 0.11 \times 161.5 + 981 = 998.8 (Pa)$

管段④：气体流量同管段③，即 $Q_4 = Q_3 = 8070 m^3/h$，选择管径 $d_4 = 420mm$，$\lambda/d = 0.0403$，实际流速 $v_4 = 16.4 m/s$，动压 161.5Pa。

则摩擦压力损失为 $\Delta p_{L4} = 5 \times 0.0403 \times 161.5 = 32.6 (Pa)$

该管段有 90°弯头（$R/d = 1.5$）两个，由手册查得 $\zeta = 0.25$；

则局部压损：$\Delta p_{m4} = 0.25 \times 2 \times 161.5 = 80.8 (Pa)$

管段⑤：气体流量同管段④，即 $Q_5 = Q_4 = 8070 m^3/h$，选择管径 $d_5 = 420mm$，$\lambda/d = 0.0403$，实际流速 $v_5 = 16.4 m/s$，动压为 161.5Pa。

则摩擦压损为 $\Delta p_{L5} = 15 \times 0.0403 \times 161.5 = 97.7 (Pa)$

该管段局部压损主要包括风机进出口及排风口伞形风帽的压力损失，若风机入口处变径管压力损失忽略不计，风机出口 $\zeta = 0.1$（估算），伞形风帽（$h/D_0 = 0.5$）$\zeta = 1.3$，$\sum \zeta = 0.1 + 1.3 = 1.4$。

则局部压力损失为

$$\Delta p_{m5} = 1.4 \times 161.5 = 226.1 (Pa)$$

管段②：据 $Q_2 = 3120 m^3/h$，$v = 16 m/s$，查"计算表"得 $d_2 = 260mm$，$\lambda/d = 0.0728$，实际流速 $v_2 = 16.7 m/s$，动压为 167Pa。

则摩擦压损为 $\Delta p_{L2} = 5 \times 0.0728 \times 167 = 60.8 (Pa)$

该管段局部压损系数：集气罩 2，$\zeta = 0.19$；90 弯头（$R/d =$）1.5，$\zeta = 0.25$；合流三通旁支管，$\zeta_{31(3)} = 0.20$。$\sum \zeta = 0.19 + 0.25 + 0.20 = 0.64$，则 $\Delta p_{m2} = 0.64 \times 167 = 106.9 (Pa)$

(5) 并联管路压力平衡：

$$\Delta p_1 = \Delta p_{L1} + \Delta p_{m1} = 102.3 + 89.2 = 191.5 (Pa)$$
$$\Delta p_2 = \Delta p_{L2} + \Delta p_{m2} = 60.8 + 106.9 = 167.68 (Pa)$$
$$\frac{\Delta p_1 - \Delta p_2}{\Delta p_1} = \frac{191.5 - 167.7}{191.5} = 12.4\% > 10\%$$

节点压力不平衡，采用调整管径方法，进行压力平衡调节。

由于 $d_2 = d_1 (\Delta p_1/\Delta p_2)^{0.225}$，调整后管径为：

$d_2' = d_2 (\Delta p_2/\Delta p_1)^{0.225} = 260 \times (167.7/191.5)^{0.225} = 252mm$，圆整管径取 $d_2' = 250mm$

(6) 除尘系统总压力损失：

$$\Delta p = \Delta p_1 + \Delta p_3 + \Delta p_4 + \Delta p_5 = 191.5 + 998.8 + 113.4 + 323.8 = 1627.5 (Pa)$$

把上述结果填入计算表 6-1 之中。

表 6-1　管道计算表

管段编号	流量 Q/ (m^3/h)	管长 l/m	管径 d/mm	流速 v/ (m^3/s)	λ/d /m^{-1}	动压 $\frac{v^2\rho}{2}$ /Pa	摩擦压损 Δp_L/Pa	局部压损系数 $\sum \zeta$	局部压损 Δp_m/Pa	管段总压损 Δp/Pa	管段压损累计 $\sum \Delta p$/Pa	备注
①	4950	10	320	17.4	0.0562	182	102.3	0.49	89.2	191.5		
③	8070	10	420	16.4	0.0403	161.5	65.1	0.11	998.8	1063.9		
④	8070	5	420	16.4	0.0403	161.5	32.6	0.50	80.8	113.4		
⑤	8070	15	420	16.4	0.0403	161.5	97.7	1.4	226.1	323.8		
②	3120	5	260	16.7	0.0728	167	60.8	0.64	106.9	167.7		压力不平衡
②	3120	5	250	17.7	0.0728	187	65.4	0.64	119.7	185.1		

【任务六】　除尘系统管道系统设计

某车间除尘系统管道布置图如图 6-1 所示，系统内的空气平均温度为 25℃，钢板管道的粗糙度 $K = 0.15mm$，气体含尘浓度为 $12g/m^3$，选用旋风除尘器的压力损失为 1680Pa。集气罩 1 和 2 的局部压损系数分别为 $\zeta_1 = 0.18$，$\zeta_2 = 0.11$，集气罩排风量分别为 $Q_1 = 2950m^3/h$，$Q_2 = 5400m^3/h$，进行该除尘系统管道设计。

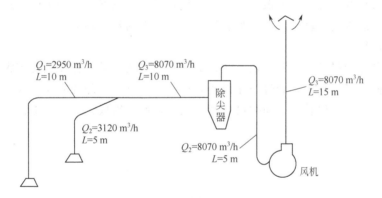

图 6-1　某车间除尘系统管道布置

6.1　概　　述

工业企业在生产过程中不可避免会生成各种污染物，为控制各类污染源产生的污染物对车间空气和室外大气的污染，须采用各类集气装置把逸散到周围环境的污染气体收集起来，输送到净化装置中进行净化。净化后的空气再经风机抽吸，由排气管道排入车间室外大气环境中。也可利用清洁空气稀释室内受污染空气，以保证工人的健康。工业通风是以改善生产和生活条件为目标，采用自然或机械方法，对某一空间进行换气，以使空气环境卫生、安全的技术。

按照通风系统的作用范围分为局部通风和全面通风。局部通风就是在有害物质的发生地利用各种罩子和密闭柜等，把有害物质汇集起来经净化设备净化后再排出去。当生产条件限制，不能采用局部通风，或虽经局部通风但有害物质的浓度仍达不到有关标准时，可以用全面通风。全面通风就是对整个受危害和污染的车间，用新鲜空气进行全面换气，把有害物质稀释到允许浓度以下。

按照空气流动的工作动力，可分为机械通风和自然通风。机械通风是指依靠风机提供的风压、风量，通过管道和送、排风口系统有效地将室外新鲜空气或经过处理的空气送到建筑物的任何工作场所；还可以将建筑物内受到污染的空气及时排至室外，或者送至净化装置处理合格后再排放。自然通风是指依靠室外风力造成的风压和室内外空气温度差造成的热压，促使空气流动，以使得室内外空气交换。

6.1.1 局部通风

局部通风是利用局部气流向局部空间送入或排出空气，目的是使局部空间不受有害物质的污染并改善局部空间的空气质量。局部通风分为局部送风和局部排风两大类。

（1）局部送风

局部送风是指以一定方式将符合要求的空气直接送到指定地点的通风方式，目的是将局部地区制造成具有一定的保护性的空气环境。工业厂房中集中产生强烈辐射热或有毒气体的地方通常设置局部送风装置。局部送风装置也常用于面积大，操作人员较少的生产车间，没有必要对整个车间进行降温，只需向个别的局部工作地点送风，在局部地点造成良好的空气环境。该装置既可以改善整个车间的空气环境，又有较强的经济性。

局部送风系统有系统式和分散式两类。系统式局部送风指空气经集中处理后送入局部工作区，而分散式通常使用轴流风扇或喷雾风扇，采用室内再循环空气。

（2）局部排风

局部排风是控制局部空气污染最有效、最常用的方法，是一种在散发有害物质的局部地点设置排风罩捕集有害物质，经过净化设备净化并将其排至室外的通风方式。局部排风系统主要由局部排气罩、通风管道、净化设备和通风机四部分组成，如图 6-2 所示。

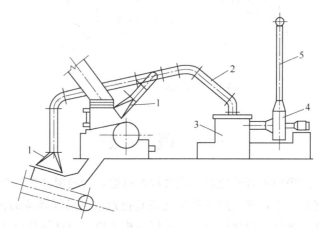

图 6-2　局部排风系统示意图
1—局部排气罩；2—通风管道；3—净化设备；4—通风机；5—烟囱

① 局部排气罩　又称集气罩，其作用主要是捕集有害物质，是通风系统中最重要的部件之一，对排风系统的技术经济指标有直接影响。局部排气罩的形式有很多种，性能良好的局部排气罩只需要较小的风量就能获得良好的工作效果。

② 通风管道　通风管道的作用是输送气体，并将通风系统中的各种设备和部件连成一体。为提高系统的经济性和技术性，设计时应保证管路短且直，选择合适的气体流速，尽量使用表面光滑材料。

③ 净化设备　净化设备的主要作用是净化空气中气态有害物质和颗粒状有害物质。当排出气体中某些成分超过排放标准的要求，需进行净化后再排放，以防止大气污染。

④ 通风机　通风机是排风系统中气体流动的动力装置，其主要作用是为系统中的流体提供动力，保证气体流动速度，使气体流动不受压力损失的影响。为防止风机的腐蚀，一般将风机放在净化设备的后面。

6.1.2　全面通风

全面通风通常用于污染面积大、污染源多而分散、污染物浓度低的情况。全面通风是用自然或机械方法对整个房间进行换气的通风方式。这种通风方式只是用稀释的方法使室内污染物浓度降低，并未从根本上去除污染物，仍会对大气造成污染。全面通风可分为自然通风、机械通风和联合通风三种通风方式。

（1）自然通风

自然通风是一种有组织的通风换气方式，利用室内外空气温差、密度差和风压作用实现室内换气。自然通风不消耗动力，经济性强，为工业上改善车间环境的首选通风方式，但该通风方式在寒冷季节通常较少采用。当采用自然通风时，进入的空气量应能保证厂房车间内的卫生条件，并能补偿工艺和通风两方面所排出的风量。

自然通风换气量可采用下式进行计算：

$$Q = \frac{xq}{\rho c (t_1 - t_2)} \tag{6-1}$$

式中　Q——通风换气量，m^3/h；

x——散至工作区的有效热量系数，一般车间的有效热量系数可参照表 6-2；

q——散至车间内的总余热量，kJ/h；

ρ——空气的密度，kg/m^3；

c——空气的比热容，$kJ/(kg \cdot ℃)$；

t_1——工作区温度，℃；

t_2——夏季室外通风计算温度，℃。

表 6-2　有效热量系数

f/A	0.1	0.2	0.3	0.4	0.5	0.6
x	0.25	0.42	0.55	0.6	0.65	0.7

注：f 为散热设备占地面积，m^2；A 为车间面积，m^2。

常见的自然通风形式有：①贯流式通风。俗称穿堂风，通常是指车间或厂房迎风一侧和背风一侧均有开口，且开口之间有顺畅的空气通路，从而使自然风能够直接穿过。如果进出口间有阻隔或空气通路曲折，通风效果就会变差。这是一种主要依靠风压进行的通风。②单面通风。当自然风的入口和出口在车间或厂房的同一个外表面上，这种通风方式被称为单面通风。单面通风靠室外空气湍流脉动形成的风压和室内外空气温差的热压进行室内外空气的交换。在风口处设置适当的导流装置，可提高通风效果。③风井或者中庭通风。主要利用热压进行自然通风的一种方法，通过风井或者中庭中热空气上升的烟囱效应作为驱动力，把室内热空气通过风井和中庭顶部的排气口排向室外。在实际设计中，往往采用一些利用太阳能热作用的措施来增强热压的作用。

（2）机械通风

机械通风是利用通风机械实现换气的通风方式。在自然通风达不到要求的情况下要采用机械通风，借助通风机所产生的动力而使空气流动。

机械通风的通风量可采用下述两种方式计算。

① 按气体稀释至最高允许浓度计算换气量。其计算公式为：

$$Q = \frac{m}{c_y - c_x} \tag{6-2}$$

式中　Q ——通风量，m^3/s；

　　　m ——有害气体散发量，mg/s；

　　　c_y ——空气中有害气体浓度，mg/m^3；

　　　c_x ——室内空气中有害物质的最高允许浓度，mg/m^3。

当车间散发多种有害物质时，应分别计算，取最大值作为车间的换气量。如果车间同时散发多种有机溶剂的蒸气（苯类化合物、醇、酯类等），或多种有害气体（SO_2、HCl、CO、NO_x 等），实际换气量应是每一种有害气体所需换气量的总和。

② 按换气次数进行计算　此法适用于有害气体散发量无法确定的情况。换气次数就是通风量 Q 与通风房间的体积 V_f 的比值，公式如下：

$$n = \frac{Q}{V_f}$$

则通风量为：

$$Q = nV_f \tag{6-3}$$

式中　Q ——通风量，m^3/s；

　　　V_f ——通风房间体积，m^3；

　　　n ——换气次数，次/h，一般取 6～8 次/h。

一般来讲，对于鞋厂、化工厂等，其风量可以用换气次数按 6～12 次/h 估计；对于蓄电池车间等房间的换气量可按 10～12 次/h；如果是净高大约 3m 的厂房，按 12 次/h 估计；如果高度超过 3m，每增加 1m，风量可相应减少一次，但最终不宜少于 6 次。

对于一个排风系统，风量不宜过大，一般以 7000m^3/h 较为合适，如果是大面积车间或厂房，最好是分成若干较小区域设置排风系统，否则过大风量不仅引起噪声增加，还可能造成运行成本的浪费，区域与区域之间可以用玻璃墙或轻质板材分隔。

（3）联合通风

联合通风是自然通风与机械通风相结合的通风方式。

6.1.3　气流组织方式

气流组织是指合理地布置送风口和排风口位置、配风量以及选择风口形式，以便用最小的通风量达到最佳的通风效果。气流组织形式是全面通风效果的重要影响因素，其目的在于用新鲜的空气去替换或稀释室内有害物质、消除余热和余湿，然后排出室外。在设计气流组织形式时要考虑污染源位置、工人操作位置、污染物性质及浓度分布等具体情况。全面通风的气流组织方式分为有组织通风和无组织通风。有组织通风是通过合理安排进、排风口的位置和面积，使室外空气通过可调节的门窗、孔洞，有规律地流经生活或作业区域的通风方式。无组织通风是通过门窗、孔洞及不严密处无规则地进入或渗入室内的通风方式。

排风口应尽量靠近污染源或有害物质浓度高的区域，把有害物质迅速从室外排出；在整个通风房间内，尽量使送风气流均匀分布以减少涡流，避免有害物质在局部地区的积聚；送风口应尽量接近操作地点，送入通风房间的清洁空气，要先经过操作地点，再经污染区域排至室外。

6.2　局部排气罩

局部排气罩又称集气罩，是局部排气系统的重要部件，也是气态污染物净化系统中用来捕集发散性污染物的关键部件。通过局部排气罩口的气流运动，可在有害物质散发地点直接捕集有害物质或控制其在车间的扩散，保证室内工作区有害物质浓度不超过国家卫生标准的。可以安装在污染源的上方、下方或侧面。排气罩的性能好坏直接影响着局部排气系统的技术经济效果。一个设计完善的局部排气罩，用较小的排风量即可获得最佳的效果。因此，在设计时应按工艺生产设备、运行操作等特性，进行具体分析、因地制宜。

局部排气罩的形式很多，按照罩口气流流动方向分为吸气式排气罩和吹吸式排气罩；按排气罩与污染源相对位置可分为上部排气罩、下部排气罩、侧吸罩；按照排气罩的形状可分为伞形罩、条缝罩等；根据排气罩的用途和作用原理可分为密闭罩、通风柜、外部吸气罩等几种类型。

设计局部排气罩时，应遵循的原则有：局部排气罩应尽可能包围或靠近有害物质发生源，使有害物质局限于较小空间，在较小空间内扩散，尽可能减小其吸气范围，便于捕集和控制；排气罩的吸气气流方向应尽可能与污染气流运动方向一致，充分利用污染气流的动能；尽量减小排气罩的开口面积，使其排气量最小；设计时要充分考虑操作人员的位置和活动范围，已被污染的吸入气流不能通过人的呼吸区；排气罩应力求结构简单、造价低，便于制作安装和拆卸维修；和工艺密切配合，使局部排气罩的配置与生产工艺协调一致，力求不影响工艺操作；要尽可能避免或减弱干扰气流对吸气气流的影响。

6.2.1　密闭罩

密闭罩是将有害物质源全面密闭在罩内的局部排气罩。它把有害物质的发生源或整个工艺设备完全密闭起来，将有害物质的扩散限制在一个很小的密闭空间内，防止污染物的任意扩散，通过排出口排出一定量的气体，使罩内保持一定负压，防止污染物由缝隙溢出，同时将其导入净化装置并去除。如图 6-3 所示。密闭罩内用较小的排气量就可以防止有害物质散发到车间内，且不受室内气流干扰。密闭罩的性能，对整个净化系统起到至关重要的作用。但由于在设计、施工和操作管理方面常常存在一些问题，将会导致净化效率下降甚至完全失效。

（1）密闭罩的结构形式

按照密闭罩的用途和结构形式可以将其

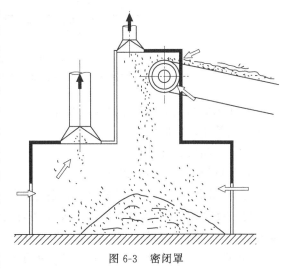

图 6-3　密闭罩

分为局部密闭罩、整体密闭罩和大容积密闭罩。

① 局部密闭罩　局部密闭罩是在局部产尘点进行密闭，产尘设备及传动装置留在罩外，便于观察和检修。罩的容积小，排风量少，经济性好。适用于含尘气流速度低，扬尘和瞬时增压不大的扬尘点。如图 6-4 所示。

② 整体密闭罩　整体密闭罩是将产生有害物质的设备或地点全部或大部分密闭起来，仅把设备传动部分留在罩外。这种密闭罩本身基本上是一个独立整体，容易做到严密。适用于具有振动的设备或输送有害物质气流速度较大的发生源。如图 6-5 所示。

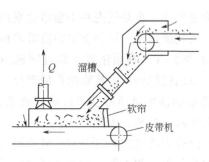
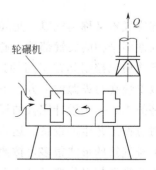

图 6-4　皮带运输机局部密闭罩　　　　图 6-5　轮碾机的整体密闭罩

③ 大容积密闭罩　大容积密闭罩又称密闭小室，不仅将产生有害物质的工艺设备或地点密闭起来，而且是在较大的范围内密闭起来的罩，工人可直接进入小室检修。该密闭罩的缺点是占地面积大，材料消耗多。如图 6-6 所示。

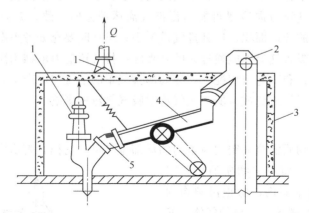

图 6-6　振动筛的大容积密闭罩
1—排气口；2—提升机；3—密闭小室；4—振动筛；5—卸料口

密闭罩的结构应满足生产工艺要求，并尽可能保证密封性好，便于操作、维护和检修，力求结构简单、牢固耐用。

（2）密闭罩设计要求

设计密闭罩时应注意以下几点。

① 密闭罩内应保持一定的负压，避免污染气体从不严密处外逸。

② 在结构上密闭罩要根据需要设置必要的观察窗、操作门和检修门，各类门窗应便于操作，开关灵活，密封性好，且应避开气流正压较高的部位。

③ 吸气罩口上的风速要分布均匀，罩子扩张角一般不大于 60°。

④ 为避免将过多的物料吸走，密闭罩排气口的气流速度不宜太高。

⑤ 工作孔口和缝隙处进入罩内的空气速度与工艺设备的型号、规格和罩子形式有关，可从有关手册中查得，一般为 1～4m/s。

（3）密闭罩排气量确定

物料运动或设备运转带入密闭罩内一部分诱导空气量，同时由孔口及不严密处也会吸入一部分空气量，这两部分空气量构成了密闭罩的总排气量。

由于被带入密闭罩内的诱导空气量受多方面因素影响，较难确定，因此密闭罩排气量在实际生产中多采用经验估算。

从罩内吸走一部分空气，使之形成负压，这时罩内风量平衡如式（6-4）所列。

$$Q = Q_1 + Q_2 + Q_3 + Q_4 + Q_5 - Q_6 \qquad (6\text{-}4)$$

式中　Q——密闭罩的吸气量，m^3/s；

　　　Q_1——被运动物料带入罩内的诱导空气量，m^3/s；

　　　Q_2——由罩密闭不严处吸入的空气量，m^3/s；

　　　Q_3——由化学反应，受热膨胀，水分蒸发等产生的气体量，m^3/s；

　　　Q_4——由于设备运转而鼓入密闭罩内的空气量，m^3/s；

　　　Q_5——被压实的物料所排挤出的空气量，m^3/s；

　　　Q_6——随物料排出所带走的烟气量，m^3/s。

上式中，不同生产工艺和设备类型 Q_3、Q_4 不同，Q_5、Q_6 值一般很小且可相互抵消。因此在无 Q_3、Q_4 产生时，密闭罩的吸风量为：

$$Q = Q_1 + Q_2 \qquad (6\text{-}5)$$

在实际工作中，物料工艺类别、设备运行情况、密闭罩结构形式等许多因素都会影响到 Q_1 和 Q_2，使得理论上计算非常困难，因此在实际工作中通常用经验数据来确定。

6.2.2　通风柜

（1）通风柜的结构形式

通风柜又称柜式排气罩，柜式排气罩的结构和密闭罩相似，由于工艺操作需要，罩的一面可全部敞开，其他三面围挡。图 6-7（a）是小型通风柜，适用于化学实验室、小零件喷漆等。图 6-7（b）是大型的室式通风柜，操作人员在柜内工作，主要用于搭建喷漆、粉料装袋等。

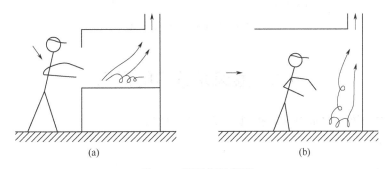

（a）　　　　　　　　　　　　　　（b）

图 6-7　通风柜示意图

通风柜的特点是控制效果好，排风量比密闭罩大，但小于其他形式排气罩。通风柜的排气效果，取决于结构形式、尺寸和排气口的位置，尤其是排气口的位置对于有效排出有害气体，不使之从操作口泄出有重要作用。若排气口设在通风柜的下部，适用于冷污染源或产生有害气体密度较大的场合；若排气口设在排气柜的顶部，用于热污染源或产生有害气体密度较小的场合；但顶部排气口在操作口上部形成较大的进气气流，下部则进气气流较小，柜内易形成涡流，可能造成有害气体外逸；较理想的方案是在通风柜柜顶和下部同时设排气口，并于顶部排气口安装一个调节阀门，根据需要调节上下部的排气量。

（2）通风柜的排气量计算

通风柜的排气量：

$$Q = Q_1 + \mu_0 A_0 \beta \tag{6-6}$$

式中　　Q ——通风柜的排气量，m^3/s；

$\quad\quad Q_1$ ——罩内工艺生产过程产生的污染气体量，m^3/s；

$\quad\quad \mu_0$ ——敞开处的最小平均吸气速度，m/s，一般情况下 μ_0 选用 $0.5 \sim 1.5 m/s$；

$\quad\quad A_0$ ——敞开面面积，m^2；

$\quad\quad \beta$ ——安全系数，一般情况下 β 为 $1.05 \sim 1.10$。

6.2.3　外部排气罩

外部排气罩是设在污染源附近，依靠罩口的抽吸作用，在控制点处形成一定的风速，排除有害物质的局部排气罩。外部排气罩结构简单，制造方便，排气量大，但排气量易受室内横向气流的干扰，如图 6-8 所示。按罩口与污染源之间的位置关系可分为上部集气罩、下部集气罩、侧吸罩和槽边集气罩。

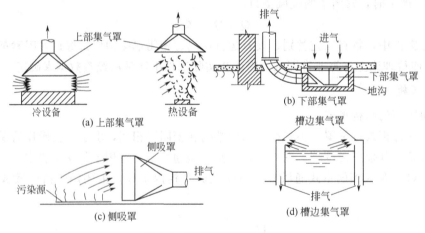

图 6-8　外部排气罩示意图

6.3　通风系统中的风口

通风系统中的风口为室内送、排风口和室外进风口。

6.3.1　送风口

（1）室内送风口

室外的新鲜空气，经由送风通道，通过送风口以适当的速度分配到各个指定的送风地点。室内送风口是送风系统中的风道末端装置。

常见的风口类型有风管侧送风口、插板式风口、活动百叶送风口、固定百叶送风口、喷口送风口、散流器风口、调缝送风口、孔板风口、回风口等。

图 6-9 是构造最简单的两种风口，孔口直接开设在风管上，用于侧向或下向送风。（a）为风管侧送风口，除风口本身外没有任何调节装置；（b）为插板式风口，设有插板，这种风口虽可调节送风量，但不能控制气流的方向。

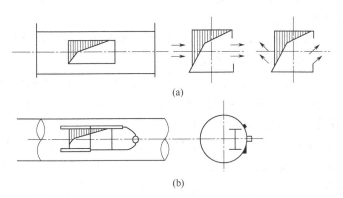

(a)

(b)

图 6-9　送风口示意图

图 6-10 是常用的一种性能较好的百叶式风口，可以在风管上、风管末端和墙上安装。其中双层百叶式风口不但可以调节出口气流速度，而且可以调节气流的角度。

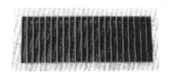

(a) 单层百叶风口　　　　　　　　(b) 双层百叶风口　　　　　　　(c) 防水百叶风口

图 6-10　百叶式风口

图 6-11 是几种常见的散流器风口，主要有正方形、长方形和圆形。

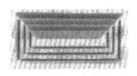

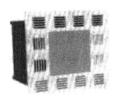

图 6-11　散流器风口

（2）室外进风口

管道式自然送风系统的室外进风装置，应设在室外空气比较洁净的地点，在水平和竖直方向上都要尽量远离和避开污染源。进风口的底部距室外地坪应大于 2m，进风口处应设置用木板、薄钢板或铝合金制作的百叶窗。如果在屋顶上部吸入室外空气，进风口应高出屋面0.5m 以上，以免吸入屋面上的灰尘或冬季被积雪堵塞。进风装置可贴附于建筑物的外墙外，也可以离开建筑物而独立存在。

机械送风系统的进风口常设在地下室或底层，在工业厂房里为减少占地面积也可设在平台上。

6.3.2 室内排风口

室内排风口是全面排风系统的一个组成部分，室内被污染的空气经由排风口进入排风管道。排风口的种类较少，通常做成百叶式。

室内送、排风口的布置情况是决定通风气流方向的一个重要因素，而气流方向是否合理将直接影响全面通风的效果。

在组织通风气流时，应将新鲜空气直接送到工作地点或洁净区域，而排风口则要根据有害物质的分布规律设在室内浓度最大的地方。

① 排除余热和余湿时，采用下送上排的气流组织方式。即将新鲜空气送到车间下部的工作地带，吸收余热和余湿后流向车间上部，由设在上部的排风口排出。

② 利用全面通风排除有害气体时，排风口的位置应根据不同情况确定。当发散的气体比空气密度小时，应从上部排出；当发散的气体比空气密度大时，宜从上部和下部同时排出，但气体的温度较高或受车间散热影响而产生上升气流时，宜从上部排出；当挥发性物质蒸发后使周围空气冷却下降，或经常有挥发性物质洒落地面时，应从上部和下部同时排出。

③ 对于用局部排风排除粉尘和有害气体而又没有大量余热的车间，用以补偿局部排风的机械送风系统，即将新鲜空气送至上部地带。

6.4 通风管道和风机

通风管道是将排气罩、气体净化设备和通风等装置连接在一起的设备。管道设计的主要内容是管道的布置、管径的确定、系统压力损失的计算和管件的选用。通风机是空气净化系统中用于输送气体的动力机械。

6.4.1 通风管道

（1）通风管道的布置

通风管道的布置直接关系到通风系统的整体布置，与工艺设计、土建、给排水等密切相关，所以应综合考虑，协调一致。

通风管道的布置通常应遵循以下原则。

① 空气处理和室内参数要求相同的，可视为同一系统。

② 同一生产流程或运行班次和时间相同的，可视为同一系统。

③ 下列情况应单独设置排风系统：

a. 两种或两种以上的有害物质混合后可以引起燃烧或者爆炸的；

b. 两种有害物质混合后能形成毒害性更强或腐蚀性更强的混合物或化合物；

c. 两种有害物质混合后使蒸气凝结并积尘的；

d. 放散剧毒物质的设备或房间。

④ 水平管道的坡度一般在 0.002～0.005 之间，最大不能超过 0.01。

⑤ 管道上应设置必要的调节和测量装置或预留安装测量的接口，调节和测量装置应设在便于操作和观察的地点。

⑥ 管道的布置应力求顺直，壁面复杂的局部管件。弯头、三通等管件要安装得当，与风管接合合理。

（2）通风管道内气体流动的压力损失

管道内气体流动的压力损失有两种，一种是由于气体本身的黏滞性及其与管壁间的摩擦而产生的压力损失，称为摩擦压力损失或沿程压力损失；另一种是气体流经管道系统中某些局部构件时，由于流速大小和方向改变形成涡流而产生的压力损失，称为局部压力损失。摩擦压力损失和局部压力损失之和即为管道系统总压力损失。

① 摩擦压力损失　气体流经断面不变的直管时，摩擦压力损失 Δp_L 可按下式计算：

$$\Delta p_L = l\,\frac{\lambda}{4R_s}\,\frac{\rho v^2}{2} = lR_m\,(\text{Pa}) \tag{6-7}$$

而

$$R_m = \frac{\lambda}{4R_s}\,\frac{\rho v^2}{2} \tag{6-8}$$

式中　R_m ——单位长度管道的摩擦压力损失，简称比压损，Pa/m；

　　　l ——直管段长度，m；

　　　λ ——摩擦压损系数；

　　　v ——管道内气体的平均流速，m/s；

　　　ρ ——管道内气体的密度，kg/m³；

　　　R_s ——管道的水力半径，m。它是指流体流经直管段时，流体的断面面积 A（m²）与润湿周边之比，即

$$R_s = A/x \tag{6-9}$$

对于气体充满直径为 d 的圆形管道的水力半径：

$$R_s = \frac{\pi d^2/4}{\pi d} = d/4 \tag{6-10}$$

代入式（6-8）得：

$$R_m = \frac{\lambda}{d} \times \frac{\rho v^2}{2} \tag{6-11}$$

② 局部压力损失　气体流经管道系统中的异形管件时，由于流动情况骤然发生改变，所产生的能量损失称为局部压力损失。局部压力损失 Δp_m 一般用动压头的倍数表示，即

$$\Delta p_m = \zeta \rho v^2/2 \quad (\text{Pa}) \tag{6-12}$$

式中　ζ ——局部压损系数；

　　　v ——异形管件处管道断面平均流速，m/s。

局部压损系数通常是通过实验确定的。各种管件的局部压损系数在有关设计手册中可以查到。管件三通的作用是使气流分流或合流。对于合流三通，两股气流汇合过程中的能量损失不同，两分支管的压损应分别计算。合流三通的直管和支管流速相差较大时，会发生隐射现象。在隐射过程中流速大的气流失去能量，流速小的气流获得能量。因而其支管的局部压损系数会出现负值，为了减小三通局部压损，应使总管和支管内流速接近。

（3）通风管道的设计计算

管道计算的常用方法是流速控制法，也称比摩阻法，即以管道内气流速度作为控制因素，据此计算管道断面尺寸和压力损失。用流速控制法进行管道计算，通常按以下步骤进行：

① 首先，确定各吸风点的位置和风量，确定净化装置、风机及其他附件的规格型号及安装位置，确定风管材料等。

② 绘制管道系统的轴测投影图，对各管段进行编号，标注长度和流量，管道长度一般按两管件中心线间距离计算，不扣除管件本身长度。

③ 确定管道内的气体流速（要考虑经济和技术两方面），为使管道系统设计经济合理，必须选择适当的流速，使投资和运行费用总和最小。表 6-3 所列为管道内最低气流速度，可供设计参考。

表 6-3　除尘管道内最低气流速度

粉尘性质	垂 直 管	水 平 管	粉尘性质	垂 直 管	水 平 管
粉状黏土和砂	11	13	铁和钢（屑）	18	20
耐火泥	14	17	灰土、砂尘	16	18
重矿物粉尘	14	16	锯屑、刨屑	12	14
轻矿物粉尘	12	14	大块干木屑	14	15
干型砂	11	13	干微尘	8	10
煤灰	10	12	染料粉尘	14～16	16～18
湿土（2%以下水分）	15	18	大块湿木屑	18	20
铁和钢（尘末）	13	15	谷物粉尘	10	12
棉絮	8	10	麻	8	12
水泥粉尘	8～12	18～22			

④ 根据各管段的流量和选定的流速确定各管段的断面尺寸：

$$d = 18.8\sqrt{\frac{Q}{u}} = 18.8\sqrt{\frac{G}{\rho u}} \tag{6-13}$$

式中　d——管道直径，mm；

　　　Q——流体的体积流量，m^3/h；

　　　G——流体的质量流量，kg/h；

　　　u——管道内气体的平均流速，m/s；

　　　ρ——流体密度，kg/m^3。

⑤ 根据管内实际流速计算压力损失，压力损失计算应从系统中压力损失最大的环路开始。

⑥ 对并联管道进行压力平衡计算。两分支管段的压力差应满足以下要求：除尘系统应小于 10%，其他通风系统应小于 15%。否则，必须进行管径调整或增设调压装置，使之满足上述要求。可按下式调整管径平衡压力。

$$d_2 = d_1(\Delta p_1/\Delta p_2)^{0.225} \tag{6-14}$$

式中　d_2——调整后的管径，mm；

　　　d_1——调整前的管径，mm；

　　　Δp_1——管径调整前的压力损失，Pa；

　　　Δp_2——压力平衡基准值，Pa。

⑦ 计算管道系统的总压力损失，即系统中最不利环路的总压力损失。

以上计算内容可列表进行。

6.4.2　风机

（1）风机的类型

通风机是依靠输入的机械能，提高气体压力并排送气体的机械，广泛用于工厂、矿井、隧道、冷却塔、车辆、船舶和建筑物的通风、排尘和冷却，锅炉和工业炉窑的通风和引风，空气调节设备和家用电器设备中的冷却和通风，谷物的烘干和选送，风洞风源和气垫船的充气和推进等。

具体分类如表 6-4 所示。

表 6-4　通风机分类

分类方式	类　型
气体流动方向	离心式通风机、轴流式通风机、斜流式通风机和横流式通风机
压力	低压离心通风机、中压离心通风机、高压离心通风机、低压轴流通风机、高压轴流通风机
比例大小	低比转速通风机、中比转速通风机、高比转速通风机
用途	引风机、纺织风机、消防排烟风机等

（2）风机的选择

对于风机选择，是要考虑能满足烟气性能的风机类型。

通风量：

$$Q' = (1 + K_1)Q \tag{6-15}$$

式中　K_1——安全系数，一般管道取 $0 \sim 0.1$，除尘系统管道取 $0.1 \sim 0.15$；

　　　Q——管道系统总风量，m^3/h。

风压：

$$\Delta p_0 = (1 + K_2)\Delta p \times \frac{\rho_0}{\rho} = (1 + K_2) \times \frac{Tp_0}{T_0 p} \tag{6-16}$$

式中　K_2——安全系数，一般管道取 $0.1 \sim 0.15$，除尘系统管道取 $0.15 \sim 0.20$；

　　　Δp——管道系统总压力损失，Pa；

ρ_0、T_0、p_0 为通风机性能表中给出的空气密度、压力、温度，一般 $\rho_0 = 1.2 kg/m^3$，$T_0 = 293K$，$p_0 = 101325Pa$；对于引风机来说，$T_0 = 293K$，$\rho_0 = 0.745 kg/m^3$。

ρ、p、T 为运行工况下进入风机的气体密度、压力和温度。

根据 Q_0 和 Δp_0 来选择所需风机的型号及规格。

6.5　净化系统的保护

6.5.1　净化系统的防腐

净化系统的管道和设备通常采用钢铁等金属材料制成，防腐成为涉及系统正常运行和使用寿命的重要因素，尤其是含有腐蚀性气体的管道系统。系统防腐主要是采用防腐涂料和防腐材料。选用防腐方法时，应考虑材料来源、现场加工条件及施工能力、经技术经济比较后确定。

（1）防腐涂料

防腐涂料由主要成膜物质（合成树脂、天然树脂、干性油与合成树脂改性油料）、辅助成膜物质（填料、稀释剂、固化剂、增塑剂、催干剂、改进剂等）和次要成膜物质（着色颜料、防锈颜料）三个部分组成。我国对涂料产品分类、命名和型号在国家标准中有统一规定。

涂料保护又可分为内防腐和外防腐两种。内防腐为管道和设备内壁用涂料喷涂，以隔离内部腐蚀介质的腐蚀；外防腐为管道和设备外壁用涂料，以隔离大气中腐蚀介质的腐蚀，并起到装饰作用。使用目的不同，选用涂料的要求亦不相同。

（2）防腐材料

常用的防腐材料有硬聚氯乙烯塑料、玻璃钢和其他复合材料。

硬聚氯乙烯塑料具有耐酸碱腐蚀性强、物理力学性能好、表面光滑、易于二次加工成型、施工维修方便等优点，但其使用温度较低，通常在 60℃ 以下，线胀系数大。

玻璃钢质轻、强度高、耐化学腐蚀性优良、电绝缘性好，耐温 90～180℃，便于加工成型。但价格较贵、施工时有气味。

除上述防腐材料外，还可采用不锈钢板、塑料复合钢板、玻璃钢/聚氯乙烯等复合材料。也可在管道和设备内衬橡胶衬里或铸石衬里。

6.5.2 净化系统的防爆

净化系统的防爆通常采用以下措施。

① 加强可燃物浓度的检测与控制　为防止管道系统内可燃物浓度达到爆炸浓度，应装设必要的检测仪器，以便经常监视系统工作状态，实现自动报警。在系统风量设计时，除考虑满足净化要求外，还应校核其中可燃物浓度，必要时加大设计风量，以保证输送气体中可燃物浓度低于爆炸浓度下限。

② 消除火源　对可能引起爆炸的火源严格控制。如选用防爆风机，并采用直联或轴联传动方式；采用防爆型电气元件、开关、电机；物料进入系统前，先消除其中的铁屑等异物。

③ 阻火与泄爆措施　设计可燃气体管道时，应使管内最低流速大于气体燃烧时的火焰传播速度，以防止火焰传播；为防止火焰在设备间传播，可在管道上装设内有数层金属网或砾石的阻火器；防止可燃物在管道系统的死角积聚，并在这些部位装设泄爆门，气体管道中采用的连接水封和溢流水封亦能起一定的泄爆作用。

④ 设备密闭和厂房通风　当管道与设备密闭不良时，可能发生因空气漏入或可燃物泄漏而燃烧爆炸。因此，必须保证设备系统的密封性。

6.5.3 净化系统的防振

机械振动不仅会引起噪声，而且会引起共振造成设备损坏。因此隔振、减振也是安全生产的重要措施之一。

（1）隔振

隔振是通过弹性材料防止机器与其他结构的刚性连接。通常作为隔振基座的弹性材料有橡胶、软木、软毛毡等。

（2）减振

减振是通过减振器降低振动的传递。在设备的进出口管道上应设置减振软接头，如图 6-12 所示。风机、水泵连接的风管、水管等可使用减振吊钩，如图 6-13 所示，以减小设备振动对周围环境的影响。它具有结构简单、减振效果好、坚固耐用等特点。

（3）阻尼材料的应用

阻尼材料通常由具有高黏滞性的高分子材料做成，它具有较高的损耗因子。将阻尼材料涂在金属板材上，当板材弯曲振动时，阻尼材料也随之弯曲振动。由于阻尼材料具有很高的损耗因子，因此在作剪切运动时，内摩擦损耗就很大，使一部分振动能量变为热能而消耗，从而抑制了板材的振动。

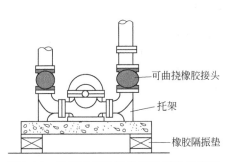

图 6-12　橡胶减振软接头在系统中的应用

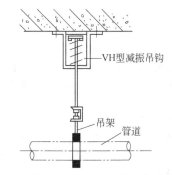

图 6-13　VH 型减振吊钩在系统中应用

阻尼材料按特性分为 4 类。

① 橡胶和塑料阻尼板　用作夹芯层材料。应用较多的有丁基橡胶、丙烯酸酯、聚硫橡胶、丁腈橡胶、硅橡胶、聚氨酯、聚氯乙烯、环氧树脂等。这类材料可以满足 −50～200℃ 范围内的使用要求。

② 橡胶和泡沫塑料　用作阻尼吸声材料。应用较多的有丁基橡胶和聚氨酯泡沫，以控制泡孔大小、通孔或闭孔等方式达到吸声的目的。

③ 阻尼复合材料　用于振动和噪声控制。它是将前两类材料作为阻尼夹芯层，再同金属或非金属结构材料组合成各种夹层结构板等型材，经机械加工制成各种结构件。

④ 高阻尼合金　阻尼性能在很宽的温度和频率范围内基本稳定。应用较多的是铜-锌-铝系合金、铁-铬-钼系合金和锰-铜系合金。

【课后思考题及拓展任务】

一、选择题

1. 某实验室同时散发 SO_2、HCl、HF 三种有害气体，如分别稀释每一种有害气体的通风量分别为 800m³/h、1000m³/h、1200m³/h，则全面机械通风量为（　　）。

　　A. 800m³/h　　　　B. 1000m³/h　　　　C. 1200m³/h　　　　D. 3000m³/h

2. 在污染源附近设置排气罩，依靠罩口吸入气流，将有害烟尘全部吸入罩内，这类排气罩称（　　）。

　　A. 密闭罩　　　　B. 排气柜　　　　C. 槽边排风罩　　　　D. 外部吸气罩

3. 进风口是通风系统采集室外新鲜空气的入口，下列选项中，（　　）不符合其位置的安置要求。

　　A. 应设在室外空气较清洁的地点，进风口处室外空气中有害物质浓度不应超过室内作业地点

　　B. 应尽量设在排风口的下风侧，并且应高于排风口

　　C. 进风口的底部距室外地坪不宜低于 2m，当布置在绿化地带时不宜低于 1m

　　D. 降温用的进风口宜设在建筑物的背阴处

4. 局部排气系统的核心部分是（　　）。

　　A. 集气罩　　　　B. 净化装置　　　　C. 管道　　　　D. 通风机

二、问答题

1. 局部排气罩在设计时应遵循哪些原则？

2. 管道系统在布置时应遵循哪些原则？

3. 如何做好风机的维护工作？

4. 设计外部排气罩时，排风量是否越大越好？为什么？

参 考 文 献

[1] 马广大主编. 大气污染控制技术手册. 北京：化学工业出版社，2010.
[2] 何争光主编. 大气污染控制工程及应用实例. 北京：化学工业出版社，2004.
[3] 熊振湖，等编. 大气污染防治技术及工程应用. 北京：机械工业出版社，2003.
[4] 郝吉明，等编. 大气污染控制工程. 北京：高等教育出版社，2010.
[5] 郝吉明，等编. 大气污染控制实验. 北京：高等教育出版社，2009.
[6] 依成武，等编. 大气污染控制实验教程. 北京：化学工业出版社，2009.
[7] 李广超，等编. 大气污染控制技术. 北京：化学工业出版社，2006.
[8] 王捷，等. 电解铝生产工艺与设备. 北京：冶金工业出版社，2006.
[9] 中国煤炭分类. GB/T 5751—2009.
[10] 粉尘物性试验方法. GB/T 16913—2008.
[11] GB/T 9079 工业炉窑烟尘测试方法
[12] GB/T 12573 水泥取样方法
[13] GB/T 16157—1996 固定污染源排气中颗粒物测定与气态污染物采样方法
[14] HJ/T 75—2007 固定污染源烟气连续排放监测技术规范
[15] HJ/T 76—2007 固定污染源烟气连续排放监测技术要求及检测方法
[16] GB 9078—1996 工业炉窑大气污染物排放标准
[17] GB 12625—2007 袋式除尘器用滤料及滤袋技术条件
[18] 孙洪昌，李晓梅. 燃煤电厂运行期烟气污染防治措施技术经济可行性分析——以鲁能宝清发电厂为例. 环境科学与管理，2009，34 (1)：104-106.
[19] 吴纯应. 优选火电厂厂址. 电力建设，1996，6：15-16.
[20] 杨佳财，王继民，孙白妮. 电厂烟囱高度确定的技术方法. 环境科学与管理，2007，32 (1)：176-180.
[21] 邵强. 烟囱高度计算. 通风除尘，1983，1：8-14.
[22] 党小庆，等. 大气污染控制工程技术与实践. 北京：化学工业出版社，2009.
[23] 李广超，傅梅绮. 大气污染控制技术. 北京. 化学工业出版社，2011.
[24] 郝吉明，马广大. 大气污染控制工程. 第 2 版. 北京：高等教育出版社，2006.
[25] 蒲恩奇. 大气污染治理工程. 北京：高等教育出版社，1999.
[26] 郭静，阮宜纶. 大气污染控制工程. 北京：化学工业出版社，2001.
[27] 刘权. 火电厂厂址的选择. 东源知音，2007.
[28] 郝吉明. 大气污染控制工程例题与习题集. 北京：高等教育出版社，2004.